Spring Cloud Alibaba 核心技术与实战案例

高洪岩◎编著

内 容 提 要

本书从分布式系统的基础概念讲起，逐步深入分布式系统中间件Spring Cloud Alibaba进阶实战，重点介绍了使用Spring Cloud Alibaba框架整合各种分布式组件的完整过程，让读者不但可以系统地学习分布式中间件的相关知识，而且还能对业务逻辑的分析思路、实际应用开发有更为深入的理解。

全书共分5大章节，第1章开篇部分，讲解分布式系统的演进过程和Spring Cloud Alibaba概述及版本的选择，以及单体架构/微服务架构的优缺点；第2章讲解如何使用Spring Cloud Alibaba实现RPC通信；第3章在介绍主流Nacos组件时，介绍了三元的概念以及使用Nacos实现注册中心和配置中心，为微服务环境提供基础的架构；第4章介绍了负责限流和熔断降级的Sentinel组件；第5章介绍了网关常用案例，以及在软件项目中常用的高频使用技术点，力求为开发微服务项目的程序员提供一个快速学习的捷径。

本书内容由浅入深、结构清晰、实例丰富、通俗易懂、实用性强，适合需要全方位学习Spring Cloud Alibaba相关技术的人员，也适合培训学校作为培训教材，还可作为大、中专院校相关专业的教学参考书。

图书在版编目(CIP)数据

Spring Cloud Alibaba核心技术与实战案例 / 高洪岩编著. — 北京 : 北京大学出版社，2023.6
ISBN 978-7-301-33774-5

Ⅰ. ①S… Ⅱ. ①高… Ⅲ. ①JAVA语言－程序设计 Ⅳ. ①TP312.8

中国国家版本馆CIP数据核字(2023)第035998号

书　　名 Spring Cloud Alibaba核心技术与实战案例
SPRING CLOUD ALIBABA HEXIN JISHU YU SHIZHAN ANLI
著作责任者 高洪岩　编著
责 任 编 辑 王继伟　吴秀川
标 准 书 号 ISBN 978-7-301-33774-5
出 版 发 行 北京大学出版社
地　　址 北京市海淀区成府路205号　100871
网　　址 http://www. pup. cn　　新浪微博：@ 北京大学出版社
电 子 信 箱 pup7@ pup. cn
电　　话 邮购部 010-62752015　发行部 010-62750672　编辑部 010-62570390
印 刷 者 河北文福旺印刷有限公司
经 销 者 新华书店
787毫米×1092毫米　16开本　19.75印张　448千字
2023年6月第1版　2023年6月第1次印刷
印　　数 1—3000册
定　　价 89.00 元

前言

INTRODUCTION

由于工作上的原因，自己会在开发和教培方面两头跑，时常有 Java 学习者向我请教说：“高老师，怎么样才能学好 Spring Cloud Alibaba 呢？”我就会陷入沉思，沉思的原因并不是不能立即给予其答案，而是非常内疚，又有学习者遇到了知识盲点，而我能为他们做些什么呢？这就是本书出版的主要原因。

本书在写作过程中本着“案例为王”的态度来整理文稿，每一个技术讲解都是一个完整的案例，不会出现把一个案例分解成若干片段，再把这些片段分布到不同的章节而影响读者阅读体验的情况，读者只需要把学习精力聚焦到当前的章节，每一个章节解决一个技术问题。

本书各章节技术点讲解安排如下：

（1）第 1 章主要介绍微服务以及常见软件架构的相关概念，着重介绍 Spring Cloud Alibaba 框架的核心功能，读者需要着重关注版本之间的对应关系，不然在运行时可能会出现一些奇怪的问题。

（2）第 2 章主要介绍如何使用 Spring Cloud Alibaba 实现 RPC 通信，有 3 种主要形式：RestTemplate、RestTemplate+Spring、OpenFeign，并且结合 Spring-Cloud-Loadbalancer 组件实现多提供者高性能的负载均衡效果。

（3）第 3 章主要介绍在 Spring Cloud Alibaba 中实现配置中心。配置中心在微服务架构中也是很重要的一个环节，它可以把所有的配置进行统一的管理，便于配置的后期维护，还可以对配置进行复用。

（4）第 4 章主要介绍分布式系统资源保障框架 Sentinel。Sentinel 是代替 hystrix（已停止更新）的组件。Sentinel 最典型的使用场景就是防止分布式服务出现服务雪崩（级联失败 / 级联故障）。

（5）第 5 章主要介绍使用网关对请求要达到的目的进行统一处理，比如访问权限、限流、时间统计、转发控制等功能。网关是进入所有微服务的入口，是所有微服务的门神，但在实际开发中，不要赋予网关过多的工作任务，那样会降低系统运行效率。

资源下载

本书附赠全书案例源代码，读者可以扫描下方二维码关注“博雅读书社”微信公众号，输入本书 77 页的资源下载码，即可获得本书的下载学习资源。

资源下载

一本书的出版离不开背后那些辛苦工作的朋友，非常感谢北京大学出版社的相关工作人员对本书出版提供的帮助，最后也要感谢我的父母，我的老婆，还有我可爱的儿子高晟京，看到你们为家庭默默的付出，我该做些什么能予以报答呢？只有好好学习，好好工作！祝所有人工作顺利，身体健康。

高洪岩

目录
CONTENTS

第 1 章 Spring Cloud Alibaba 介绍

本章将介绍微服务以及常见软件架构的相关概念，着重介绍 Spring Cloud Alibaba 框架的核心功能，读者需要着重关注版本之间的对应关系，不然在运行时可能会出现一些奇怪的问题。

1.1 Spring Cloud介绍

Spring Cloud 是一个基于微服务架构的软件框架。

官方网址如下：

http://spring.io/projects/spring-cloud

GitHub 网址如下：

https://github.com/spring-cloud

1.1.1 Spring Cloud 主要功能

（1）服务治理：服务注册与发现。

（2）客户端负载均衡：提升服务器整体利用率。

（3）服务容错保护：实现高可用。

（4）声明式服务调用：代码简洁，易于掌握。

（5）API 网关服务：集中处理路由。

（6）分布式配置中心：配置信息集中处理。

（7）分布式服务跟踪：监控系统运行状态。

（8）消息处理：高性能的消息处理。

1.1.2 Spring Cloud 主要组件

如果说微服务架构是一种架构风格和架构思想，那么 Spring Cloud 就是微服务架构风格和架构思想的整体解决方案。Spring Cloud 框架由一系列不同功能的组件所组成，每一个功能都由指定的组件进行实现，组件列表如图 1-1 所示。

Spring Cloud 为开发人员提供了工具来快速构建分布式系统中的一些常见模式，比如服务注册与发现、服务间 RPC 通信、断路器、路由、总线、令牌、全局锁、领导者选举、状态监控、负载均衡、分布式消息处理等。使用 Spring Cloud 后，开发人员可以快速搭建基于微服务的应用。

Spring Cloud 并不是一个全新的框架，它只是把微服务开发中常用的第三方开源框架 / 组件进行整合，然后再

Spring Cloud Azure
Spring Cloud Alibaba
Spring Cloud for Amazon Web Services
Spring Cloud Bus
Spring Cloud Circuit Breaker
Spring Cloud CLI
Spring Cloud for Cloud Foundry
Spring Cloud - Cloud Foundry Service Broker
Spring Cloud Cluster
Spring Cloud Commons
Spring Cloud Config
Spring Cloud Connectors
Spring Cloud Consul
Spring Cloud Contract
Spring Cloud Function
Spring Cloud Gateway
Spring Cloud GCP
Spring Cloud Kubernetes
Spring Cloud Netflix
Spring Cloud Open Service Broker
Spring Cloud OpenFeign
Spring Cloud Pipelines
Spring Cloud Schema Registry
Spring Cloud Security
Spring Cloud Skipper
Spring Cloud Sleuth
Spring Cloud Stream
Spring Cloud Stream Applications
Spring Cloud Task
Spring Cloud Task App Starters
Spring Cloud Vault
Spring Cloud Zookeeper
Spring Cloud App Broker

图1-1 Spring Cloud组件列表

结合 Spring Boot 对复杂的配置进行简化，以方便程序员开发基于微服务的软件项目，达到开箱即用的效果。

1.2 Spring Cloud Alibaba介绍

Spring Cloud Alibaba 是中国阿里巴巴集团基于 Spring Cloud 开发的软件框架。

官方网址如下：

https://spring.io/projects/spring-cloud-alibaba

GitHub 网址如下：

https://github.com/alibaba/spring-cloud-alibaba

中文文档地址如下：

https://github.com/alibaba/spring-cloud-alibaba/blob/master/README-zh.md

Spring Cloud Alibaba 同 Spring Cloud 的初衷一样，致力于提供微服务开发的一站式解决方案，包含开发分布式微服务应用的必要组件，方便开发者通过 Spring Cloud 编程模型轻松使用这些组件来开发分布式应用服务。

使用 Spring Cloud Alibaba，只需要添加一些注解和少量的配置代码就可以将 Spring Cloud 应用接入阿里微服务解决方案里，通过阿里云中间件来迅速搭建分布式应用系统。

现阶段的 Spring Cloud 可以说已经成为一个标准、一个规范，而 Spring Cloud Alibaba 是这个标准和规范的实现。Spring Cloud Netflix 同样也是 Spring Cloud 标准和规范的实现，但由于“年久失修”，大部分组件被 Netflix 停止更新，现已淘汰。

1.2.1 Spring Cloud Alibaba 主要功能

（1）服务限流降级：默认支持 WebServlet、WebFlux、OpenFeign、RestTemplate、Spring Cloud Gateway、Zuul、Dubbo、RocketMQ 限流降级功能的接入，可以在运行时通过控制台实时修改限流降级规则，还支持查看限流降级 Metrics 监控。

（2）服务注册与发现：适配 Spring Cloud 服务注册与发现标准。

（3）分布式配置管理：支持分布式系统中的外部化配置，配置更改时自动刷新。

（4）消息驱动能力：基于 Spring Cloud Stream 为微服务应用构建消息驱动能力。

（5）分布式事务：使用 @GlobalTransactional 注解，高效并且对业务零侵入地解决分布式事务问题。

（6）阿里云对象存储：阿里云提供海量、安全、低成本、高可靠性的云存储服务。支持在任何应用、任何时间、任何地点存储和访问任意类型的数据。

（7）分布式任务调度：提供秒级、精准、高可靠性、高可用性的定时（基于 Cron 表达式）任务调度服务。同时提供分布式的任务执行模型，如网格任务。网格任务支持将海量子任务均匀分配到所有 Worker（SchedulerX-client）上执行。

（8）阿里云短信服务：覆盖全球的短信服务，有友好、高效、智能的互联化通信能力，帮助企业迅速搭建客户通道。

1.2.2 Spring Cloud Alibaba 主要组件

（1）Sentinel：把流量作为切入点，从流量控制、熔断降级、系统负载保护等多个维度保证服务的稳定性。

（2）Nacos：一款更易于构建云原生应用的动态服务发现、配置管理和服务管理平台。

（3）RocketMQ：一款开源的分布式消息系统，基于高可用分布式集群技术，提供低延时、高可靠性的消息发布与订阅服务。

（4）Dubbo：一款高性能 Java RPC 框架。

（5）Seata：阿里巴巴开源产品，一个易于使用的高性能微服务分布式事务解决方案。

（6）Alibaba Cloud ACM：一款在分布式架构环境中对应用配置进行集中管理和推送的应用配置中心产品。

（7）Alibaba Cloud OSS: 阿里云对象存储服务（Object Storage Service，简称 OSS），是阿里云提供的海量、安全、低成本、高可靠性的云存储服务。可以在任何应用、任何时间、任何地点存储和访问任意类型的数据。

（8）Alibaba Cloud SchedulerX：阿里云中间件团队开发的一款分布式任务调度产品，提供秒级、精准、高可靠性、高可用性的定时（基于 Cron 表达式）任务调度服务。

（9）Alibaba Cloud SMS：覆盖全球的短信服务，有友好、高效、智能的互联化通信能力，帮助企业迅速搭建客户通道。

1.3 确定使用的版本

在联合使用 Spring Cloud 和 Spring Cloud Alibaba 时，确定所使用的版本号是一件非常重要的事情，因为两者的使用版本并不是随意指定和搭配的，必须要遵循官方的建议和指导。

1.3.1 确定 Spring Cloud+Spring Boot 的版本

在只使用 Spring Cloud 而不使用 Spring Cloud Alibaba 的场景下，确定 Spring Cloud 的版本号就

非常简单了，遵循“较新”和“较稳定”的原则即可。

截至本书写作时，Spring Cloud 较新较稳定的版本如图 1-2 所示。

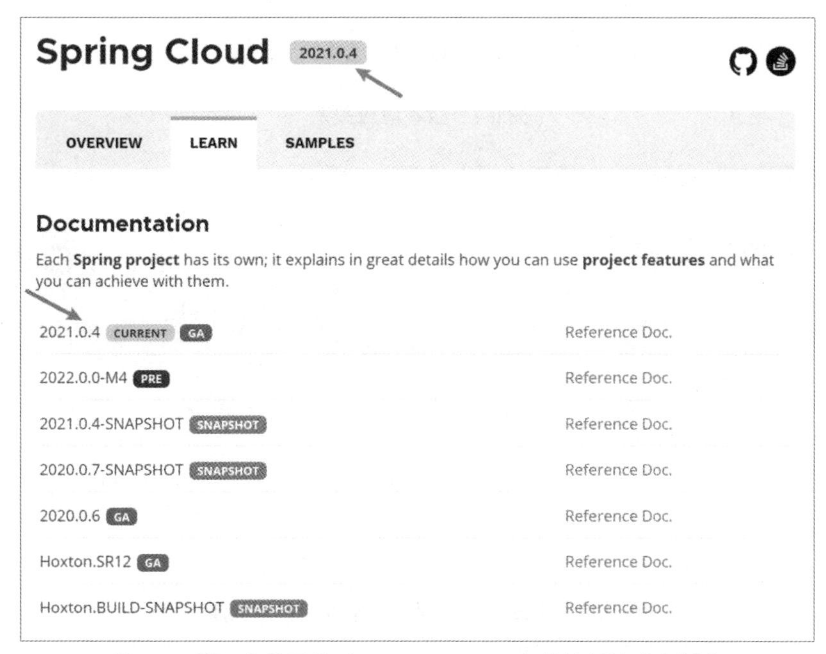

图1-2　截至本书写作时，Spring Cloud当前较新较稳定版本

Spring Cloud 框架高度依赖 Spring Boot 框架，所以两者的版本也存在依赖关系，两者几乎不能同时使用最新版本，会出现严重的兼容性问题。那么当前 Spring Cloud 的版本和哪个 Spring Boot 版本进行搭配呢？可以进入 Spring Cloud 官方 Reference Doc. 帮助文档进行查看，如图 1-3 所示。

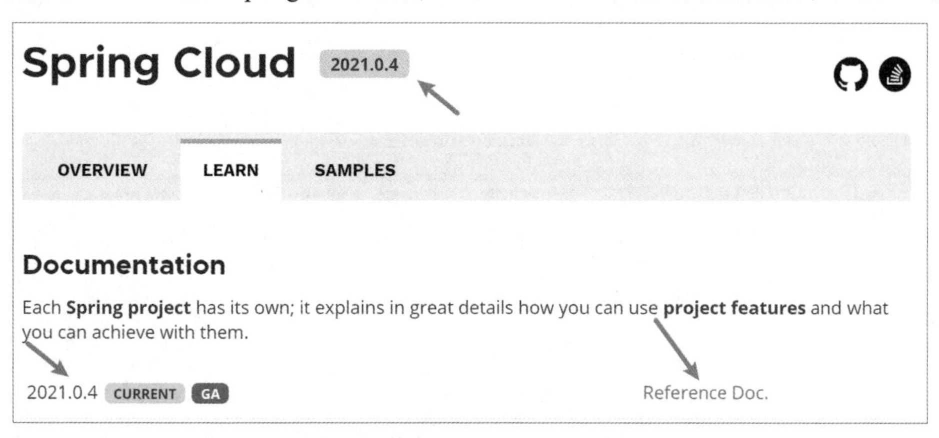

图1-3　单击Reference Doc.链接

打开帮助文档后，官方建议使用如图 1-4 所示的 Spring Cloud 版本和 Spring Boot 版本进行搭配使用。

Release Train Version: **2021.0.4**

Supported Boot Version: **2.6.11**

图1-4　版本对应关系

而截至本书写作时 Spring Boot 最新的版本如图 1-5 所示。

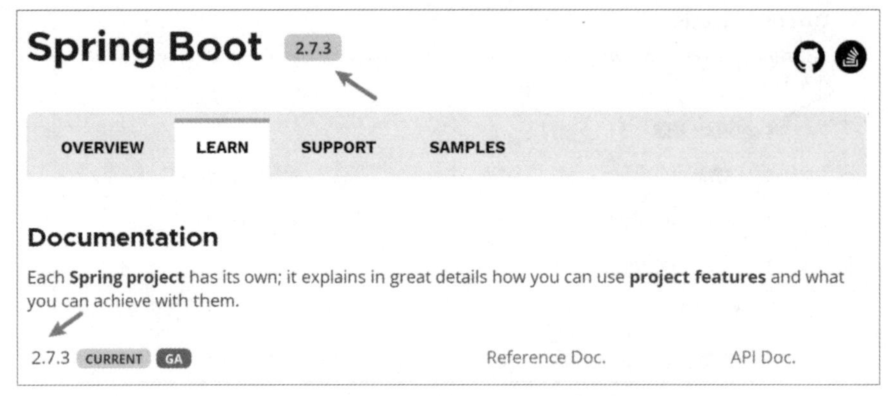

图1-5　截至本书写作时Sping Boot最新的版本

也可以通过如下网址进行查看：

https://start.spring.io/actuator/info

显示内容如图 1-6 所示。


```
{"git":{"branch":"970aac37048936caf00eebf7dbe2b74ceac8f8a6","commit":{"id":"970aac3","time":"2022-09-08T08:59:10Z"}},"build":{"version":"0.0.1-
SNAPSHOT","artifact":"start-site","versions":{"spring-boot":"2.7.3","initializr":"0.13.0-SNAPSHOT"},"name":"start.spring.io website","time":"2022-
09-08T09:09:03.817Z","group":"io.spring.start"},"bom-ranges":{"codecentric-spring-boot-admin":{"2.4.3":"Spring Boot >=2.3.0.M1 and <2.5.0-
M1","2.5.6":"Spring Boot >=2.5.0.M1 and <2.6.0-M1","2.6.8":"Spring Boot >=2.6.0.M1 and <2.7.0-M1","2.7.4":"Spring Boot >=2.7.0.M1 and <3.0.0-
M1","3.0.0-M4":"Spring Boot >=3.0.0-M1 and <3.1.0-M1"},"solace-spring-boot":{"1.1.0":"Spring Boot >=2.3.0.M1 and <2.6.0-M1","1.2.1":"Spring Boot
>=2.6.0.M1 and <2.7.0-M1"},"solace-spring-cloud":{"1.1.1":"Spring Boot >=2.3.0.M1 and <2.4.0-M1","2.1.0":"Spring Boot >=2.4.0.M1 and <2.6.0-
M1","2.3.0":"Spring Boot >=2.6.0.M1 and <2.7.0-M1"},"spring-cloud":{"Hoxton.SR12":"Spring Boot >=2.2.0.RELEASE and <2.4.0.M1","2020.0.6":"Spring
Boot >=2.4.0.M1 and <2.6.0-M1","2021.0.0-M1":"Spring Boot >=2.6.0-M1 and <2.6.0-M3","2021.0.0-M3":"Spring Boot >=2.6.0-M3 and <2.6.0-
RC1","2021.0.0-RC1":"Spring Boot >=2.6.0-RC1 and <2.6.1","2021.0.4":"Spring Boot >=2.6.1 and <3.0.0-M1","2022.0.0-M1":"Spring Boot >=3.0.0-M1 and
<3.0.0-M2","2022.0.0-M2":"Spring Boot >=3.0.0-M2 and <3.0.0-M3","2022.0.0-M3":"Spring Boot >=3.0.0-M3 and <3.0.0-M4","2022.0.0-M4":"Spring Boot
>=3.0.0-M4 and <3.1.0-M1"},"spring-cloud-azure":{"4.3.0":"Spring Boot >=2.5.0.M1 and <3.0.0-M1"},"spring-cloud-gcp":{"2.0.11":"Spring Boot >=2.4.0-
M1 and <2.6.0-M1","3.3.0":"Spring Boot >=2.6.0-M1 and <2.7.0-M1"},"spring-cloud-services":{"2.3.0.RELEASE":"Spring Boot >=2.3.0.RELEASE and <2.4.0-
M1","2.4.1":"Spring Boot >=2.4.0-M1 and <2.5.0-M1","3.3.0":"Spring Boot >=2.5.0-M1 and <2.6.0-M1","3.4.0":"Spring Boot >=2.6.0-M1 and <2.7.0-
M1","3.5.0":"Spring Boot >=2.7.0-M1 and <3.0.0-M1"},"spring-geode":{"1.3.12.RELEASE":"Spring Boot >=2.3.0.M1 and <2.4.0-M1","1.4.13":"Spring Boot
>=2.4.0-M1 and <2.5.0-M1","1.5.14":"Spring Boot >=2.5.0-M1 and <2.6.0-M1","1.6.11":"Spring Boot >=2.6.0-M1 and <2.7.0-M1","1.7.3":"Spring Boot
>=2.7.0-M1 and <3.0.0-M1","2.0.0-M4":"Spring Boot >=3.0.0-M1 and <3.1.0-M1"},"spring-shell":{"2.1.1":"Spring Boot >=2.7.0 and <3.0.0-M1"},"vaadin":
{"14.8.17":"Spring Boot >=2.1.0.RELEASE and <2.6.0-M1","23.2.0":"Spring Boot >=2.6.0-M1 and <2.8.0-M1"},"wavefront":{"2.0.2":"Spring Boot
>=2.1.0.RELEASE and <2.4.0-M1","2.1.1":"Spring Boot >=2.4.0-M1 and <2.5.0-M1","2.2.2":"Spring Boot >=2.5.0-M1 and <2.7.0-M1","2.3.0":"Spring Boot
>=2.7.0-M1 and <3.0.0-M1"}},"dependency-ranges":{"native":{"0.9.0":"Spring Boot >=2.4.3 and <2.4.4","0.9.1":"Spring Boot >=2.4.4 and
<2.4.5","0.9.2":"Spring Boot >=2.4.5 and <2.5.0-M1","0.10.0":"Spring Boot >=2.5.0-M1 and <2.5.2","0.10.1":"Spring Boot >=2.5.2 and
<2.5.3","0.10.2":"Spring Boot >=2.5.3 and <2.5.4","0.10.3":"Spring Boot >=2.5.4 and <2.5.5","0.10.4":"Spring Boot >=2.5.5 and
<2.5.6","0.10.5":"Spring Boot >=2.5.6 and <2.5.9","0.10.6":"Spring Boot >=2.5.9 and <2.6.0-M1","0.11.0-M1":"Spring Boot >=2.6.0-M1 and <2.6.0-
RC1","0.11.0-M2":"Spring Boot >=2.6.0-RC1 and <2.6.0","0.11.0-RC1":"Spring Boot >=2.6.0 and <2.6.1","0.11.0":"Spring Boot >=2.6.1 and
<2.6.2","0.11.1":"Spring Boot >=2.6.2 and <2.6.3","0.11.2":"Spring Boot >=2.6.3 and <2.6.4","0.11.3":"Spring Boot >=2.6.4 and
<2.6.6","0.11.5":"Spring Boot >=2.6.6 and <2.7.0-M1","0.12.0":"Spring Boot >=2.7.0-M1 and <2.7.1","0.12.1":"Spring Boot >=2.7.1 and <3.0.0-
M1"},"okta":{"1.4.0":"Spring Boot >=2.2.0.RELEASE and <2.4.0-M1","1.5.1":"Spring Boot >=2.4.0-M1 and <2.4.1","2.0.1":"Spring Boot >=2.4.1 and
<2.5.0-M1","2.1.6":"Spring Boot >=2.5.0-M1 and <3.0.0-M1"},"mybatis":{"2.1.4":"Spring Boot >=2.1.0.RELEASE and <2.5.0-M1","2.2.2":"Spring Boot
>=2.5.0-M1"},"camel":{"3.5.0":"Spring Boot >=2.3.0.M1 and <2.4.0-M1","3.10.0":"Spring Boot >=2.4.0.M1 and <2.5.0-M1","3.13.0":"Spring Boot
>=2.5.0.M1 and <2.6.0-M1","3.17.0":"Spring Boot >=2.6.0.M1 and <2.7.0-M1","3.18.1":"Spring Boot >=2.7.0.M1 and <3.0.0-M1"},"picocli":
{"4.6.3":"Spring Boot >=2.4.0.RELEASE and <3.0.0-M1"},"open-service-broker":{"3.2.0":"Spring Boot >=2.3.0.M1 and <2.4.0-M1","3.3.1":"Spring Boot
>=2.4.0-M1 and <2.5.0-M1","3.4.1":"Spring Boot >=2.5.0-M1 and <2.6.0-M1","3.5.0":"Spring Boot >=2.6.0-M1 and <2.7.0-M1"}}}
```


图1-6　显示JSON字符串

将这段 JSON 字符串进行格式化，效果如图 1-7 所示。

```
"spring-cloud": {
  "Hoxton.SR12": "Spring Boot >=2.2.0.RELEASE and <2.4.0.M1",
  "2020.0.6": "Spring Boot >=2.4.0.M1 and <2.6.0-M1",
  "2021.0.0-M1": "Spring Boot >=2.6.0-M1 and <2.6.0-M3",
  "2021.0.0-M3": "Spring Boot >=2.6.0-M3 and <2.6.0-RC1",
  "2021.0.0-RC1": "Spring Boot >=2.6.0-RC1 and <2.6.1",
  "2021.0.4": "Spring Boot >=2.6.1 and <3.0.0-M1",
  "2022.0.0-M1": "Spring Boot >=3.0.0-M1 and <3.0.0-M2",
  "2022.0.0-M2": "Spring Boot >=3.0.0-M2 and <3.0.0-M3",
  "2022.0.0-M3": "Spring Boot >=3.0.0-M3 and <3.0.0-M4",
  "2022.0.0-M4": "Spring Boot >=3.0.0-M4 and <3.1.0-M1"
},
```

图1-7　格式化JSON字符串

说明如果使用 Spring Cloud 的“2021.0.4”版本，那么对应的 Spring Boot 版本满足“>=2.6.1”和“<3.0.0-M1”，但还是建议使用 Spring Cloud 官方 Reference Doc. 帮助文档推荐的 Spring Boot 版本作为最优参考，因为那是推荐使用的版本。

1.3.2 确定 Spring Cloud+Spring Cloud Alibaba+Spring Boot 的版本

Spring Cloud Alibaba 依赖 Spring Cloud 框架，所以在确定版本号时，是优先参考 Spring Cloud Alibaba 框架的，然后再确定 Spring Cloud 和 Spring Boot 的版本号。

Spring Cloud Alibaba 的 wiki 地址：

https://github.com/alibaba/spring-cloud-alibaba/wiki

在该网址中有针对 Spring Cloud、Spring Boot 和 Spring Cloud Alibaba 使用版本的说明，如图 1-8 所示。

打开页面如图 1-9 所示。

图1-8　版本说明

每个 Spring Cloud Alibaba 版本及其自身所适配的各组件对应版本如下表所示：

Spring Cloud Alibaba Version	Sentinel Version	Nacos Version	RocketMQ Version	Dubbo Version	Seata Version
2.2.8.RELEASE	1.8.4	2.1.0	4.9.3	~	1.5.1
2021.0.1.0	1.8.3	1.4.2	4.9.2	~	1.4.2
2.2.7.RELEASE	1.8.1	2.0.3	4.6.1	2.7.13	1.3.0
2.2.6.RELEASE	1.8.1	1.4.2	4.4.0	2.7.8	1.3.0
2021.1 or 2.2.5.RELEASE or 2.1.4.RELEASE or 2.0.4.RELEASE	1.8.0	1.4.1	4.4.0	2.7.8	1.3.0
2.2.3.RELEASE or 2.1.3.RELEASE or 2.0.3.RELEASE	1.8.0	1.3.3	4.4.0	2.7.8	1.3.0
2.2.1.RELEASE or 2.1.2.RELEASE or 2.0.2.RELEASE	1.7.1	1.2.1	4.4.0	2.7.6	1.2.0
2.2.0.RELEASE	1.7.1	1.1.4	4.4.0	2.7.4.1	1.0.0
2.1.1.RELEASE or 2.0.1.RELEASE or 1.5.1.RELEASE	1.7.0	1.1.4	4.4.0	2.7.3	0.9.0
2.1.0.RELEASE or 2.0.0.RELEASE or 1.5.0.RELEASE	1.6.3	1.1.1	4.4.0	2.7.3	0.7.1

Spring Cloud Alibaba Version	Spring Cloud Version	Spring Boot Version
2021.0.1.0*	Spring Cloud 2021.0.1	2.6.3
2021.1	Spring Cloud 2020.0.1	2.4.2

图1-9　Spring Cloud和Spring Cloud Alibaba版本对照表

如果不能打开 GitHub 网址，可以安装插件：

https://github.com/docmirror/dev-sidecar/releases

1.4 单体架构及其优缺点

将项目所有的模块打包成 1 个 jar 文件或者 1 个 war 文件，然后部署到一个进程中。

单体架构如图 1-10 所示。

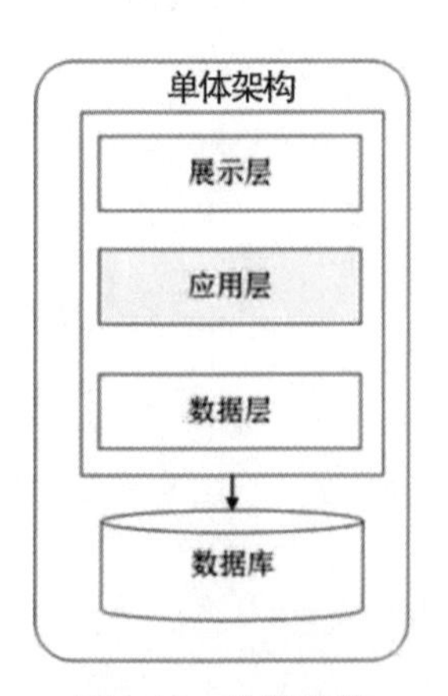

图1-10　单体架构

单体架构的优点如下。

（1）部署简单：由于是完整的项目结构体，可以直接部署在一个服务器上。

（2）技术单一：项目不需要复杂的技术栈，往往使用一套熟悉的技术栈就可以完成开发。

（3）用人成本低：单个程序员可以完成业务接口到数据库的整个流程。

单体架构的缺点如下。

（1）系统启动慢：一个进程包含了所有的业务逻辑，涉及的启动模块过多，导致系统的启动、重启时间周期过长。

（2）系统错误隔离性差、可用性差：任何一个模块的错误都有可能造成整个系统的宕机。

（3）可伸缩性差：系统只能对完整的应用进行扩容，无法结合业务模块的特点进行指定伸缩。

（4）线上问题修复周期长：任何一个线上问题的修复都需要对整个应用系统进行全面升级。

（5）不利于安全管理：所有开发人员都拥有全量代码。

1.5 微服务架构及其优缺点

微服务的架构风格是以开发一组小型服务的方式来开发一个独立的应用系统。其中每个小型服务都运行在自己的进程中，可以采用 HTTP API 这样的轻量级机制来相互通信。这些服务围绕业务功能进行构建，并能通过全自动的部署机制来进行独立部署。这些微服务可以使用不同的编程语言来编写，并且可以使用不同的数据存储技术对这些微服务只做最低限度的集中管理。

微服务总结：

（1）微服务是一种项目架构思想（风格）。

（2）微服务架构是一系列小型服务的组合（组件化与多服务）。

（3）任何一个微服务都是一个独立的进程（独立开发、独立维护、独立部署）。

（4）轻量级通信 HTTP API 协议（跨语言，跨平台）。

（5）服务粒度（围绕业务功能拆分）。

（6）去中心化管理。

微服务架构如图 1-11 所示。

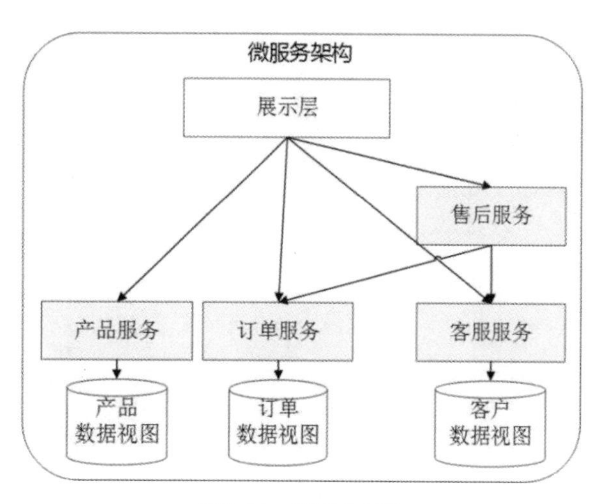

图1-11 微服务架构

微服务架构的优点如下。

（1）易于开发和维护：一个微服务只关注一个特定的业务功能，所以它的业务清晰、代码量较少。开发和维护单个微服务相对比较简单，整个应用是由若干个微服务构建而成，所以整个应用也会维持在可控状态。

（2）单个微服务启动较快：单个微服

务代码量较少，启动会比较快。

（3）局部修改容易部署：单体应用只要有修改，就要重新部署整个应用，而微服务解决了这个问题。一般来说，对某个微服务进行修改，只需要重新部署这个服务即可。

（4）技术栈不受限：在微服务中，可以结合项目、业务及团队的特点，合理地选择技术栈。

（5）按需伸缩：按访问量合理地安排服务器节点。

微服务架构的缺点如下。

（1）服务太多，导致服务间的依赖错综复杂，运维难度大。

（2）微服务放大了分布式架构的系列问题，比如分布式事务的处理、分布式锁的处理、服务注册与发现和服务不稳定发生服务宕机等情况。

（3）运维复杂度剧增，部署数量和监控进程多，最终导致整体运维复杂度提升。

第 2 章

RPC 远程通信和 Nacos 注册中心

本章主要介绍在 Spring Cloud 和 Spring Cloud Alibaba 中使用 Nacos、RestTemplate 和 OpenFeign 实现 RPC 远程方法调用，以及实现服务提供者和服务消费者互相通信。

2.1 Nacos与MySQL关联

Nacos 的 GitHub 网址如下：

https://github.com/alibaba/nacos。

按如图 2-1 所示的版本搭配下载 Nacos 1.4.2 版本（本教程 Spring Cloud Alibaba 使用 2021.0.1.0 版本），使用的版本要与 Spring Cloud/Spring Cloud Alibaba 进行配套，而不是最新的就是最好的。

组件版本关系

每个 Spring Cloud Alibaba 版本及其自身所适配的各组件对应版本如下表所示：

Spring Cloud Alibaba Version	Sentinel Version	Nacos Version	RocketMQ Version	Dubbo Version	Seata Version
2.2.8.RELEASE	1.8.4	2.1.0	4.9.3	~	1.5.1
2021.0.1.0	1.8.3	1.4.2	4.9.2	~	1.4.2
2.2.7.RELEASE	1.8.1	2.0.3	4.6.1	2.7.13	1.3.0

图2-1　使用的Nacos版本

在 Nacos 0.7 版本之前，运行 standalone 单机模式时，Nacos 使用嵌入式数据库 Derby 实现配置数据的存储，这样不太方便观察数据存储的基本情况，所以在 Nacos 0.7 版本中增加了将配置数据保存到 MySQL 数据库的能力，但是需要手动将 Nacos 与 MySQL 进行关联。

在 MySQL 中创建新的数据库“nacos_config”，如图 2-2 所示。

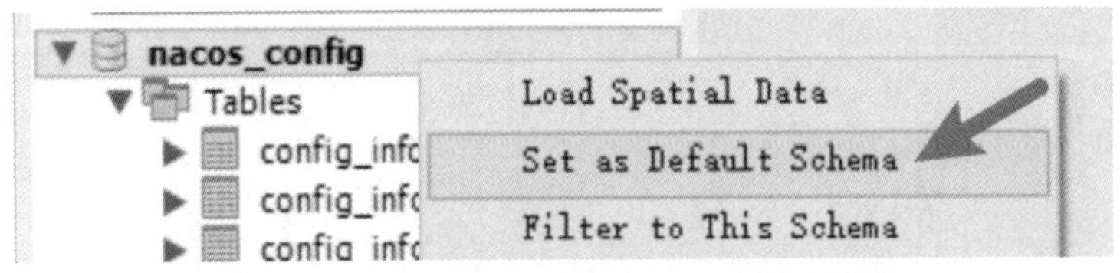

图2-2　创建数据库并设置Default默认使用

在 MySQL GUI 工具中打开如下 SQL 脚本文件并执行：

```
nacos-server-1.4.2\nacos\conf\nacos-mysql.sql
```

创建的数据表如图 2-3 所示。

编辑 nacos-server-1.4.2\nacos\conf\application.properties 属性文件，更改内容如图 2-4 所示。

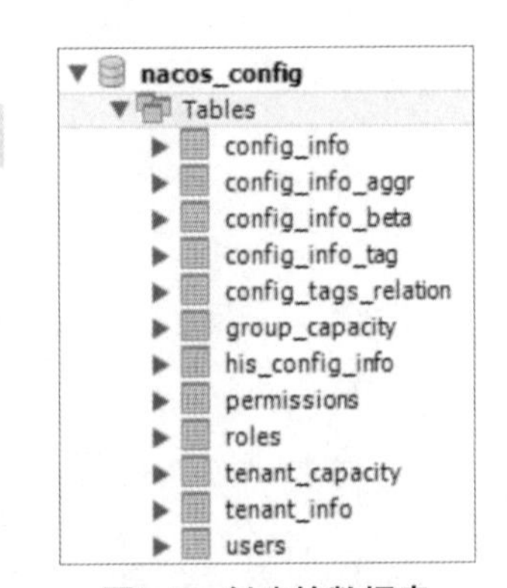

图2-3　创建的数据表

```
#*************** Config Module Related Configurations ***************#
### If use MySQL as datasource:
spring.datasource.platform=mysql

### Count of DB:
db.num=1

### Connect URL of DB:
db.url.0=jdbc:mysql://192.168.0.103:3306/nacos_config?
characterEncoding=utf8&connectTimeout=1000&socketTimeout=3000&autoReconne
db.user.0=root
db.password.0=123123
```

图2-4　更改属性

更改 application.properties 配置文件时还需要去掉最前方的“#”注释，并且没有空格。

使用如下命令启动 Nacos 服务。

```
[ghy@localhost bin]$ pwd
/home/ghy/T/nacos-server-1.4.2/nacos/bin
[ghy@localhost bin]$ ls
shutdown.cmd  shutdown.sh  startup.cmd  startup.sh
[ghy@localhost bin]$ sh startup.sh -m standalone
```

成功启动如图 2-5 所示。

```
[ghy@localhost bin]$ pwd
/home/ghy/T/nacos-server-1.4.2/nacos/bin
[ghy@localhost bin]$ ls
shutdown.cmd  shutdown.sh  startup.cmd  startup.sh
[ghy@localhost bin]$ ./startup.sh  -m standalone
/home/ghy/T/jdk-8u321-linux-x64/jdk1.8.0_321/bin/java  -Xms512m -Xmx512m -Xmn256m -Dnacos.standalone=true
 -Dnacos.member.list= -Djava.ext.dirs=/home/ghy/T/jdk-8u321-linux-x64/jdk1.8.0_321/jre/lib/ext:/home/ghy/
T/jdk-8u321-linux-x64/jdk1.8.0_321/lib/ext -Xloggc:/home/ghy/T/nacos-server-1.4.2/nacos/logs/nacos_gc.log
 -verbose:gc -XX:+PrintGCDetails -XX:+PrintGCDateStamps -XX:+PrintGCTimeStamps -XX:+UseGCLogFileRotation
-XX:NumberOfGCLogFiles=10 -XX:GCLogFileSize=100M -Dloader.path=/home/ghy/T/nacos-server-1.4.2/nacos/plugi
ns/health,/home/ghy/T/nacos-server-1.4.2/nacos/plugins/cmdb -Dnacos.home=/home/ghy/T/nacos-server-1.4.2/n
acos -jar /home/ghy/T/nacos-server-1.4.2/nacos/target/nacos-server.jar  --spring.config.additional-locati
on=file:/home/ghy/T/nacos-server-1.4.2/nacos/conf/ --logging.config=/home/ghy/T/nacos-server-1.4.2/nacos/
conf/nacos-logback.xml --server.max-http-header-size=524288
nacos is starting with standalone
nacos is starting, you can check the /home/ghy/T/nacos-server-1.4.2/nacos/logs/start.out
[ghy@localhost bin]$
```

图2-5　成功启动Nacos服务

日志文件 start.out 内容如图 2-6 所示。

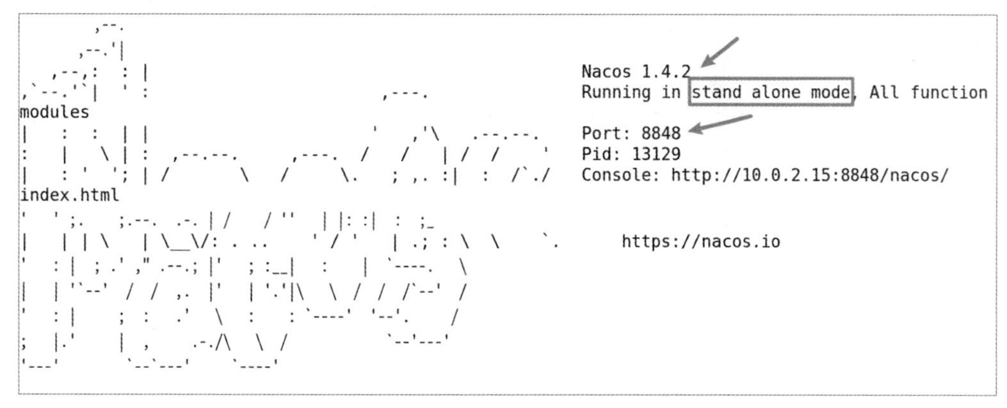

图2-6　日志文件start.out内容

如果日志文件 start.out 内容没有出现异常，在最后会显示成功使用 MySQL 扩展存储 Nacos 配置数据，如图 2-7 所示。

```
Tomcat started on port(s): 8848 (http) with context path '/nacos'

Nacos started successfully in stand alone mode. use external storage
```

图2-7 成功关联MySQL

2.2 创建my-parent父模块

在 IDEA 中创建名称为 SpringCloud-Demo 的 Empty Project。

创建 my-parent 父模块，作用是管理公共的 Maven pom.xml 配置代码。

2.3 创建my-api模块

创建 my-api 模块，作用是管理公共 API。

创建 IService1 接口，代码如下。

```
package com.ghy.www.api;

public interface IService1 {
    public String getHello(String username);
}
```

创建 IService2 接口，代码如下。

```
package com.ghy.www.api;

public interface IService2 {
    public String getHello(String username);
}
```

创建 IService3 接口，代码如下。

```
package com.ghy.www.api;

public interface IService3 {
    public String getHello(String username);
}
```

创建 IService4 接口，代码如下。

```
package com.ghy.www.api;

public interface IService4 {
    public String getHello(String username);
}
```

创建 IService5 接口，代码如下。

```
package com.ghy.www.api;

public interface IService5 {
    public String getHello(String username);
}
```

创建 IService6 接口，代码如下。

```
package com.ghy.www.api;

public interface IService6 {
    public String getHello(String username);
}
```

创建 IService7 接口，代码如下。

```
package com.ghy.www.api;

public interface IService7 {
    public String getHello(String username);
}
```

创建 IService8 接口，代码如下。

```
package com.ghy.www.api;

public interface IService8 {
    public String getHello(String username);
}
```

创建 IService9 接口，代码如下。

```
package com.ghy.www.api;

public interface IService9 {
    public String getHello(String username);
}
```

创建 ResponseBox 类，代码如下。

```
package com.ghy.www.dto;

public class ResponseBox<T> {
    private int responseCode;
    private T data;
    private String message;

    public ResponseBox() {
    }

    public ResponseBox(int responseCode, T data, String message) {
        this.responseCode = responseCode;
        this.data = data;
        this.message = message;
    }

    public int getResponseCode() {
        return responseCode;
    }

    public void setResponseCode(int responseCode) {
        this.responseCode = responseCode;
    }

    public T getData() {
        return data;
    }

    public void setData(T data) {
        this.data = data;
    }

    public String getMessage() {
        return message;
    }

    public void setMessage(String message) {
        this.message = message;
    }
}
```

创建 UserinfoDTO1 类，代码如下。

```
package com.ghy.www.dto;

import java.io.Serializable;
import java.util.Date;

public class UserinfoDTO1 implements Serializable {
    private int id;
    private String username;
    private String password;
    private int age;
    private Date insertdate;

    public UserinfoDTO1() {
    }

    public int getId() {
        return id;
    }

    public void setId(int id) {
        this.id = id;
    }

    public String getUsername() {
        return username;
    }

    public void setUsername(String username) {
        this.username = username;
    }

    public String getPassword() {
        return password;
    }

    public void setPassword(String password) {
        this.password = password;
    }

    public int getAge() {
        return age;
    }

    public void setAge(int age) {
```

```
        this.age = age;
    }

    public Date getInsertdate() {
        return insertdate;
    }

    public void setInsertdate(Date insertdate) {
        this.insertdate = insertdate;
    }
}
```

创建 UserinfoDTO2 类，代码如下。

```
package com.ghy.www.dto;

import java.io.Serializable;

public class UserinfoDTO2 implements Serializable {
    private String id;
    private String username;
    private String password;
    private String age;
    private String insertdate;

    public UserinfoDTO2() {
    }

    public String getId() {
        return id;
    }

    public void setId(String id) {
        this.id = id;
    }

    public String getUsername() {
        return username;
    }

    public void setUsername(String username) {
        this.username = username;
    }

    public String getPassword() {
        return password;
```

```
    }

    public void setPassword(String password) {
        this.password = password;
    }

    public String getAge() {
        return age;
    }

    public void setAge(String age) {
        this.age = age;
    }

    public String getInsertdate() {
        return insertdate;
    }

    public void setInsertdate(String insertdate) {
        this.insertdate = insertdate;
    }
}
```

创建 UserinfoUploadDTO 类，代码如下。

```
package com.ghy.www.dto;

import org.springframework.web.multipart.MultipartFile;

public class UserinfoUploadDTO {
    private String username;
    private MultipartFile uploadFile[];

    public UserinfoUploadDTO() {
    }

    public String getUsername() {
        return username;
    }

    public void setUsername(String username) {
        this.username = username;
    }

    public MultipartFile[] getUploadFile() {
        return uploadFile;
```

```
    }

    public void setUploadFile(MultipartFile[] uploadFile) {
        this.uploadFile = uploadFile;
    }
}
```

2.4 使用Nacos+RestTemplate实现RPC通信和服务提供者集群

本节使用 Nacos+RestTemplate 实现 RPC 通信和服务提供者集群。

发起 request 请求可以使用浏览器或 AJAX 技术，使用 Java 代码也能发起 request 请求吗？当然可以，使用 HttpClient 框架，其官方网址如下：

https://hc.apache.org/httpcomponents-client-5.1.x/index.html

HttpClient 是 Apache 组织下的子项目，它是一个高效、功能丰富，并且支持最新 HTTP 标准的客户端。

但由于 HttpClient 设计得较为底层和原始，所以 API 并不友好，而 Spring 框架把 HttpClient 进行了封装，形成了 RestTemplate 类，使用 RestTemplate 就可以发起 request 请求。

使用 Java 结合 RestTemplate 可以实现爬虫的效果。

本节中的 RestTemplate 的使用案例几乎覆盖了大部分的使用方式，并且还对 delete、get、post 和 put 这 4 种提交方式进行充分的测试，力求在 RESTful 的测试上更加完整。

2.4.1 创建服务提供者模块

创建 my-nacos-provider-standalone-cluster 模块。

单机配置文件 application.yml 代码如下。

```
spring:
  application:
    name: my-nacos-provider-standalone-cluster-8085
  cloud:
    nacos:
      discovery:
        server-addr: 192.168.3.188:8848
        username: nacos
        password: nacos
        ip: 192.168.3.188
```

```
server:
  port: 8085
```

集群配置文件 application-8085.yml 代码如下。

```
spring:
  application:
    name: my-nacos-provider-cluster
  cloud:
    nacos:
      discovery:
        server-addr: 192.168.3.188:8848
        username: nacos
        password: nacos
        ip: 192.168.3.188

server:
  port: 8085
```

集群配置文件 application-8086.yml 代码如下。

```
spring:
  application:
    name: my-nacos-provider-cluster
  cloud:
    nacos:
      discovery:
        server-addr: 192.168.3.188:8848
        username: nacos
        password: nacos
        ip: 192.168.3.188

server:
  port: 8086
```

集群配置文件 application-8087.yml 代码如下。

```
spring:
  application:
    name: my-nacos-provider-cluster
  cloud:
    nacos:
      discovery:
        server-addr: 192.168.3.188:8848
        username: nacos
        password: nacos
```

```
      ip: 192.168.3.188

server:
  port: 8087
```

在服务提供者模块中，主要测试了如下 6 种写法。

（1）无传参。

```
public ResponseBox<String> test1(HttpServletRequest request, HttpServle-
tResponse response)
```

（2）有传参。

```
public ResponseBox<String> test2(String id, String username, String password,
String age, String insertdate)
```

（3）使用 @PathVariable 获得参数。

```
public ResponseBox<String> test3(@PathVariable String id, @PathVariable
String username, @PathVariable String password, @PathVariable String age, @
PathVariable String insertdate)
```

（4）返回值是 ResponseBox<UserinfoDTO2> 自定义 DTO。

```
public ResponseBox<UserinfoDTO2> test4(String id, String username, String
password, String age, String insertdate)
```

（5）参数类型是复杂类型 UserinfoDTO2。

```
public ResponseBox<UserinfoDTO2> test5(UserinfoDTO2 userinfoDTO2Param)
```

（6）使用 @RequestBody 接收数据。

```
public ResponseBox<UserinfoDTO2> test6(@RequestBody UserinfoDTO2 userinfoDTO-
2Param)
```

2.4.1.1 创建delete提交类型的服务提供者

RESTful 的 delete 提交类型的服务提供者代码如下。

```
package com.ghy.www.my.nacos.provider.standalone.cluster.controller;

import com.ghy.www.dto.ResponseBox;
import com.ghy.www.dto.UserinfoDTO2;
import org.springframework.beans.factory.annotation.Value;
import org.springframework.web.bind.annotation.*;
```

```
import javax.servlet.http.HttpServletRequest;
import javax.servlet.http.HttpServletResponse;
import java.io.UnsupportedEncodingException;
import java.util.Base64;

@RestController
@RequestMapping(value = "delete")
public class DeleteController {

    @Value("${server.port}")
    private int portValue;

    @DeleteMapping(value = "test1")
    public ResponseBox<String> test1(HttpServletRequest request, HttpServle-
tResponse response) {
        System.out.println("delete test1 run portValue=" + portValue);
        ResponseBox box = new ResponseBox();
        box.setResponseCode(200);
        box.setData("test1 value");
        box.setMessage("操作成功");
        return box;
    }

    @DeleteMapping(value = "test2")
    public ResponseBox<String> test2(String id, String username, String pass-
word, String age, String insertdate) throws UnsupportedEncodingException {
        username = new String(Base64.getUrlDecoder().decode(username));
        password = new String(Base64.getUrlDecoder().decode(password));
        System.out.println("delete test2 run portValue=" + portValue);
        System.out.println("id=" + id);
        System.out.println("username=" + username);
        System.out.println("password=" + password);
        System.out.println("age=" + age);
        System.out.println("insertdate=" + insertdate);

        ResponseBox box = new ResponseBox();
        box.setResponseCode(200);
        box.setData("test2 value");
        box.setMessage("操作成功");
        return box;
    }

    @DeleteMapping(value = "test3/id/{id}/username/{username}/password/{pass-
word}/age/{age}/insertdate/{insertdate}")
    public ResponseBox<String> test3(@PathVariable String id, @PathVariable
```

```
String username, @PathVariable String password, @PathVariable String age, @
PathVariable String insertdate) throws UnsupportedEncodingException {
        username = new String(Base64.getUrlDecoder().decode(username));
        password = new String(Base64.getUrlDecoder().decode(password));
        System.out.println("delete test3 run portValue=" + portValue);
        System.out.println("id=" + id);
        System.out.println("username=" + username);
        System.out.println("password=" + password);
        System.out.println("age=" + age);
        System.out.println("insertdate=" + insertdate);

        ResponseBox box = new ResponseBox();
        box.setResponseCode(200);
        box.setData("test3 value");
        box.setMessage("操作成功");
        return box;
    }

    @DeleteMapping(value = "test4")
    public ResponseBox<UserinfoDTO2> test4(String id, String username, String
password, String age, String insertdate) throws UnsupportedEncodingException
{
        username = new String(Base64.getUrlDecoder().decode(username));
        password = new String(Base64.getUrlDecoder().decode(password));
        System.out.println("delete test4 run portValue=" + portValue);
        System.out.println("id=" + id);
        System.out.println("username=" + username);
        System.out.println("password=" + password);
        System.out.println("age=" + age);
        System.out.println("insertdate=" + insertdate);

        UserinfoDTO2 userinfoDTO2 = new UserinfoDTO2();
        userinfoDTO2.setId("1");
        userinfoDTO2.setUsername("中国");
        userinfoDTO2.setPassword("中国人");
        userinfoDTO2.setAge("1");
        userinfoDTO2.setInsertdate("2000-01-01");

        ResponseBox box = new ResponseBox();
        box.setResponseCode(200);
        box.setData(userinfoDTO2);
        box.setMessage("操作成功");
        return box;
    }
```

```
    @DeleteMapping(value = "test5")
    public ResponseBox<UserinfoDTO2> test5(UserinfoDTO2 userinfoDTO2Param)
throws UnsupportedEncodingException {
        String id = userinfoDTO2Param.getId();
        String username = new String(Base64.getUrlDecoder().decode(userinfoD-
TO2Param.getUsername()));
        String password = new String(Base64.getUrlDecoder().decode(userinfoD-
TO2Param.getPassword()));
        String age = userinfoDTO2Param.getAge();
        String insertdate = userinfoDTO2Param.getInsertdate();

        System.out.println("delete test5 run portValue=" + portValue);
        System.out.println("id=" + id);
        System.out.println("username=" + username);
        System.out.println("password=" + password);
        System.out.println("age=" + age);
        System.out.println("insertdate=" + insertdate);

        UserinfoDTO2 returnUserinfoDTO2 = new UserinfoDTO2();
        returnUserinfoDTO2.setId("100");
        returnUserinfoDTO2.setUsername("中国");
        returnUserinfoDTO2.setPassword("中国人");
        returnUserinfoDTO2.setAge("1");
        returnUserinfoDTO2.setInsertdate("2000-01-01");

        ResponseBox box = new ResponseBox();
        box.setResponseCode(200);
        box.setData(returnUserinfoDTO2);
        box.setMessage("操作成功");
        return box;
    }

    @DeleteMapping(value = "test6")
    public ResponseBox<UserinfoDTO2> test6(@RequestBody UserinfoDTO2 userin-
foDTO2Param) throws UnsupportedEncodingException {
        String id = userinfoDTO2Param.getId();
        String username = new String(Base64.getUrlDecoder().decode(userinfoD-
TO2Param.getUsername()));
        String password = new String(Base64.getUrlDecoder().decode(userinfoD-
TO2Param.getPassword()));
        String age = userinfoDTO2Param.getAge();
        String insertdate = userinfoDTO2Param.getInsertdate();

        System.out.println("delete test6 run portValue=" + portValue);
        System.out.println("id=" + id);
```

```
        System.out.println("username=" + username);
        System.out.println("password=" + password);
        System.out.println("age=" + age);
        System.out.println("insertdate=" + insertdate);

        UserinfoDTO2 returnUserinfoDTO2 = new UserinfoDTO2();
        returnUserinfoDTO2.setId("100");
        returnUserinfoDTO2.setUsername("中国");
        returnUserinfoDTO2.setPassword("中国人");
        returnUserinfoDTO2.setAge("1");
        returnUserinfoDTO2.setInsertdate("2000-01-01");

        ResponseBox box = new ResponseBox();
        box.setResponseCode(200);
        box.setData(returnUserinfoDTO2);
        box.setMessage("操作成功");
        return box;
    }
}
```

2.4.1.2　创建get提交类型的服务提供者

RESTful 的 get 提交类型的服务提供者代码如下。

```
package com.ghy.www.my.nacos.provider.standalone.cluster.controller;

import com.ghy.www.dto.ResponseBox;
import com.ghy.www.dto.UserinfoDTO2;
import org.springframework.beans.factory.annotation.Value;
import org.springframework.web.bind.annotation.*;

import javax.servlet.http.HttpServletRequest;
import javax.servlet.http.HttpServletResponse;
import java.io.UnsupportedEncodingException;
import java.util.Base64;

@RestController
@RequestMapping("get")
public class GetController {
    @Value("${server.port}")
    private int portValue;

    @GetMapping(value = "test1")
     public ResponseBox<String> test1(HttpServletRequest request, HttpServle-
tResponse response) {
```

```
        System.out.println("get test1 run portValue=" + portValue);
        ResponseBox box = new ResponseBox();
        box.setResponseCode(200);
        box.setData("test1 value");
        box.setMessage("操作成功");
        return box;
    }

    @GetMapping(value = "test2")
    public ResponseBox<String> test2(String id, String username, String pass-
word, String age, String insertdate) throws UnsupportedEncodingException {
        username = new String(Base64.getUrlDecoder().decode(username));
        password = new String(Base64.getUrlDecoder().decode(password));
        System.out.println("get test2 run portValue=" + portValue);
        System.out.println("id=" + id);
        System.out.println("username=" + username);
        System.out.println("password=" + password);
        System.out.println("age=" + age);
        System.out.println("insertdate=" + insertdate);

        ResponseBox box = new ResponseBox();
        box.setResponseCode(200);
        box.setData("test2 value");
        box.setMessage("操作成功");
        return box;
    }

     @GetMapping(value = "test3/id/{id}/username/{username}/password/{pass-
word}/age/{age}/insertdate/{insertdate}")
     public ResponseBox<String> test3(@PathVariable String id, @PathVariable
String username, @PathVariable String password, @PathVariable String age, @
PathVariable String insertdate) throws UnsupportedEncodingException {
        username = new String(Base64.getUrlDecoder().decode(username));
        password = new String(Base64.getUrlDecoder().decode(password));
        System.out.println("get test3 run portValue=" + portValue);
        System.out.println("id=" + id);
        System.out.println("username=" + username);
        System.out.println("password=" + password);
        System.out.println("age=" + age);
        System.out.println("insertdate=" + insertdate);

        ResponseBox box = new ResponseBox();
        box.setResponseCode(200);
        box.setData("test3 value");
        box.setMessage("操作成功");
```

```
        return box;
    }

    @GetMapping(value = "test4")
    public ResponseBox<UserinfoDTO2> test4(String id, String username, String
password, String age, String insertdate) throws UnsupportedEncodingException
{
        username = new String(Base64.getUrlDecoder().decode(username));
        password = new String(Base64.getUrlDecoder().decode(password));
        System.out.println("get test4 run portValue=" + portValue);
        System.out.println("id=" + id);
        System.out.println("username=" + username);
        System.out.println("password=" + password);
        System.out.println("age=" + age);
        System.out.println("insertdate=" + insertdate);

        UserinfoDTO2 userinfoDTO2 = new UserinfoDTO2();
        userinfoDTO2.setId("1");
        userinfoDTO2.setUsername("中国");
        userinfoDTO2.setPassword("中国人");
        userinfoDTO2.setAge("1");
        userinfoDTO2.setInsertdate("2000-01-01");

        ResponseBox box = new ResponseBox();
        box.setResponseCode(200);
        box.setData(userinfoDTO2);
        box.setMessage("操作成功");
        return box;
    }

    @GetMapping(value = "test5")
    public ResponseBox<UserinfoDTO2> test5(UserinfoDTO2 userinfoDTO2Param)
throws UnsupportedEncodingException {
        String id = userinfoDTO2Param.getId();
        String username = new String(Base64.getUrlDecoder().decode(userinfoD-
TO2Param.getUsername()));
        String password = new String(Base64.getUrlDecoder().decode(userinfoD-
TO2Param.getPassword()));
        String age = userinfoDTO2Param.getAge();
        String insertdate = userinfoDTO2Param.getInsertdate();

        System.out.println("get test5 run portValue=" + portValue);
        System.out.println("id=" + id);
        System.out.println("username=" + username);
        System.out.println("password=" + password);
```

```
        System.out.println("age=" + age);
        System.out.println("insertdate=" + insertdate);

        UserinfoDTO2 returnUserinfoDTO2 = new UserinfoDTO2();
        returnUserinfoDTO2.setId("100");
        returnUserinfoDTO2.setUsername("中国");
        returnUserinfoDTO2.setPassword("中国人");
        returnUserinfoDTO2.setAge("1");
        returnUserinfoDTO2.setInsertdate("2000-01-01");

        ResponseBox box = new ResponseBox();
        box.setResponseCode(200);
        box.setData(returnUserinfoDTO2);
        box.setMessage("操作成功");
        return box;
    }

    @GetMapping(value = "test6")
    public ResponseBox<UserinfoDTO2> test6(@RequestBody UserinfoDTO2 userin-
foDTO2Param) throws UnsupportedEncodingException {
        String id = userinfoDTO2Param.getId();
        String username = new String(Base64.getUrlDecoder().decode(userinfoD-
TO2Param.getUsername()));
        String password = new String(Base64.getUrlDecoder().decode(userinfoD-
TO2Param.getPassword()));
        String age = userinfoDTO2Param.getAge();
        String insertdate = userinfoDTO2Param.getInsertdate();

        System.out.println("delete test6 run portValue=" + portValue);
        System.out.println("id=" + id);
        System.out.println("username=" + username);
        System.out.println("password=" + password);
        System.out.println("age=" + age);
        System.out.println("insertdate=" + insertdate);

        UserinfoDTO2 returnUserinfoDTO2 = new UserinfoDTO2();
        returnUserinfoDTO2.setId("100");
        returnUserinfoDTO2.setUsername("中国");
        returnUserinfoDTO2.setPassword("中国人");
        returnUserinfoDTO2.setAge("1");
        returnUserinfoDTO2.setInsertdate("2000-01-01");

        ResponseBox box = new ResponseBox();
        box.setResponseCode(200);
        box.setData(returnUserinfoDTO2);
```

```
        box.setMessage("操作成功");
        return box;
    }
}
```

2.4.1.3 创建post提交类型的服务提供者

RESTful 的 post 提交类型的服务提供者代码如下。

```
package com.ghy.www.my.nacos.provider.standalone.cluster.controller;

import com.ghy.www.dto.ResponseBox;
import com.ghy.www.dto.UserinfoDTO2;
import org.springframework.beans.factory.annotation.Value;
import org.springframework.web.bind.annotation.*;

import javax.servlet.http.HttpServletRequest;
import javax.servlet.http.HttpServletResponse;
import java.io.UnsupportedEncodingException;
import java.util.Base64;

@RestController
@RequestMapping("post")
public class PostController {

    @Value("${server.port}")
    private int portValue;

    @PostMapping(value = "test1")
    public ResponseBox<String> test1(HttpServletRequest request, HttpServle-
tResponse response) {
        System.out.println("post test1 run portValue=" + portValue);
        ResponseBox box = new ResponseBox();
        box.setResponseCode(200);
        box.setData("test1 value");
        box.setMessage("操作成功");
        return box;
    }

    @PostMapping(value = "test2")
    public ResponseBox<String> test2(String id, String username, String pass-
word, String age, String insertdate) throws UnsupportedEncodingException {
        username = new String(Base64.getUrlDecoder().decode(username));
        password = new String(Base64.getUrlDecoder().decode(password));
        System.out.println("post test2 run portValue=" + portValue);
```

```
        System.out.println("id=" + id);
        System.out.println("username=" + username);
        System.out.println("password=" + password);
        System.out.println("age=" + age);
        System.out.println("insertdate=" + insertdate);

        ResponseBox box = new ResponseBox();
        box.setResponseCode(200);
        box.setData("test2 value");
        box.setMessage("操作成功");
        return box;
    }

    @PostMapping(value = "test3/id/{id}/username/{username}/password/{pass-
word}/age/{age}/insertdate/{insertdate}")
    public ResponseBox<String> test3(@PathVariable String id, @PathVariable
String username, @PathVariable String password, @PathVariable String age, @
PathVariable String insertdate) throws UnsupportedEncodingException {
        username = new String(Base64.getUrlDecoder().decode(username));
        password = new String(Base64.getUrlDecoder().decode(password));
        System.out.println("post test3 run portValue=" + portValue);
        System.out.println("id=" + id);
        System.out.println("username=" + username);
        System.out.println("password=" + password);
        System.out.println("age=" + age);
        System.out.println("insertdate=" + insertdate);

        ResponseBox box = new ResponseBox();
        box.setResponseCode(200);
        box.setData("test3 value");
        box.setMessage("操作成功");
        return box;
    }

    @PostMapping(value = "test4")
    public ResponseBox<UserinfoDTO2> test4(String id, String username, String
password, String age, String insertdate) throws UnsupportedEncodingException
{
        username = new String(Base64.getUrlDecoder().decode(username));
        password = new String(Base64.getUrlDecoder().decode(password));
        System.out.println("post test4 run portValue=" + portValue);
        System.out.println("id=" + id);
        System.out.println("username=" + username);
        System.out.println("password=" + password);
        System.out.println("age=" + age);
```

```
        System.out.println("insertdate=" + insertdate);

        UserinfoDTO2 userinfoDTO2 = new UserinfoDTO2();
        userinfoDTO2.setId("1");
        userinfoDTO2.setUsername("中国");
        userinfoDTO2.setPassword("中国人");
        userinfoDTO2.setAge("1");
        userinfoDTO2.setInsertdate("2000-01-01");

        ResponseBox box = new ResponseBox();
        box.setResponseCode(200);
        box.setData(userinfoDTO2);
        box.setMessage("操作成功");
        return box;
    }

    @PostMapping(value = "test5")
     public ResponseBox<UserinfoDTO2> test5(UserinfoDTO2 userinfoDTO2Param)
throws UnsupportedEncodingException {
        String id = userinfoDTO2Param.getId();
         String username = new String(Base64.getUrlDecoder().decode(userinfoD-
TO2Param.getUsername()));
         String password = new String(Base64.getUrlDecoder().decode(userinfoD-
TO2Param.getPassword()));
        String age = userinfoDTO2Param.getAge();
        String insertdate = userinfoDTO2Param.getInsertdate();

        System.out.println("post test5 run portValue=" + portValue);
        System.out.println("id=" + id);
        System.out.println("username=" + username);
        System.out.println("password=" + password);
        System.out.println("age=" + age);
        System.out.println("insertdate=" + insertdate);

        UserinfoDTO2 returnUserinfoDTO2 = new UserinfoDTO2();
        returnUserinfoDTO2.setId("100");
        returnUserinfoDTO2.setUsername("中国");
        returnUserinfoDTO2.setPassword("中国人");
        returnUserinfoDTO2.setAge("1");
        returnUserinfoDTO2.setInsertdate("2000-01-01");

        ResponseBox box = new ResponseBox();
        box.setResponseCode(200);
        box.setData(returnUserinfoDTO2);
        box.setMessage("操作成功");
```

```
        return box;
    }

    @PostMapping(value = "test6")
    public ResponseBox<UserinfoDTO2> test6(@RequestBody UserinfoDTO2 userin-
foDTO2Param) throws UnsupportedEncodingException {
        String id = userinfoDTO2Param.getId();
        String username = new String(Base64.getUrlDecoder().decode(userinfoD-
TO2Param.getUsername()));
        String password = new String(Base64.getUrlDecoder().decode(userinfoD-
TO2Param.getPassword()));
        String age = userinfoDTO2Param.getAge();
        String insertdate = userinfoDTO2Param.getInsertdate();

        System.out.println("post test6 run portValue=" + portValue);
        System.out.println("id=" + id);
        System.out.println("username=" + username);
        System.out.println("password=" + password);
        System.out.println("age=" + age);
        System.out.println("insertdate=" + insertdate);

        UserinfoDTO2 returnUserinfoDTO2 = new UserinfoDTO2();
        returnUserinfoDTO2.setId("100");
        returnUserinfoDTO2.setUsername("中国");
        returnUserinfoDTO2.setPassword("中国人");
        returnUserinfoDTO2.setAge("1");
        returnUserinfoDTO2.setInsertdate("2000-01-01");

        ResponseBox box = new ResponseBox();
        box.setResponseCode(200);
        box.setData(returnUserinfoDTO2);
        box.setMessage("操作成功");
        return box;
    }
}
```

2.4.1.4　创建put提交类型的服务提供者

RESTful 的 put 提交类型的服务提供者代码如下。

```
package com.ghy.www.my.nacos.provider.standalone.cluster.controller;

import com.ghy.www.dto.ResponseBox;
import com.ghy.www.dto.UserinfoDTO2;
import org.springframework.beans.factory.annotation.Value;
```

```
import org.springframework.web.bind.annotation.*;

import javax.servlet.http.HttpServletRequest;
import javax.servlet.http.HttpServletResponse;
import java.io.UnsupportedEncodingException;
import java.util.Base64;

@RestController
@RequestMapping("put")
public class PutController {

    @Value("${server.port}")
    private int portValue;

    @PutMapping(value = "test1")
    public ResponseBox<String> test1(HttpServletRequest request, HttpServle-
tResponse response) {
        System.out.println("put test1 run portValue=" + portValue);
        ResponseBox box = new ResponseBox();
        box.setResponseCode(200);
        box.setData("test1 value");
        box.setMessage("操作成功");
        return box;
    }

    @PutMapping(value = "test2")
    public ResponseBox<String> test2(String id, String username, String pass-
word, String age, String insertdate) throws UnsupportedEncodingException {
        username = new String(Base64.getUrlDecoder().decode(username));
        password = new String(Base64.getUrlDecoder().decode(password));
        System.out.println("put test2 run portValue=" + portValue);
        System.out.println("id=" + id);
        System.out.println("username=" + username);
        System.out.println("password=" + password);
        System.out.println("age=" + age);
        System.out.println("insertdate=" + insertdate);

        ResponseBox box = new ResponseBox();
        box.setResponseCode(200);
        box.setData("test2 value");
        box.setMessage("操作成功");
        return box;
    }

    @PutMapping(value = "test3/id/{id}/username/{username}/password/{pass-
```

```
word}/age/{age}/insertdate/{insertdate}")
    public ResponseBox<String> test3(@PathVariable String id, @PathVariable
String username, @PathVariable String password, @PathVariable String age, @
PathVariable String insertdate) throws UnsupportedEncodingException {
        username = new String(Base64.getUrlDecoder().decode(username));
        password = new String(Base64.getUrlDecoder().decode(password));
        System.out.println("put test3 run portValue=" + portValue);
        System.out.println("id=" + id);
        System.out.println("username=" + username);
        System.out.println("password=" + password);
        System.out.println("age=" + age);
        System.out.println("insertdate=" + insertdate);

        ResponseBox box = new ResponseBox();
        box.setResponseCode(200);
        box.setData("test3 value");
        box.setMessage("操作成功");
        return box;
    }

    @PutMapping(value = "test4")
    public ResponseBox<UserinfoDTO2> test4(String id, String username, String
password, String age, String insertdate) throws UnsupportedEncodingException
{
        username = new String(Base64.getUrlDecoder().decode(username));
        password = new String(Base64.getUrlDecoder().decode(password));
        System.out.println("put test4 run portValue=" + portValue);
        System.out.println("id=" + id);
        System.out.println("username=" + username);
        System.out.println("password=" + password);
        System.out.println("age=" + age);
        System.out.println("insertdate=" + insertdate);

        UserinfoDTO2 userinfoDTO2 = new UserinfoDTO2();
        userinfoDTO2.setId("1");
        userinfoDTO2.setUsername("中国");
        userinfoDTO2.setPassword("中国人");
        userinfoDTO2.setAge("1");
        userinfoDTO2.setInsertdate("2000-01-01");

        ResponseBox box = new ResponseBox();
        box.setResponseCode(200);
        box.setData(userinfoDTO2);
        box.setMessage("操作成功");
        return box;
```

```
    }

    @PutMapping(value = "test5")
    public ResponseBox<UserinfoDTO2> test5(UserinfoDTO2 userinfoDTO2Param)
throws UnsupportedEncodingException {
        String id = userinfoDTO2Param.getId();
        String username = new String(Base64.getUrlDecoder().decode(userinfoD-
TO2Param.getUsername()));
        String password = new String(Base64.getUrlDecoder().decode(userinfoD-
TO2Param.getPassword()));
        String age = userinfoDTO2Param.getAge();
        String insertdate = userinfoDTO2Param.getInsertdate();

        System.out.println("put test5 run portValue=" + portValue);
        System.out.println("id=" + id);
        System.out.println("username=" + username);
        System.out.println("password=" + password);
        System.out.println("age=" + age);
        System.out.println("insertdate=" + insertdate);

        UserinfoDTO2 returnUserinfoDTO2 = new UserinfoDTO2();
        returnUserinfoDTO2.setId("100");
        returnUserinfoDTO2.setUsername("中国");
        returnUserinfoDTO2.setPassword("中国人");
        returnUserinfoDTO2.setAge("1");
        returnUserinfoDTO2.setInsertdate("2000-01-01");

        ResponseBox box = new ResponseBox();
        box.setResponseCode(200);
        box.setData(returnUserinfoDTO2);
        box.setMessage("操作成功");
        return box;
    }

    @PutMapping(value = "test6")
    public ResponseBox<UserinfoDTO2> test6(@RequestBody UserinfoDTO2 userin-
foDTO2Param) throws UnsupportedEncodingException {
        String id = userinfoDTO2Param.getId();
        String username = new String(Base64.getUrlDecoder().decode(userinfoD-
TO2Param.getUsername()));
        String password = new String(Base64.getUrlDecoder().decode(userinfoD-
TO2Param.getPassword()));
        String age = userinfoDTO2Param.getAge();
        String insertdate = userinfoDTO2Param.getInsertdate();
```

```
        System.out.println("put test6 run portValue=" + portValue);
        System.out.println("id=" + id);
        System.out.println("username=" + username);
        System.out.println("password=" + password);
        System.out.println("age=" + age);
        System.out.println("insertdate=" + insertdate);

        UserinfoDTO2 returnUserinfoDTO2 = new UserinfoDTO2();
        returnUserinfoDTO2.setId("100");
        returnUserinfoDTO2.setUsername("中国");
        returnUserinfoDTO2.setPassword("中国人");
        returnUserinfoDTO2.setAge("1");
        returnUserinfoDTO2.setInsertdate("2000-01-01");

        ResponseBox box = new ResponseBox();
        box.setResponseCode(200);
        box.setData(returnUserinfoDTO2);
        box.setMessage("操作成功");
        return box;
    }
}
```

2.4.2 创建服务消费者模块

本节将测试如下几种服务消费方式。

（1）单独使用 RestTemplate 实现服务提供者 (单机) 消费。

（2）使用 RestTemplate+Spring+IP 实现服务提供者 (单机) 消费。

（3）使用 RestTemplate+Spring+ServiceName 实现服务提供者 (单机) 消费。

（4）使用 RestTemplate+Spring+ServiceName 实现服务提供者 (集群) 消费。

2.4.2.1 单独使用RestTemplate实现服务提供者（单机）消费

创建 my-nacos-resttemplate-direct-consumer 模块。

2.4.2.1.1 访问delete提交类型的控制层

服务提供者运行类代码如下。

```
package com.ghy.www.my.nacos.resttemplate.direct.consumer.controller.delete;

import com.ghy.www.dto.ResponseBox;
import org.springframework.core.ParameterizedTypeReference;
import org.springframework.http.HttpMethod;
import org.springframework.http.ResponseEntity;
```

```
import org.springframework.web.client.RestTemplate;

import java.net.URI;

public class Test1 {
    public static void main(String[] args) {
        RestTemplate template = new RestTemplate();
           ResponseEntity<ResponseBox<String>> responseEntity = template.ex-
change(URI.create("http://localhost:8085/delete/test1"), HttpMethod.DELETE,
null, new ParameterizedTypeReference<ResponseBox<String>>() {
        });
        ResponseBox<String> box = responseEntity.getBody();
         System.out.println(box.getResponseCode() + " " + box.getData() + " "
+ box.getMessage());
    }
}
```

服务消费者运行类代码如下。

```
package com.ghy.www.my.nacos.resttemplate.direct.consumer.controller.delete;

import com.fasterxml.jackson.core.JsonProcessingException;
import com.ghy.www.dto.ResponseBox;
import org.springframework.core.ParameterizedTypeReference;
import org.springframework.http.*;
import org.springframework.util.LinkedMultiValueMap;
import org.springframework.util.MultiValueMap;
import org.springframework.web.client.RestTemplate;

import java.net.URI;
import java.util.Base64;

public class Test2 {
    public static void main(String[] args) throws JsonProcessingException {
        int id = 1;
        String username = "账号~!@#$%^&*()_+-={}[]|;:'<>?,./";
        String password = "密码~!@#$%^&*()_+-={}[]|;:'<>?,./";
        username = Base64.getUrlEncoder().encodeToString(username.getBytes());

        password = Base64.getUrlEncoder().encodeToString(password.getBytes());

        String age = "100";
        String insertdate = "2000-01-01";

        HttpHeaders headers = new HttpHeaders();
        headers.setContentType(MediaType.APPLICATION_FORM_URLENCODED);
```

```
        MultiValueMap map = new LinkedMultiValueMap();
        map.add("id", id);
        map.add("username", username);
        map.add("password", password);
        map.add("age", age);
        map.add("insertdate", insertdate);
        HttpEntity<String> entity = new HttpEntity(map, headers);

        RestTemplate template = new RestTemplate();
           ResponseEntity<ResponseBox<String>> responseEntity = template.ex-
change(URI.create("http://localhost:8085/delete/test2"), HttpMethod.DELETE,
entity, new ParameterizedTypeReference<ResponseBox<String>>() {
        });
        ResponseBox<String> box = responseEntity.getBody();
         System.out.println(box.getResponseCode() + " " + box.getData() + " "
+ box.getMessage());
    }
}
```

服务消费者运行类代码如下。

```
package com.ghy.www.my.nacos.resttemplate.direct.consumer.controller.delete;

import com.ghy.www.dto.ResponseBox;
import org.springframework.core.ParameterizedTypeReference;
import org.springframework.http.HttpMethod;
import org.springframework.http.ResponseEntity;
import org.springframework.web.client.RestTemplate;

import java.util.Base64;

public class Test3 {
    public static void main(String[] args) {
        int id = 100;
        String username = "账号~!@#$%^&*()_+-={}[]|;:' <>?,./";
        String password = "密码~!@#$%^&*()_+-={}[]|;:' <>?,./";
        username = Base64.getUrlEncoder().encodeToString(username.getBytes());

        password = Base64.getUrlEncoder().encodeToString(password.getBytes());

        String age = "100";
        String insertdate = "2000-01-01";

        RestTemplate template = new RestTemplate();
           ResponseEntity<ResponseBox<String>> responseEntity = template.ex-
```

```
change("http://localhost:8085/delete/test3/id/{id}/username/{username}/pass-
word/{password}/age/{age}/insertdate/{insertdate}", HttpMethod.DELETE, null,
new ParameterizedTypeReference<ResponseBox<String>>() {
        }, id, username, password, age, insertdate);
        ResponseBox<String> box = responseEntity.getBody();
         System.out.println(box.getResponseCode() + " " + box.getData() + " "
+ box.getMessage());
    }
}
```

服务消费者运行类代码如下。

```
package com.ghy.www.my.nacos.resttemplate.direct.consumer.controller.delete;

import com.ghy.www.dto.ResponseBox;
import com.ghy.www.dto.UserinfoDTO2;
import org.springframework.core.ParameterizedTypeReference;
import org.springframework.http.*;
import org.springframework.util.LinkedMultiValueMap;
import org.springframework.util.MultiValueMap;
import org.springframework.web.client.RestTemplate;

import java.util.Base64;

public class Test4 {
    public static void main(String[] args) {
        int id = 100;
        String username = "账号~!@#$%^&*()_+-={}[]|;:'<>?,./";
        String password = "密码~!@#$%^&*()_+-={}[]|;:'<>?,./";
        username = Base64.getUrlEncoder().encodeToString(username.getBytes());

        password = Base64.getUrlEncoder().encodeToString(password.getBytes());

        String age = "100";
        String insertdate = "2000-01-01";

        HttpHeaders headers = new HttpHeaders();
        headers.setContentType(MediaType.APPLICATION_FORM_URLENCODED);

        MultiValueMap map = new LinkedMultiValueMap();
        map.add("id", id);
        map.add("username", username);
        map.add("password", password);
        map.add("age", age);
        map.add("insertdate", insertdate);
        HttpEntity<String> entity = new HttpEntity(map, headers);
```

```
        RestTemplate template = new RestTemplate();
         ResponseEntity<ResponseBox<UserinfoDTO2>> responseEntity = template.
exchange("http://localhost:8085/delete/test4", HttpMethod.DELETE, entity, new
ParameterizedTypeReference<ResponseBox<UserinfoDTO2>>() {
        });
        ResponseBox<UserinfoDTO2> box = responseEntity.getBody();
        UserinfoDTO2 userinfoDTO2 = box.getData();
         System.out.println(box.getResponseCode() + " " + userinfoDTO2.getId()
+ " " + userinfoDTO2.getUsername() + " " + userinfoDTO2.getPassword() + " " +
userinfoDTO2.getAge() + " " + userinfoDTO2.getInsertdate() + " " + box.get-
Message());
    }
}
```

服务消费者运行类代码如下。

```
package com.ghy.www.my.nacos.resttemplate.direct.consumer.controller.delete;

import com.ghy.www.dto.ResponseBox;
import com.ghy.www.dto.UserinfoDTO2;
import org.springframework.core.ParameterizedTypeReference;
import org.springframework.http.*;
import org.springframework.util.LinkedMultiValueMap;
import org.springframework.util.MultiValueMap;
import org.springframework.web.client.RestTemplate;

import java.util.Base64;

public class Test5 {
    public static void main(String[] args) {
        int id = 100;
        String username = "账号~!@#$%^&*()_+-={}[]|;:' <>?,./";
        String password = "密码~!@#$%^&*()_+-={}[]|;:' <>?,./";
        username = Base64.getUrlEncoder().encodeToString(username.getBytes());

        password = Base64.getUrlEncoder().encodeToString(password.getBytes());

        String age = "100";
        String insertdate = "2000-01-01";

        HttpHeaders headers = new HttpHeaders();
        headers.setContentType(MediaType.APPLICATION_FORM_URLENCODED);

        MultiValueMap map = new LinkedMultiValueMap();
        map.add("id", id);
```

```
        map.add("username", username);
        map.add("password", password);
        map.add("age", age);
        map.add("insertdate", insertdate);
        HttpEntity<String> entity = new HttpEntity(map, headers);

        RestTemplate template = new RestTemplate();
         ResponseEntity<ResponseBox<UserinfoDTO2>> responseEntity = template.
exchange("http://localhost:8085/delete/test5", HttpMethod.DELETE, entity, new
ParameterizedTypeReference<ResponseBox<UserinfoDTO2>>() {
        });
        ResponseBox<UserinfoDTO2> box = responseEntity.getBody();
        UserinfoDTO2 userinfoDTO2 = box.getData();
         System.out.println(box.getResponseCode() + " " + userinfoDTO2.getId()
+ " " + userinfoDTO2.getUsername() + " " + userinfoDTO2.getPassword() + " " +
userinfoDTO2.getAge() + " " + userinfoDTO2.getInsertdate() + " " + box.get-
Message());
    }
}
```

服务消费者运行类代码如下。

```
package com.ghy.www.my.nacos.resttemplate.direct.consumer.controller.delete;

import com.fasterxml.jackson.core.JsonProcessingException;
import com.ghy.www.dto.ResponseBox;
import com.ghy.www.dto.UserinfoDTO2;
import org.springframework.core.ParameterizedTypeReference;
import org.springframework.http.*;
import org.springframework.web.client.RestTemplate;

import java.util.Base64;

public class Test6 {
    public static void main(String[] args) throws JsonProcessingException {
        String id = "1";
        String username = "账号~!@#$%^&*()_+-={}[]|;:' <>?,./";
        String password = "密码~!@#$%^&*()_+-={}[]|;:' <>?,./";
        username = Base64.getUrlEncoder().encodeToString(username.getBytes());

        password = Base64.getUrlEncoder().encodeToString(password.getBytes());

        String age = "100";
        String insertdate = "2000-01-01";

        HttpHeaders headers = new HttpHeaders();
```

```
        headers.setContentType(MediaType.APPLICATION_JSON);

        UserinfoDTO2 userinfoDTO2Param = new UserinfoDTO2();
        userinfoDTO2Param.setId(id);
        userinfoDTO2Param.setUsername(username);
        userinfoDTO2Param.setPassword(password);
        userinfoDTO2Param.setAge(age);
        userinfoDTO2Param.setInsertdate(insertdate);

        HttpEntity<String> entity = new HttpEntity(userinfoDTO2Param, head-
ers);

        RestTemplate template = new RestTemplate();
        ResponseEntity<ResponseBox<UserinfoDTO2>> responseEntity = template.
exchange("http://localhost:8085/delete/test6", HttpMethod.DELETE, entity, new
ParameterizedTypeReference<ResponseBox<UserinfoDTO2>>() {
        });
        ResponseBox<UserinfoDTO2> box = responseEntity.getBody();
        UserinfoDTO2 userinfoDTO2 = box.getData();
        System.out.println(box.getResponseCode() + " " + userinfoDTO2.getId()
+ " " + userinfoDTO2.getUsername() + " " + userinfoDTO2.getPassword() + " " +
userinfoDTO2.getAge() + " " + userinfoDTO2.getInsertdate() + " " + box.get-
Message());
    }
}
```

2.4.2.1.2　访问get提交类型的控制层

服务消费者运行类代码如下。

```
package com.ghy.www.my.nacos.resttemplate.direct.consumer.controller.get;

import com.ghy.www.dto.ResponseBox;
import org.springframework.core.ParameterizedTypeReference;
import org.springframework.http.HttpMethod;
import org.springframework.http.ResponseEntity;
import org.springframework.web.client.RestTemplate;

import java.net.URI;

public class Test1 {
    public static void main(String[] args) {
        RestTemplate template = new RestTemplate();
        ResponseEntity<ResponseBox<String>> responseEntity = template.ex-
change(URI.create("http://localhost:8085/get/test1"), HttpMethod.GET, null,
new ParameterizedTypeReference<ResponseBox<String>>() {
```

```
        });
        ResponseBox<String> box = responseEntity.getBody();
         System.out.println(box.getResponseCode() + " " + box.getData() + " "
+ box.getMessage());
    }
}
```

服务消费者运行类代码如下。

```
package com.ghy.www.my.nacos.resttemplate.direct.consumer.controller.get;

import com.ghy.www.dto.ResponseBox;
import org.springframework.core.ParameterizedTypeReference;
import org.springframework.http.HttpMethod;
import org.springframework.http.ResponseEntity;
import org.springframework.web.client.RestTemplate;

import java.io.UnsupportedEncodingException;
import java.net.URI;
import java.util.Base64;

public class Test2 {
    public static void main(String[] args) throws UnsupportedEncodingExcep-
tion {
        String id = "1";
        String username = "账号~!@#$%^&*()_+-={}[]|;:'<>?,./";
        String password = "密码~!@#$%^&*()_+-={}[]|;:'<>?,./";
        username = Base64.getUrlEncoder().encodeToString(username.getBytes());

        password = Base64.getUrlEncoder().encodeToString(password.getBytes());

        String age = "100";
        String insertdate = "2000-01-01";

        RestTemplate template = new RestTemplate();
           ResponseEntity<ResponseBox<String>> responseEntity = template.ex-
change(URI.create("http://localhost:8085/get/test2?id=" + id + "&username="
+ username + "&password=" + password + "&age=" + age + "&insertdate=" + in-
sertdate), HttpMethod.GET, null, new ParameterizedTypeReference<ResponseBox-
<String>>() {
        });
        ResponseBox<String> box = responseEntity.getBody();
         System.out.println(box.getResponseCode() + " " + box.getData() + " "
+ box.getMessage());
    }
}
```

服务消费者运行类代码如下。

```
package com.ghy.www.my.nacos.resttemplate.direct.consumer.controller.get;

import com.ghy.www.dto.ResponseBox;
import org.springframework.core.ParameterizedTypeReference;
import org.springframework.http.HttpMethod;
import org.springframework.http.ResponseEntity;
import org.springframework.web.client.RestTemplate;

import java.util.Base64;

public class Test3 {
    public static void main(String[] args) {
        String id = "1";
        String username = "账号~!@#$%^&*()_+-={}[]|;:' <>?,./";
        String password = "密码~!@#$%^&*()_+-={}[]|;:' <>?,./";
        username = Base64.getUrlEncoder().encodeToString(username.getBytes());

        password = Base64.getUrlEncoder().encodeToString(password.getBytes());

        String age = "100";
        String insertdate = "2000-01-01";

        RestTemplate template = new RestTemplate();
           ResponseEntity<ResponseBox<String>> responseEntity = template.ex-
change("http://localhost:8085/get/test3/id/{id}/username/{username}/password/
{password}/age/{age}/insertdate/{insertdate}", HttpMethod.GET, null, new Pa-
rameterizedTypeReference<ResponseBox<String>>() {
        }, id, username, password, age, insertdate);
        ResponseBox<String> box = responseEntity.getBody();
         System.out.println(box.getResponseCode() + " " + box.getData() + " "
+ box.getMessage());
    }
}
```

服务消费者运行类代码如下。

```
package com.ghy.www.my.nacos.resttemplate.direct.consumer.controller.get;

import com.ghy.www.dto.ResponseBox;
import com.ghy.www.dto.UserinfoDTO2;
import org.springframework.core.ParameterizedTypeReference;
import org.springframework.http.HttpMethod;
import org.springframework.http.ResponseEntity;
import org.springframework.web.client.RestTemplate;
```

```
import java.util.Base64;

public class Test4 {
    public static void main(String[] args) {
        String id = "1";
        String username = "账号~!@#$%^&*()_+-={}[]|;:' <>?,./";
        String password = "密码~!@#$%^&*()_+-={}[]|;:' <>?,./";
        username = Base64.getUrlEncoder().encodeToString(username.getBytes());

        password = Base64.getUrlEncoder().encodeToString(password.getBytes());

        String age = "100";
        String insertdate = "2000-01-01";

        RestTemplate template = new RestTemplate();
         ResponseEntity<ResponseBox<UserinfoDTO2>> responseEntity = template.
exchange("http://localhost:8085/get/test4?id=" + id + "&username=" + user-
name + "&password=" + password + "&age=" + age + "&insertdate=" + insertdate,
HttpMethod.GET, null, new ParameterizedTypeReference<ResponseBox<UserinfoD-
TO2>>() {
        });
        ResponseBox<UserinfoDTO2> box = responseEntity.getBody();
        UserinfoDTO2 userinfoDTO2 = box.getData();
         System.out.println(box.getResponseCode() + " " + userinfoDTO2.getId()
+ " " + userinfoDTO2.getUsername() + " " + userinfoDTO2.getPassword() + " " +
box.getMessage());
    }
}
```

服务消费者运行类代码如下。

```
package com.ghy.www.my.nacos.resttemplate.direct.consumer.controller.get;

import com.ghy.www.dto.ResponseBox;
import com.ghy.www.dto.UserinfoDTO2;
import org.springframework.core.ParameterizedTypeReference;
import org.springframework.http.HttpMethod;
import org.springframework.http.ResponseEntity;
import org.springframework.web.client.RestTemplate;

import java.util.Base64;

public class Test5 {
    public static void main(String[] args) {
        String id = "1";
```

```
        String username = "账号~!@#$%^&*()_+-={}[]|;:' <>?,./";
        String password = "密码~!@#$%^&*()_+-={}[]|;:' <>?,./";
        username = Base64.getUrlEncoder().encodeToString(username.getBytes());

        password = Base64.getUrlEncoder().encodeToString(password.getBytes());

        String age = "100";
        String insertdate = "2000-01-01";

        RestTemplate template = new RestTemplate();
         ResponseEntity<ResponseBox<UserinfoDTO2>> responseEntity = template.
exchange("http://localhost:8085/get/test5?id=" + id + "&username=" + user-
name + "&password=" + password + "&age=" + age + "&insertdate=" + insertdate,
HttpMethod.GET, null, new ParameterizedTypeReference<ResponseBox<UserinfoD-
TO2>>() {
        });
        ResponseBox<UserinfoDTO2> box = responseEntity.getBody();
        UserinfoDTO2 userinfo = box.getData();
         System.out.println(box.getResponseCode() + " " + userinfo.getId() + "
" + userinfo.getUsername() + " " + userinfo.getPassword() + " " + box.getMes-
sage());
    }
}
```

2.4.2.1.3 访问post提交类型的控制层

服务消费者运行类代码如下。

```
package com.ghy.www.my.nacos.resttemplate.direct.consumer.controller.post;

import com.ghy.www.dto.ResponseBox;
import org.springframework.core.ParameterizedTypeReference;
import org.springframework.http.HttpMethod;
import org.springframework.http.ResponseEntity;
import org.springframework.web.client.RestTemplate;

import java.net.URI;

public class Test1 {
    public static void main(String[] args) {
        RestTemplate template = new RestTemplate();
           ResponseEntity<ResponseBox<String>> responseEntity = template.ex-
change(URI.create("http://localhost:8085/post/test1"), HttpMethod.POST, null,
new ParameterizedTypeReference<ResponseBox<String>>() {
        });
        ResponseBox<String> box = responseEntity.getBody();
```

```
        System.out.println(box.getResponseCode() + " " + box.getData() + " "
+ box.getMessage());
    }
}
```

服务消费者运行类代码如下。

```
package com.ghy.www.my.nacos.resttemplate.direct.consumer.controller.post;

import com.fasterxml.jackson.core.JsonProcessingException;
import com.ghy.www.dto.ResponseBox;
import org.springframework.core.ParameterizedTypeReference;
import org.springframework.http.*;
import org.springframework.util.LinkedMultiValueMap;
import org.springframework.util.MultiValueMap;
import org.springframework.web.client.RestTemplate;

import java.net.URI;
import java.util.Base64;

public class Test2 {
    public static void main(String[] args) throws JsonProcessingException {
        int id = 100;
        String username = "账号~!@#$%^&*()_+-={}[]|;:'<>?,./";
        String password = "密码~!@#$%^&*()_+-={}[]|;:'<>?,./";
        username = Base64.getUrlEncoder().encodeToString(username.getBytes());

        password = Base64.getUrlEncoder().encodeToString(password.getBytes());

        String age = "100";
        String insertdate = "2000-01-01";

        HttpHeaders headers = new HttpHeaders();
        headers.setContentType(MediaType.APPLICATION_FORM_URLENCODED);

        MultiValueMap map = new LinkedMultiValueMap();
        map.add("id", id);
        map.add("username", username);
        map.add("password", password);
        map.add("age", age);
        map.add("insertdate", insertdate);
        HttpEntity<String> entity = new HttpEntity(map, headers);

        RestTemplate template = new RestTemplate();
          ResponseEntity<ResponseBox<String>> responseEntity = template.ex-
```

```
change(URI.create("http://localhost:8085/post/test2"), HttpMethod.POST, enti-
ty, new ParameterizedTypeReference<ResponseBox<String>>() {
        });
        ResponseBox<String> box = responseEntity.getBody();
         System.out.println(box.getResponseCode() + " " + box.getData() + " "
+ box.getMessage());
    }
}
```

服务消费者运行类代码如下。

```
package com.ghy.www.my.nacos.resttemplate.direct.consumer.controller.post;

import com.ghy.www.dto.ResponseBox;
import org.springframework.core.ParameterizedTypeReference;
import org.springframework.http.HttpMethod;
import org.springframework.http.ResponseEntity;
import org.springframework.web.client.RestTemplate;

import java.util.Base64;

public class Test3 {
    public static void main(String[] args) {
        int id = 100;
        String username = "账号~!@#$%^&*()_+-={}[]|;:’<>?,./";
        String password = "密码~!@#$%^&*()_+-={}[]|;:’<>?,./";
        username = Base64.getUrlEncoder().encodeToString(username.getBytes());

        password = Base64.getUrlEncoder().encodeToString(password.getBytes());

        String age = "100";
        String insertdate = "2000-01-01";

        RestTemplate template = new RestTemplate();
           ResponseEntity<ResponseBox<String>> responseEntity = template.ex-
change("http://localhost:8085/post/test3/id/{id}/username/{username}/pass-
word/{password}/age/{age}/insertdate/{insertdate}", HttpMethod.POST, null,
new ParameterizedTypeReference<ResponseBox<String>>() {
        }, id, username, password, age, insertdate);
        ResponseBox<String> box = responseEntity.getBody();
         System.out.println(box.getResponseCode() + " " + box.getData() + " "
+ box.getMessage());
    }
}
```

服务消费者运行类代码如下。

```
package com.ghy.www.my.nacos.resttemplate.direct.consumer.controller.post;

import com.ghy.www.dto.ResponseBox;
import com.ghy.www.dto.UserinfoDTO2;
import org.springframework.core.ParameterizedTypeReference;
import org.springframework.http.*;
import org.springframework.util.LinkedMultiValueMap;
import org.springframework.util.MultiValueMap;
import org.springframework.web.client.RestTemplate;

import java.util.Base64;

public class Test4 {
    public static void main(String[] args) {
        int id = 100;
        String username = "账号~!@#$%^&*()_+-={}[]|;:'<>?,./";
        String password = "密码~!@#$%^&*()_+-={}[]|;:'<>?,./";
        username = Base64.getUrlEncoder().encodeToString(username.getBytes());

        password = Base64.getUrlEncoder().encodeToString(password.getBytes());

        String age = "100";
        String insertdate = "2000-01-01";

        HttpHeaders headers = new HttpHeaders();
        headers.setContentType(MediaType.APPLICATION_FORM_URLENCODED);

        MultiValueMap map = new LinkedMultiValueMap();
        map.add("id", id);
        map.add("username", username);
        map.add("password", password);
        map.add("age", age);
        map.add("insertdate", insertdate);
        HttpEntity<String> entity = new HttpEntity(map, headers);

        RestTemplate template = new RestTemplate();
         ResponseEntity<ResponseBox<UserinfoDTO2>> responseEntity = template.
exchange("http://localhost:8085/post/test4", HttpMethod.POST, entity, new Pa-
rameterizedTypeReference<ResponseBox<UserinfoDTO2>>() {
        });
        ResponseBox<UserinfoDTO2> box = responseEntity.getBody();
        UserinfoDTO2 userinfoDTO2 = box.getData();
         System.out.println(box.getResponseCode() + " " + userinfoDTO2.getId()
+ " " + userinfoDTO2.getUsername() + " " + userinfoDTO2.getPassword() + " " +
userinfoDTO2.getAge() + " " + userinfoDTO2.getInsertdate() + " " + box.get-
```

```
Message());
    }
}
```

服务消费者运行类代码如下。

```
package com.ghy.www.my.nacos.resttemplate.direct.consumer.controller.post;

import com.ghy.www.dto.ResponseBox;
import com.ghy.www.dto.UserinfoDTO2;
import org.springframework.core.ParameterizedTypeReference;
import org.springframework.http.*;
import org.springframework.util.LinkedMultiValueMap;
import org.springframework.util.MultiValueMap;
import org.springframework.web.client.RestTemplate;

import java.util.Base64;

public class Test5 {
    public static void main(String[] args) {
        int id = 100;
        String username = "账号~!@#$%^&*()_+-={}[]|;:' <>?,./";
        String password = "密码~!@#$%^&*()_+-={}[]|;:' <>?,./";
        username = Base64.getUrlEncoder().encodeToString(username.getBytes());

        password = Base64.getUrlEncoder().encodeToString(password.getBytes());

        String age = "100";
        String insertdate = "2000-01-01";

        HttpHeaders headers = new HttpHeaders();
        headers.setContentType(MediaType.APPLICATION_FORM_URLENCODED);

        MultiValueMap map = new LinkedMultiValueMap();
        map.add("id", id);
        map.add("username", username);
        map.add("password", password);
        map.add("age", age);
        map.add("insertdate", insertdate);
        HttpEntity<String> entity = new HttpEntity(map, headers);

        RestTemplate template = new RestTemplate();
         ResponseEntity<ResponseBox<UserinfoDTO2>> responseEntity = template.
exchange("http://localhost:8085/post/test5", HttpMethod.POST, entity, new Pa-
rameterizedTypeReference<ResponseBox<UserinfoDTO2>>() {
        });
```

```
        ResponseBox<UserinfoDTO2> box = responseEntity.getBody();
        UserinfoDTO2 userinfoDTO2 = box.getData();
        System.out.println(box.getResponseCode() + " " + userinfoDTO2.getId()
+ " " + userinfoDTO2.getUsername() + " " + userinfoDTO2.getPassword() + " " +
userinfoDTO2.getAge() + " " + userinfoDTO2.getInsertdate() + " " + box.get-
Message());
    }
}
```

服务消费者运行类代码如下。

```
package com.ghy.www.my.nacos.resttemplate.direct.consumer.controller.post;

import com.fasterxml.jackson.core.JsonProcessingException;
import com.ghy.www.dto.ResponseBox;
import com.ghy.www.dto.UserinfoDTO2;
import org.springframework.core.ParameterizedTypeReference;
import org.springframework.http.*;
import org.springframework.web.client.RestTemplate;

import java.util.Base64;

public class Test6 {
    public static void main(String[] args) throws JsonProcessingException {
        String id = "1";
        String username = "账号~!@#$%^&*()_+-={}[]|;:'<>?,./";
        String password = "密码~!@#$%^&*()_+-={}[]|;:'<>?,./";
        username = Base64.getUrlEncoder().encodeToString(username.getBytes());

        password = Base64.getUrlEncoder().encodeToString(password.getBytes());

        String age = "100";
        String insertdate = "2000-01-01";

        HttpHeaders headers = new HttpHeaders();
        headers.setContentType(MediaType.APPLICATION_JSON);

        UserinfoDTO2 userinfoDTO2Param = new UserinfoDTO2();
        userinfoDTO2Param.setId(id);
        userinfoDTO2Param.setUsername(username);
        userinfoDTO2Param.setPassword(password);
        userinfoDTO2Param.setAge(age);
        userinfoDTO2Param.setInsertdate(insertdate);

        HttpEntity<String> entity = new HttpEntity(userinfoDTO2Param, head-
ers);
```

```
        RestTemplate template = new RestTemplate();
         ResponseEntity<ResponseBox<UserinfoDTO2>> responseEntity = template.
exchange("http://localhost:8085/post/test6", HttpMethod.POST, entity, new Pa-
rameterizedTypeReference<ResponseBox<UserinfoDTO2>>() {
        });
        ResponseBox<UserinfoDTO2> box = responseEntity.getBody();
        UserinfoDTO2 userinfoDTO2 = box.getData();
         System.out.println(box.getResponseCode() + " " + userinfoDTO2.getId()
+ " " + userinfoDTO2.getUsername() + " " + userinfoDTO2.getPassword() + " " +
userinfoDTO2.getAge() + " " + userinfoDTO2.getInsertdate() + " " + box.get-
Message());
    }
}
```

2.4.2.1.4 访问put提交类型的控制层

服务消费者运行类代码如下。

```
package com.ghy.www.my.nacos.resttemplate.direct.consumer.controller.put;

import com.ghy.www.dto.ResponseBox;
import org.springframework.core.ParameterizedTypeReference;
import org.springframework.http.HttpMethod;
import org.springframework.http.ResponseEntity;
import org.springframework.web.client.RestTemplate;

import java.net.URI;

public class Test1 {
    public static void main(String[] args) {
        RestTemplate template = new RestTemplate();
           ResponseEntity<ResponseBox<String>> responseEntity = template.ex-
change(URI.create("http://localhost:8085/put/test1"), HttpMethod.PUT, null,
new ParameterizedTypeReference<ResponseBox<String>>() {
        });
        ResponseBox<String> box = responseEntity.getBody();
         System.out.println(box.getResponseCode() + " " + box.getData() + " "
+ box.getMessage());
    }
}
```

服务消费者运行类代码如下。

```
package com.ghy.www.my.nacos.resttemplate.direct.consumer.controller.put;

import com.fasterxml.jackson.core.JsonProcessingException;
```

```
import com.ghy.www.dto.ResponseBox;
import org.springframework.core.ParameterizedTypeReference;
import org.springframework.http.*;
import org.springframework.util.LinkedMultiValueMap;
import org.springframework.util.MultiValueMap;
import org.springframework.web.client.RestTemplate;

import java.net.URI;
import java.util.Base64;

public class Test2 {
    public static void main(String[] args) throws JsonProcessingException {
        int id = 100;
        String username = "账号~!@#$%^&*()_+-={}[]|;:'<>?,./";
        String password = "密码~!@#$%^&*()_+-={}[]|;:'<>?,./";
        username = Base64.getUrlEncoder().encodeToString(username.getBytes());

        password = Base64.getUrlEncoder().encodeToString(password.getBytes());

        String age = "100";
        String insertdate = "2000-01-01";

        HttpHeaders headers = new HttpHeaders();
        headers.setContentType(MediaType.APPLICATION_FORM_URLENCODED);

        MultiValueMap map = new LinkedMultiValueMap();
        map.add("id", id);
        map.add("username", username);
        map.add("password", password);
        map.add("age", age);
        map.add("insertdate", insertdate);
        HttpEntity<String> entity = new HttpEntity(map, headers);

        RestTemplate template = new RestTemplate();
           ResponseEntity<ResponseBox<String>> responseEntity = template.ex-
change(URI.create("http://localhost:8085/put/test2"), HttpMethod.PUT, entity,
new ParameterizedTypeReference<ResponseBox<String>>() {
        });
        ResponseBox<String> box = responseEntity.getBody();
         System.out.println(box.getResponseCode() + " " + box.getData() + " "
+ box.getMessage());
    }
}
```

服务消费者运行类代码如下。

```
package com.ghy.www.my.nacos.resttemplate.direct.consumer.controller.put;

import com.ghy.www.dto.ResponseBox;
import org.springframework.core.ParameterizedTypeReference;
import org.springframework.http.HttpMethod;
import org.springframework.http.ResponseEntity;
import org.springframework.web.client.RestTemplate;

import java.util.Base64;

public class Test3 {
    public static void main(String[] args) {
        int id = 100;
        String username = "账号~!@#$%^&*()_+-={}[]|;:' <>?,./";
        String password = "密码~!@#$%^&*()_+-={}[]|;:' <>?,./";
        username = Base64.getUrlEncoder().encodeToString(username.getBytes());

        password = Base64.getUrlEncoder().encodeToString(password.getBytes());

        String age = "100";
        String insertdate = "2000-01-01";

        RestTemplate template = new RestTemplate();
           ResponseEntity<ResponseBox<String>> responseEntity = template.ex-
change("http://localhost:8085/put/test3/id/{id}/username/{username}/password/
{password}/age/{age}/insertdate/{insertdate}", HttpMethod.PUT, null, new Pa-
rameterizedTypeReference<ResponseBox<String>>() {
        }, id, username, password, age, insertdate);
        ResponseBox<String> box = responseEntity.getBody();
         System.out.println(box.getResponseCode() + " " + box.getData() + " "
+ box.getMessage());
    }
}
```

服务消费者运行类代码如下。

```
package com.ghy.www.my.nacos.resttemplate.direct.consumer.controller.put;

import com.ghy.www.dto.ResponseBox;
import com.ghy.www.dto.UserinfoDTO2;
import org.springframework.core.ParameterizedTypeReference;
import org.springframework.http.*;
import org.springframework.util.LinkedMultiValueMap;
import org.springframework.util.MultiValueMap;
import org.springframework.web.client.RestTemplate;
```

```
import java.util.Base64;

public class Test4 {
    public static void main(String[] args) {
        int id = 100;
        String username = "账号~!@#$%^&*()_+-={}[]|;:'<>?,./";
        String password = "密码~!@#$%^&*()_+-={}[]|;:'<>?,./";
        username = Base64.getUrlEncoder().encodeToString(username.getBytes());

        password = Base64.getUrlEncoder().encodeToString(password.getBytes());

        String age = "100";
        String insertdate = "2000-01-01";

        HttpHeaders headers = new HttpHeaders();
        headers.setContentType(MediaType.APPLICATION_FORM_URLENCODED);

        MultiValueMap map = new LinkedMultiValueMap();
        map.add("id", id);
        map.add("username", username);
        map.add("password", password);
        map.add("age", age);
        map.add("insertdate", insertdate);
        HttpEntity<String> entity = new HttpEntity(map, headers);

        RestTemplate template = new RestTemplate();
         ResponseEntity<ResponseBox<UserinfoDTO2>> responseEntity = template.
exchange("http://localhost:8085/put/test4", HttpMethod.PUT, entity, new Pa-
rameterizedTypeReference<ResponseBox<UserinfoDTO2>>() {
        });
        ResponseBox<UserinfoDTO2> box = responseEntity.getBody();
        UserinfoDTO2 userinfoDTO2 = box.getData();
         System.out.println(box.getResponseCode() + " " + userinfoDTO2.getId()
+ " " + userinfoDTO2.getUsername() + " " + userinfoDTO2.getPassword() + " " +
userinfoDTO2.getAge() + " " + userinfoDTO2.getInsertdate() + " " + box.get-
Message());
    }
}
```

服务消费者运行类代码如下。

```
package com.ghy.www.my.nacos.resttemplate.direct.consumer.controller.put;

import com.ghy.www.dto.ResponseBox;
import com.ghy.www.dto.UserinfoDTO2;
import org.springframework.core.ParameterizedTypeReference;
```

```
import org.springframework.http.*;
import org.springframework.util.LinkedMultiValueMap;
import org.springframework.util.MultiValueMap;
import org.springframework.web.client.RestTemplate;

import java.util.Base64;

public class Test5 {
    public static void main(String[] args) {
        int id = 100;
        String username = "账号~!@#$%^&*()_+-={}[]|;:' <>?,./";
        String password = "密码~!@#$%^&*()_+-={}[]|;:' <>?,./";
        username = Base64.getUrlEncoder().encodeToString(username.getBytes());

        password = Base64.getUrlEncoder().encodeToString(password.getBytes());

        String age = "100";
        String insertdate = "2000-01-01";

        HttpHeaders headers = new HttpHeaders();
        headers.setContentType(MediaType.APPLICATION_FORM_URLENCODED);

        MultiValueMap map = new LinkedMultiValueMap();
        map.add("id", id);
        map.add("username", username);
        map.add("password", password);
        map.add("age", age);
        map.add("insertdate", insertdate);
        HttpEntity<String> entity = new HttpEntity(map, headers);

        RestTemplate template = new RestTemplate();
         ResponseEntity<ResponseBox<UserinfoDTO2>> responseEntity = template.
exchange("http://localhost:8085/put/test5", HttpMethod.PUT, entity, new Pa-
rameterizedTypeReference<ResponseBox<UserinfoDTO2>>() {
        });
        ResponseBox<UserinfoDTO2> box = responseEntity.getBody();
        UserinfoDTO2 userinfoDTO2 = box.getData();
         System.out.println(box.getResponseCode() + " " + userinfoDTO2.getId()
+ " " + userinfoDTO2.getUsername() + " " + userinfoDTO2.getPassword() + " " +
userinfoDTO2.getAge() + " " + userinfoDTO2.getInsertdate() + " " + box.get-
Message());
    }
}
```

服务消费者运行类代码如下。

```
package com.ghy.www.my.nacos.resttemplate.direct.consumer.controller.put;

import com.fasterxml.jackson.core.JsonProcessingException;
import com.ghy.www.dto.ResponseBox;
import com.ghy.www.dto.UserinfoDTO2;
import org.springframework.core.ParameterizedTypeReference;
import org.springframework.http.*;
import org.springframework.web.client.RestTemplate;

import java.util.Base64;

public class Test6 {
    public static void main(String[] args) throws JsonProcessingException {
        String id = "1";
        String username = "账号~!@#$%^&*()_+-={}[]|;:'<>?,./";
        String password = "密码~!@#$%^&*()_+-={}[]|;:'<>?,./";
        username = Base64.getUrlEncoder().encodeToString(username.getBytes());

        password = Base64.getUrlEncoder().encodeToString(password.getBytes());

        String age = "100";
        String insertdate = "2000-01-01";

        HttpHeaders headers = new HttpHeaders();
        headers.setContentType(MediaType.APPLICATION_JSON);

        UserinfoDTO2 userinfoDTO2Param = new UserinfoDTO2();
        userinfoDTO2Param.setId(id);
        userinfoDTO2Param.setUsername(username);
        userinfoDTO2Param.setPassword(password);
        userinfoDTO2Param.setAge(age);
        userinfoDTO2Param.setInsertdate(insertdate);

         HttpEntity<String> entity = new HttpEntity(userinfoDTO2Param, head-
ers);

        RestTemplate template = new RestTemplate();
         ResponseEntity<ResponseBox<UserinfoDTO2>> responseEntity = template.
exchange("http://localhost:8085/put/test6", HttpMethod.PUT, entity, new Pa-
rameterizedTypeReference<ResponseBox<UserinfoDTO2>>() {
        });
        ResponseBox<UserinfoDTO2> box = responseEntity.getBody();
        UserinfoDTO2 userinfoDTO2 = box.getData();
         System.out.println(box.getResponseCode() + " " + userinfoDTO2.getId()
+ " " + userinfoDTO2.getUsername() + " " + userinfoDTO2.getPassword() + " " +
```

```
userinfoDTO2.getAge() + " " + userinfoDTO2.getInsertdate() + " " + box.get-
Message());
    }
}
```

以单机模式运行服务提供者，然后运行以 delete、get、post、put 方式提交的 5 个服务消费者，实现数据通信。

2.4.2.2　使用RestTemplate+Spring实现服务消费

创建 my-nacos-resttemplate-spring-consumer 模块。

配置类代码如下。

```
package com.ghy.www.my.nacos.resttemplate.spring.consumer.javaconfig;

import org.springframework.context.annotation.Bean;
import org.springframework.context.annotation.Configuration;
import org.springframework.web.client.RestTemplate;

@Configuration
public class JavaConfig {
    @Bean
    //@LoadBalanced
    public RestTemplate restTemplate() {
        return new RestTemplate();
    }
}
```

配置文件 application.yml 代码如下。

```
spring:
  application:
    name: my-nacos-resttemplate-spring-consumer-8091
  cloud:
    nacos:
      discovery:
        server-addr: 192.168.3.188:8848
        username: nacos
        password: nacos

server:
  port: 8091
```

2.4.2.2.1　使用RestTemplate+Spring+IP实现服务消费(服务提供者单机)

服务消费者控制层代码如下。

```
package com.ghy.www.my.nacos.resttemplate.spring.consumer.controller;

import com.ghy.www.dto.ResponseBox;
import com.ghy.www.dto.UserinfoDTO2;
import org.springframework.beans.factory.annotation.Autowired;
import org.springframework.core.ParameterizedTypeReference;
import org.springframework.http.*;
import org.springframework.stereotype.Controller;
import org.springframework.util.LinkedMultiValueMap;
import org.springframework.util.MultiValueMap;
import org.springframework.web.bind.annotation.GetMapping;
import org.springframework.web.client.RestTemplate;

import javax.servlet.http.HttpServletRequest;
import javax.servlet.http.HttpServletResponse;
import java.util.Base64;

@Controller
public class TestController1 {
    @Autowired
    private RestTemplate restTemplate;

    @GetMapping("/get/test5_1")
     public void get_test5_1(HttpServletRequest request, HttpServletResponse
response) {
        String id = "1";
        String username = "账号~!@#$%^&*()_+-={}[]|;:’<>?,./";
        String password = "密码~!@#$%^&*()_+-={}[]|;:’<>?,./";
        username = Base64.getUrlEncoder().encodeToString(username.getBytes());

        password = Base64.getUrlEncoder().encodeToString(password.getBytes());

        String age = "100";
        String insertdate = "2000-01-01";

          ResponseEntity<ResponseBox<UserinfoDTO2>> responseEntity = restTem-
plate.exchange("http://localhost:8085/get/test5?id=" + id + "&username=" +
username + "&password=" + password + "&age=" + age + "&insertdate=" + insert-
date, HttpMethod.GET, null, new ParameterizedTypeReference<ResponseBox<User-
infoDTO2>>() {
        });
        ResponseBox<UserinfoDTO2> box = responseEntity.getBody();
        UserinfoDTO2 userinfoDTO2 = box.getData();
         System.out.println(box.getResponseCode() + " " + userinfoDTO2.getId()
+ " " + userinfoDTO2.getUsername() + " " + userinfoDTO2.getPassword() + " " +
```

```
userinfoDTO2.getAge() + " " + userinfoDTO2.getInsertdate() + " " + box.get-
Message());
    }

    @GetMapping("/post/test5_1")
     public void post_test5_1(HttpServletRequest request, HttpServletResponse
response) {
        int id = 100;
        String username = "账号~!@#$%^&*()_+-={}[]|;:' <>?,./";
        String password = "密码~!@#$%^&*()_+-={}[]|;:' <>?,./";
        username = Base64.getUrlEncoder().encodeToString(username.getBytes());

        password = Base64.getUrlEncoder().encodeToString(password.getBytes());

        String age = "100";
        String insertdate = "2000-01-01";

        HttpHeaders headers = new HttpHeaders();
        headers.setContentType(MediaType.APPLICATION_FORM_URLENCODED);

        MultiValueMap map = new LinkedMultiValueMap();
        map.add("id", id);
        map.add("username", username);
        map.add("password", password);
        map.add("age", age);
        map.add("insertdate", insertdate);
        HttpEntity<String> entity = new HttpEntity(map, headers);

          ResponseEntity<ResponseBox<UserinfoDTO2>> responseEntity = restTem-
plate.exchange("http://localhost:8085/post/test5", HttpMethod.POST, entity,
new ParameterizedTypeReference<ResponseBox<UserinfoDTO2>>() {
        });
        ResponseBox<UserinfoDTO2> box = responseEntity.getBody();
        UserinfoDTO2 userinfoDTO2 = box.getData();
         System.out.println(box.getResponseCode() + " " + userinfoDTO2.getId()
+ " " + userinfoDTO2.getUsername() + " " + userinfoDTO2.getPassword() + " " +
userinfoDTO2.getAge() + " " + userinfoDTO2.getInsertdate() + " " + box.get-
Message());
    }

    @GetMapping("/put/test5_1")
     public void put_test5_1(HttpServletRequest request, HttpServletResponse
response) {
        int id = 100;
        String username = "账号~!@#$%^&*()_+-={}[]|;:' <>?,./";
```

```
        String password = "密码~!@#$%^&*()_+-={}[]|;:'<>?,./";
        username = Base64.getUrlEncoder().encodeToString(username.getBytes());

        password = Base64.getUrlEncoder().encodeToString(password.getBytes());

        String age = "100";
        String insertdate = "2000-01-01";

        HttpHeaders headers = new HttpHeaders();
        headers.setContentType(MediaType.APPLICATION_FORM_URLENCODED);

        MultiValueMap map = new LinkedMultiValueMap();
        map.add("id", id);
        map.add("username", username);
        map.add("password", password);
        map.add("age", age);
        map.add("insertdate", insertdate);
        HttpEntity<String> entity = new HttpEntity(map, headers);

          ResponseEntity<ResponseBox<UserinfoDTO2>> responseEntity = restTem-
plate.exchange("http://localhost:8085/put/test5", HttpMethod.PUT, entity, new
ParameterizedTypeReference<ResponseBox<UserinfoDTO2>>() {
        });
        ResponseBox<UserinfoDTO2> box = responseEntity.getBody();
        UserinfoDTO2 userinfoDTO2 = box.getData();
        System.out.println(box.getResponseCode() + " " + userinfoDTO2.getId()
+ " " + userinfoDTO2.getUsername() + " " + userinfoDTO2.getPassword() + " " +
userinfoDTO2.getAge() + " " + userinfoDTO2.getInsertdate() + " " + box.get-
Message());
    }

    @GetMapping("/delete/test5_1")
    public void delete_test5_1(HttpServletRequest request, HttpServletResponse
response) {
        int id = 100;
        String username = "账号~!@#$%^&*()_+-={}[]|;:'<>?,./";
        String password = "密码~!@#$%^&*()_+-={}[]|;:'<>?,./";
        username = Base64.getUrlEncoder().encodeToString(username.getBytes());

        password = Base64.getUrlEncoder().encodeToString(password.getBytes());

        String age = "100";
        String insertdate = "2000-01-01";

        HttpHeaders headers = new HttpHeaders();
```

```
        headers.setContentType(MediaType.APPLICATION_FORM_URLENCODED);

        MultiValueMap map = new LinkedMultiValueMap();
        map.add("id", id);
        map.add("username", username);
        map.add("password", password);
        map.add("age", age);
        map.add("insertdate", insertdate);
        HttpEntity<String> entity = new HttpEntity(map, headers);

            ResponseEntity<ResponseBox<UserinfoDTO2>> responseEntity = restTem-
plate.exchange("http://localhost:8085/delete/test5", HttpMethod.DELETE, enti-
ty, new ParameterizedTypeReference<ResponseBox<UserinfoDTO2>>() {
        });
        ResponseBox<UserinfoDTO2> box = responseEntity.getBody();
        UserinfoDTO2 userinfoDTO2 = box.getData();
        System.out.println(box.getResponseCode() + " " + userinfoDTO2.getId()
+ " " + userinfoDTO2.getUsername() + " " + userinfoDTO2.getPassword() + " " +
userinfoDTO2.getAge() + " " + userinfoDTO2.getInsertdate() + " " + box.get-
Message());
    }
}
```

以单机模式运行服务提供者。

然后运行 delete，get，post，put 方式提交的服务消费者，实现数据通信：

```
http://localhost:8091/get/test5_1
http://localhost:8091/post/test5_1
http://localhost:8091/delete/test5_1
http://localhost:8091/put/test5_1
```

在 TestController1 类中使用 URL 地址 http://localhost:8085 来访问服务提供者，URL 中包含“IP 地址和 PORT 端口”，属于硬编码，其代码风格不好，可以结合 ServiceName 服务名称实现服务消费。

2.4.2.2.2　使用RestTemplate+Spring+ServiceName实现服务消费(服务提供者单机)

结合 ServiceName 服务名称实现服务消费的优势是当 IP 和 PORT 改变时代码不会更改，ServiceName 服务名称是固定的，程序代码具有通用性。

对 my-nacos-resttemplate-spring-consumer 模块中的 JavaConfig.java 配置类中的注解代码取消注释。

```
// @LoadBalanced
更改如下。
```

```
package com.ghy.www.my.nacos.resttemplate.spring.consumer.javaconfig;

import org.springframework.cloud.client.loadbalancer.LoadBalanced;
import org.springframework.context.annotation.Bean;
import org.springframework.context.annotation.Configuration;
import org.springframework.web.client.RestTemplate;

@Configuration
public class JavaConfig {
    @Bean
    @LoadBalanced
    public RestTemplate restTemplate() {
        return new RestTemplate();
    }
}
```

服务消费者控制层代码如下。

```
package com.ghy.www.my.nacos.resttemplate.spring.consumer.controller;

import com.ghy.www.dto.ResponseBox;
import com.ghy.www.dto.UserinfoDTO2;
import org.springframework.beans.factory.annotation.Autowired;
import org.springframework.core.ParameterizedTypeReference;
import org.springframework.http.*;
import org.springframework.stereotype.Controller;
import org.springframework.util.LinkedMultiValueMap;
import org.springframework.util.MultiValueMap;
import org.springframework.web.bind.annotation.GetMapping;
import org.springframework.web.client.RestTemplate;

import javax.servlet.http.HttpServletRequest;
import javax.servlet.http.HttpServletResponse;
import java.util.Base64;

@Controller
public class TestController2 {
    @Autowired
    private RestTemplate restTemplate;

    @GetMapping("/get/test5_2")
     public void get_test5_2(HttpServletRequest request, HttpServletResponse
response) {
        String id = "1";
        String username = "账号~!@#$%^&*()_+-={}[]|;:'<>?,./";
        String password = "密码~!@#$%^&*()_+-={}[]|;:'<>?,./";
```

```
        username = Base64.getUrlEncoder().encodeToString(username.getBytes());

        password = Base64.getUrlEncoder().encodeToString(password.getBytes());

        String age = "100";
        String insertdate = "2000-01-01";

          ResponseEntity<ResponseBox<UserinfoDTO2>> responseEntity = rest-
Template.exchange("http://my-nacos-provider-standalone-cluster-8085/get/
test5?id=" + id + "&username=" + username + "&password=" + password + "&age="
+ age + "&insertdate=" + insertdate, HttpMethod.GET, null, new Parameterized-
TypeReference<ResponseBox<UserinfoDTO2>>() {
        });
        ResponseBox<UserinfoDTO2> box = responseEntity.getBody();
        UserinfoDTO2 userinfoDTO2 = box.getData();
        System.out.println(box.getResponseCode() + " " + userinfoDTO2.getId()
+ " " + userinfoDTO2.getUsername() + " " + userinfoDTO2.getPassword() + " " +
userinfoDTO2.getAge() + " " + userinfoDTO2.getInsertdate() + " " + box.get-
Message());
    }

    @GetMapping("/post/test5_2")
    public void post_test5_2(HttpServletRequest request, HttpServletResponse
response) {
        int id = 100;
        String username = "账号~!@#$%^&*()_+-={}[]|;:' <>?,./";
        String password = "密码~!@#$%^&*()_+-={}[]|;:' <>?,./";
        username = Base64.getUrlEncoder().encodeToString(username.getBytes());

        password = Base64.getUrlEncoder().encodeToString(password.getBytes());

        String age = "100";
        String insertdate = "2000-01-01";

        HttpHeaders headers = new HttpHeaders();
        headers.setContentType(MediaType.APPLICATION_FORM_URLENCODED);

        MultiValueMap map = new LinkedMultiValueMap();
        map.add("id", id);
        map.add("username", username);
        map.add("password", password);
        map.add("age", age);
        map.add("insertdate", insertdate);
        HttpEntity<String> entity = new HttpEntity(map, headers);
```

```
        ResponseEntity<ResponseBox<UserinfoDTO2>> responseEntity = restTem-
plate.exchange("http://my-nacos-provider-standalone-cluster-8085/post/test5",
HttpMethod.POST, entity, new ParameterizedTypeReference<ResponseBox<Userin-
foDTO2>>() {
        });
        ResponseBox<UserinfoDTO2> box = responseEntity.getBody();
        UserinfoDTO2 userinfoDTO2 = box.getData();
        System.out.println(box.getResponseCode() + " " + userinfoDTO2.getId()
+ " " + userinfoDTO2.getUsername() + " " + userinfoDTO2.getPassword() + " " +
userinfoDTO2.getAge() + " " + userinfoDTO2.getInsertdate() + " " + box.get-
Message());
    }

    @GetMapping("/put/test5_2")
    public void put_test5_2(HttpServletRequest request, HttpServletResponse
response) {
        int id = 100;
        String username = "账号~!@#$%^&*()_+-={}[]|;:' <>?,./";
        String password = "密码~!@#$%^&*()_+-={}[]|;:' <>?,./";
        username = Base64.getUrlEncoder().encodeToString(username.getBytes());

        password = Base64.getUrlEncoder().encodeToString(password.getBytes());

        String age = "100";
        String insertdate = "2000-01-01";

        HttpHeaders headers = new HttpHeaders();
        headers.setContentType(MediaType.APPLICATION_FORM_URLENCODED);

        MultiValueMap map = new LinkedMultiValueMap();
        map.add("id", id);
        map.add("username", username);
        map.add("password", password);
        map.add("age", age);
        map.add("insertdate", insertdate);
        HttpEntity<String> entity = new HttpEntity(map, headers);

        ResponseEntity<ResponseBox<UserinfoDTO2>> responseEntity = restTem-
plate.exchange("http://my-nacos-provider-standalone-cluster-8085/put/test5",
HttpMethod.PUT, entity, new ParameterizedTypeReference<ResponseBox<UserinfoD-
TO2>>() {
        });
        ResponseBox<UserinfoDTO2> box = responseEntity.getBody();
        UserinfoDTO2 userinfoDTO2 = box.getData();
        System.out.println(box.getResponseCode() + " " + userinfoDTO2.getId()
```

```
+ " " + userinfoDTO2.getUsername() + " " + userinfoDTO2.getPassword() + " " +
userinfoDTO2.getAge() + " " + userinfoDTO2.getInsertdate() + " " + box.get-
Message());
    }

    @GetMapping("/delete/test5_2")
    public void delete_test5_2(HttpServletRequest request, HttpServletResponse
response) {
        int id = 100;
        String username = "账号~!@#$%^&*()_+-={}[]|;:'<>?,./";
        String password = "密码~!@#$%^&*()_+-={}[]|;:'<>?,./";
        username = Base64.getUrlEncoder().encodeToString(username.getBytes());

        password = Base64.getUrlEncoder().encodeToString(password.getBytes());

        String age = "100";
        String insertdate = "2000-01-01";

        HttpHeaders headers = new HttpHeaders();
        headers.setContentType(MediaType.APPLICATION_FORM_URLENCODED);

        MultiValueMap map = new LinkedMultiValueMap();
        map.add("id", id);
        map.add("username", username);
        map.add("password", password);
        map.add("age", age);
        map.add("insertdate", insertdate);
        HttpEntity<String> entity = new HttpEntity(map, headers);

         ResponseEntity<ResponseBox<UserinfoDTO2>> responseEntity = restTem-
plate.exchange("http://my-nacos-provider-standalone-cluster-8085/delete/
test5", HttpMethod.DELETE, entity, new ParameterizedTypeReference<Response-
Box<UserinfoDTO2>>() {
        });
        ResponseBox<UserinfoDTO2> box = responseEntity.getBody();
        UserinfoDTO2 userinfoDTO2 = box.getData();
         System.out.println(box.getResponseCode() + " " + userinfoDTO2.getId()
+ " " + userinfoDTO2.getUsername() + " " + userinfoDTO2.getPassword() + " " +
userinfoDTO2.getAge() + " " + userinfoDTO2.getInsertdate() + " " + box.get-
Message());
    }
}
```

重启服务消费者。

以单机模式运行服务提供者，然后运行 delete、get、post、put 方式提交的服务消费者，实现数据通信。

```
http://localhost:8091/get/test5_2
http://localhost:8091/post/test5_2
http://localhost:8091/delete/test5_2
http://localhost:8091/put/test5_2
```

ServiceName 服务名称 my-nacos-provider-standalone-cluster-8085 是 my-nacos-provider-standalone-cluster 模块中的 application.yml 配置文件中的 spring.application.name 属性值。

服务消费者使用 @LoadBalanced 注解后会到注册中心 Nacos 中取得 ServiceName 服务名称，然后服务消费者就可以使用 ServiceName 服务名称来访问服务提供者了。服务消费者使用 ServiceName 可以访问服务提供者的原理是，服务提供者的 ServiceName 和服务提供者的 IP 具有映射关系，进入 Nacos 控制台中的“服务管理”中的“服务列表”，对名称为 my-nacos-provider-standalone-cluster-8085 的服务单击“详情”链接，显示如图 2-8 所示。

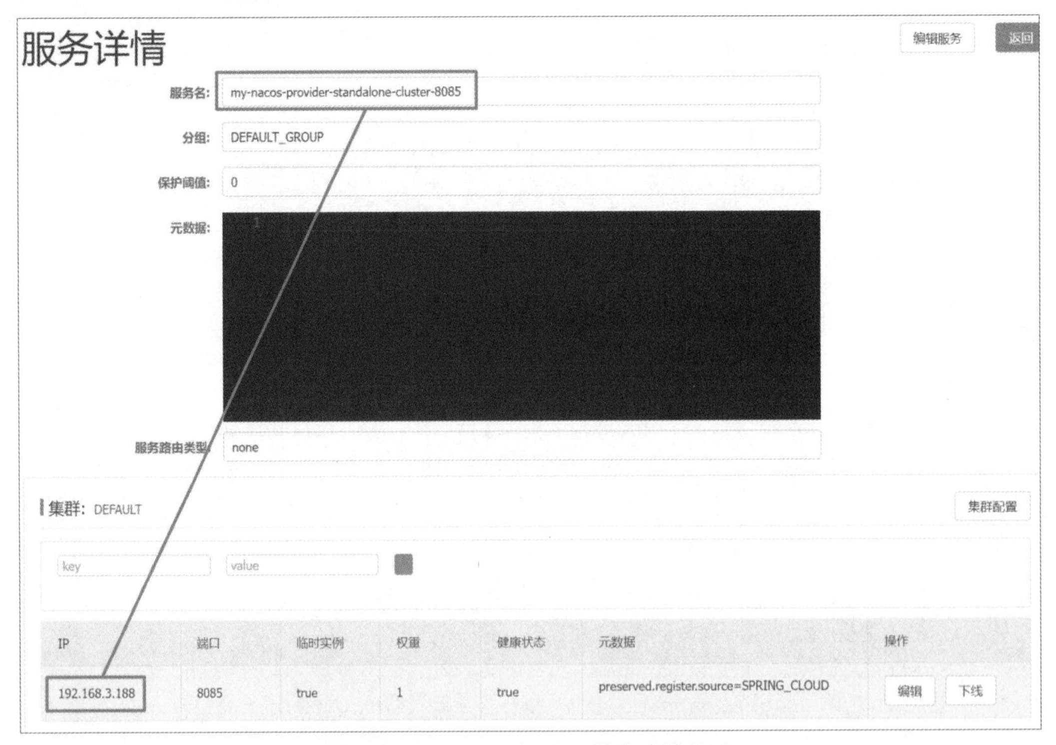

图2-8　ServiceName和IP具有映射关系

注解 @LoadBalanced 不仅支持以 ServiceName 服务名称的方式访问服务提供者，还支持使用 RestTemplate 实现客户端负载均衡的效果 (服务提供者集群)。

2.4.2.2.3　使用RestTemplate+Spring+ServiceName实现服务消费（服务提供者集群）

服务消费者控制层代码如下。

```
package com.ghy.www.my.nacos.resttemplate.spring.consumer.controller;

import com.ghy.www.dto.ResponseBox;
import com.ghy.www.dto.UserinfoDTO2;
import org.springframework.beans.factory.annotation.Autowired;
import org.springframework.core.ParameterizedTypeReference;
import org.springframework.http.*;
import org.springframework.stereotype.Controller;
import org.springframework.util.LinkedMultiValueMap;
import org.springframework.util.MultiValueMap;
import org.springframework.web.bind.annotation.GetMapping;
import org.springframework.web.bind.annotation.RequestMapping;
import org.springframework.web.client.RestTemplate;

import javax.servlet.http.HttpServletRequest;
import javax.servlet.http.HttpServletResponse;
import java.util.Base64;

@Controller
@RequestMapping("/cluster")
public class TestController3 {
    @Autowired
    private RestTemplate restTemplate;

    @GetMapping("/get/test5_3")
     public void get_test5_3(HttpServletRequest request, HttpServletResponse
response) {
        String id = "1";
        String username = "账号~!@#$%^&*()_+-={}[]|;:'<>?,./";
        String password = "密码~!@#$%^&*()_+-={}[]|;:'<>?,./";
        username = Base64.getUrlEncoder().encodeToString(username.getBytes());

        password = Base64.getUrlEncoder().encodeToString(password.getBytes());

        String age = "100";
        String insertdate = "2000-01-01";

          ResponseEntity<ResponseBox<UserinfoDTO2>> responseEntity = restTem-
plate.exchange("http://my-nacos-provider-cluster/get/test5?id=" + id + "&user-
name=" + username + "&password=" + password + "&age=" + age + "&insertdate="
+ insertdate, HttpMethod.GET, null, new ParameterizedTypeReference<Response-
Box<UserinfoDTO2>>() {
        });
        ResponseBox<UserinfoDTO2> box = responseEntity.getBody();
        UserinfoDTO2 userinfoDTO2 = box.getData();
```

```
        System.out.println(box.getResponseCode() + " " + userinfoDTO2.getId()
+ " " + userinfoDTO2.getUsername() + " " + userinfoDTO2.getPassword() + " " +
userinfoDTO2.getAge() + " " + userinfoDTO2.getInsertdate() + " " + box.get-
Message());
    }

    @GetMapping("/post/test5_3")
     public void post_test5_3(HttpServletRequest request, HttpServletResponse
response) {
        int id = 100;
        String username = "账号~!@#$%^&*()_+-={}[]|;:' <>?,./";
        String password = "密码~!@#$%^&*()_+-={}[]|;:' <>?,./";
        username = Base64.getUrlEncoder().encodeToString(username.getBytes());

        password = Base64.getUrlEncoder().encodeToString(password.getBytes());

        String age = "100";
        String insertdate = "2000-01-01";

        HttpHeaders headers = new HttpHeaders();
        headers.setContentType(MediaType.APPLICATION_FORM_URLENCODED);

        MultiValueMap map = new LinkedMultiValueMap();
        map.add("id", id);
        map.add("username", username);
        map.add("password", password);
        map.add("age", age);
        map.add("insertdate", insertdate);
        HttpEntity<String> entity = new HttpEntity(map, headers);

          ResponseEntity<ResponseBox<UserinfoDTO2>> responseEntity = restTem-
plate.exchange("http://my-nacos-provider-cluster/post/test5", HttpMethod.
POST, entity, new ParameterizedTypeReference<ResponseBox<UserinfoDTO2>>() {
        });
        ResponseBox<UserinfoDTO2> box = responseEntity.getBody();
        UserinfoDTO2 userinfoDTO2 = box.getData();
         System.out.println(box.getResponseCode() + " " + userinfoDTO2.getId()
+ " " + userinfoDTO2.getUsername() + " " + userinfoDTO2.getPassword() + " " +
userinfoDTO2.getAge() + " " + userinfoDTO2.getInsertdate() + " " + box.get-
Message());
    }

    @GetMapping("/put/test5_3")
      public void put_test5_3(HttpServletRequest request, HttpServletResponse
response) {
```

```
        int id = 100;
        String username = "账号~!@#$%^&*()_+-={}[]|;:' <>?,./";
        String password = "密码~!@#$%^&*()_+-={}[]|;:' <>?,./";
        username = Base64.getUrlEncoder().encodeToString(username.getBytes());

        password = Base64.getUrlEncoder().encodeToString(password.getBytes());

        String age = "100";
        String insertdate = "2000-01-01";

        HttpHeaders headers = new HttpHeaders();
        headers.setContentType(MediaType.APPLICATION_FORM_URLENCODED);

        MultiValueMap map = new LinkedMultiValueMap();
        map.add("id", id);
        map.add("username", username);
        map.add("password", password);
        map.add("age", age);
        map.add("insertdate", insertdate);
        HttpEntity<String> entity = new HttpEntity(map, headers);

          ResponseEntity<ResponseBox<UserinfoDTO2>> responseEntity = restTem-
plate.exchange("http://my-nacos-provider-cluster/put/test5", HttpMethod.PUT,
entity, new ParameterizedTypeReference<ResponseBox<UserinfoDTO2>>() {
        });
        ResponseBox<UserinfoDTO2> box = responseEntity.getBody();
        UserinfoDTO2 userinfoDTO2 = box.getData();
         System.out.println(box.getResponseCode() + " " + userinfoDTO2.getId()
+ " " + userinfoDTO2.getUsername() + " " + userinfoDTO2.getPassword() + " " +
userinfoDTO2.getAge() + " " + userinfoDTO2.getInsertdate() + " " + box.get-
Message());
    }

    @GetMapping("/delete/test5_3")
    public void delete_test5_3(HttpServletRequest request, HttpServletResponse
response) {
        int id = 100;
        String username = "账号~!@#$%^&*()_+-={}[]|;:' <>?,./";
        String password = "密码~!@#$%^&*()_+-={}[]|;:' <>?,./";
        username = Base64.getUrlEncoder().encodeToString(username.getBytes());

        password = Base64.getUrlEncoder().encodeToString(password.getBytes());

        String age = "100";
        String insertdate = "2000-01-01";
```

```
        HttpHeaders headers = new HttpHeaders();
        headers.setContentType(MediaType.APPLICATION_FORM_URLENCODED);

        MultiValueMap map = new LinkedMultiValueMap();
        map.add("id", id);
        map.add("username", username);
        map.add("password", password);
        map.add("age", age);
        map.add("insertdate", insertdate);
        HttpEntity<String> entity = new HttpEntity(map, headers);

          ResponseEntity<ResponseBox<UserinfoDTO2>> responseEntity = restTem-
plate.exchange("http://my-nacos-provider-cluster/delete/test5", HttpMethod.
DELETE, entity, new ParameterizedTypeReference<ResponseBox<UserinfoDTO2>>() {
        });
        ResponseBox<UserinfoDTO2> box = responseEntity.getBody();
        UserinfoDTO2 userinfoDTO2 = box.getData();
         System.out.println(box.getResponseCode() + " " + userinfoDTO2.getId()
+ " " + userinfoDTO2.getUsername() + " " + userinfoDTO2.getPassword() + " " +
userinfoDTO2.getAge() + " " + userinfoDTO2.getInsertdate() + " " + box.get-
Message());
    }
}
```

以集群模式运行服务提供者。

然后运行 delete、get、post、put 方式提交的服务消费者，实现数据通信。

```
http://localhost:8091/cluster/get/test5_3
http://localhost:8091/cluster/post/test5_3
http://localhost:8091/cluster/put/test5_3
http://localhost:8091/cluster/delete/test5_3
```

2.5 Nacos领域模型

如果一个学校中不同班级的所有学生都在一个大教室上课会是什么样的场景？那将是一个不可想象和难以维护的教学秩序，像菜市场一样嘈杂！所以，需要隔离！以班级和教室为单位进行隔离，每个班级的学生在自己的教室上课，这样的安排会使教学秩序井然。

在操作系统中使用文件夹来对文件进行分类，同样的道理，在使用 Nacos 时，不要把所有的服务不进行分类，而且还一股脑式地往 Nacos 中注册，那样的设计对后期的运维非常不利。Nacos 已经对这种情况做了十足的准备和预案，为了对注册在 Nacos 中的信息进行分类，解决办法就是使用 Nacos 的“领域模型”进行隔离，如图 2-9 所示。

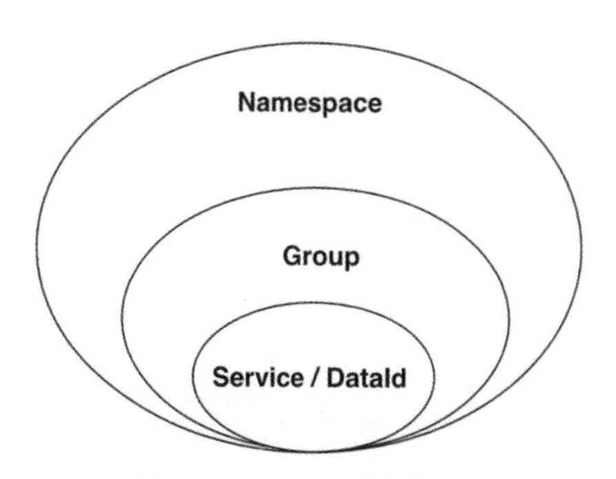

图2-9　Nacos的领域模型

Nacos 的领域模型使用三元对服务进行逻辑上的分类和隔离。

（1）Namespace：命名空间。Namespace 默认是公共 public，不能删除。

（2）Group：分组，分组默认是 DEFAULT_GROUP。

（3）Service/DataId：服务 / 数据 ID。Service 用于服务的注册，DataId 用于配置中心（后面的章节有介绍）。

不同的 Namespace 是相互隔离的，相同的 Namespace 但不同的 Group 也是相互隔离的。在隔离的情况下，服务之间不能互相发现。

2.5.1 创建 Namespace

创建 Namespace 命名空间，如图 2-10 所示。

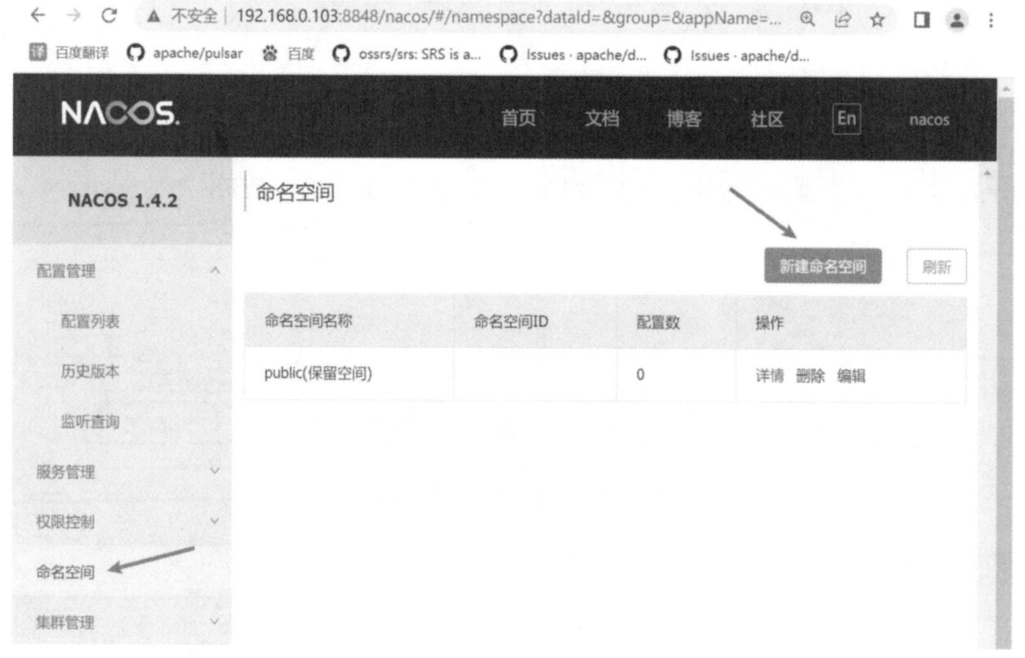

图2-10　创建Namespace命名空间

配置新的命名空间，如图 2-11 所示。

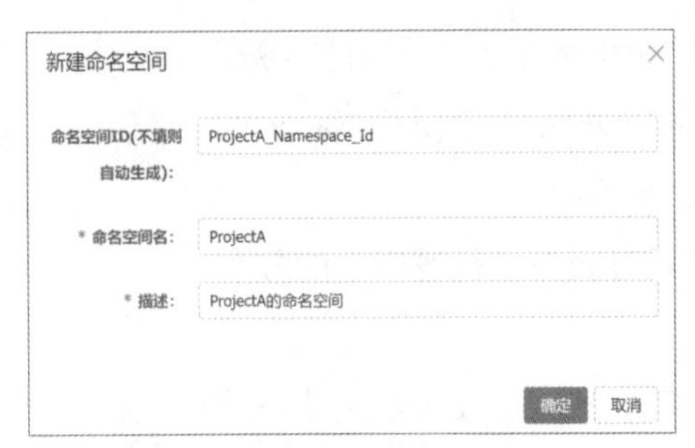

图2-11　配置新的命名空间

为了清楚地显示“命名空间 ID”和“命名空间名”的区别，在此故意设置两者的值是不一样的。

“命名空间 ID”是“命名空间”的唯一标识，也是后期要引用的选项，命名的值要有意义。而“命名空间名”只是“命名空间 ID”的别名，不具有使用上的意义，这点一定要注意有所区分。很多学习者引用了“命名空间名”，导致在 Nacos 中找不到对应的配置而发生错误。

命名空间列表如图 2-12 所示。

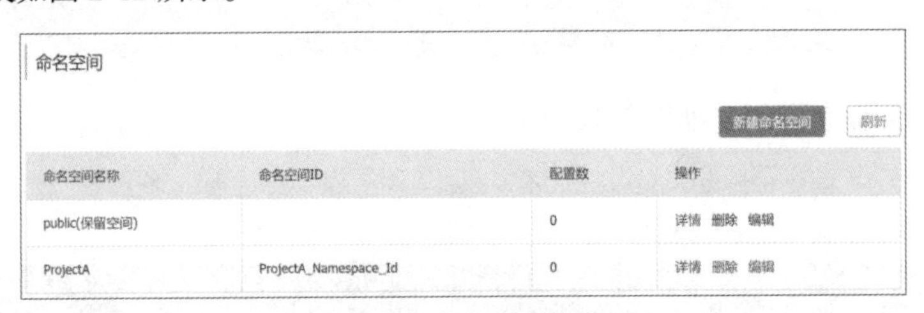

命名空间名称	命名空间ID	配置数	操作
public(保留空间)		0	详情 删除 编辑
ProjectA	ProjectA_Namespace_Id	0	详情 删除 编辑

图2-12　命名空间列表

向 nacos_config 数据库中添加了一条新的命名空间记录，如图 2-13 所示。

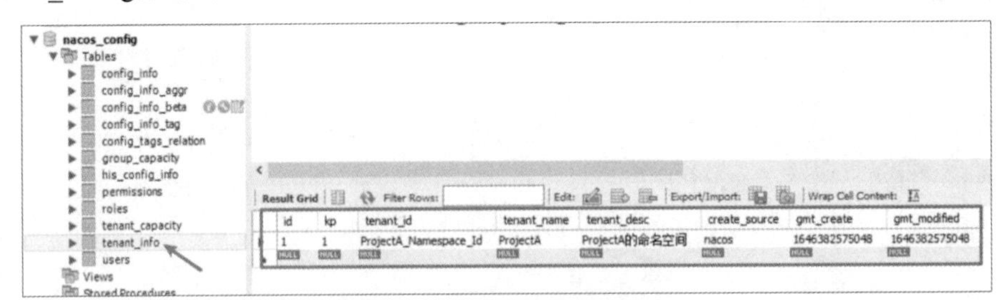

图2-13　添加了一条新的记录

继续创建新的命名空间，完成后的列表如图 2-14 所示。

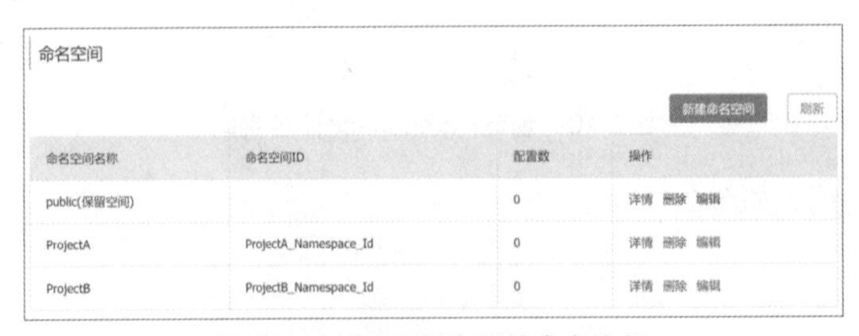

命名空间名称	命名空间ID	配置数	操作
public(保留空间)		0	详情 删除 编辑
ProjectA	ProjectA_Namespace_Id	0	详情 删除 编辑
ProjectB	ProjectB_Namespace_Id	0	详情 删除 编辑

图2-14　创建了两个新的命名空间

在 Nacos 控制台中通过“命名空间名”对配置进行分类显示，如图 2-15 所示。

图2-15　分类显示

2.5.2 创建服务提供者模块

创建 my-nacos-namespace-provider 模块。

服务提供者代码如下。

```
package com.ghy.www.my.nacos.namespace.provider.controller;

import com.ghy.www.dto.ResponseBox;
import com.ghy.www.dto.UserinfoDTO2;
import org.springframework.beans.factory.annotation.Value;
import org.springframework.web.bind.annotation.GetMapping;
import org.springframework.web.bind.annotation.RestController;

import java.io.UnsupportedEncodingException;
import java.util.Base64;

@RestController
public class TestController {

    @Value("${server.port}")
    private int portValue;

    @GetMapping(value = "Test1")
    public ResponseBox<UserinfoDTO2> Test1(UserinfoDTO2 userinfoDTO2Param)
throws UnsupportedEncodingException {
        String id = userinfoDTO2Param.getId();
        String username = new String(Base64.getUrlDecoder().decode(userinfoD-
TO2Param.getUsername()));
        String password = new String(Base64.getUrlDecoder().decode(userinfoD-
TO2Param.getPassword()));
```

```
        String age = userinfoDTO2Param.getAge();
        String insertdate = userinfoDTO2Param.getInsertdate();

        System.out.println("get test5 run portValue=" + portValue);
        System.out.println("id=" + id);
        System.out.println("username=" + username);
        System.out.println("password=" + password);
        System.out.println("age=" + age);
        System.out.println("insertdate=" + insertdate);

        UserinfoDTO2 returnUserinfoDTO2 = new UserinfoDTO2();
        returnUserinfoDTO2.setId("100");
        returnUserinfoDTO2.setUsername("中国");
        returnUserinfoDTO2.setPassword("中国人");
        returnUserinfoDTO2.setAge("1");
        returnUserinfoDTO2.setInsertdate("2000-01-01");

        ResponseBox box = new ResponseBox();
        box.setResponseCode(200);
        box.setData(returnUserinfoDTO2);
        box.setMessage("操作成功");
        return box;
    }
}
```

配置文件 application.yml 代码如下。

```
spring:
  application:
    name: my-nacos-namespace-provider-8085
  cloud:
    nacos:
      discovery:
        server-addr: 192.168.3.188:8848
        username: nacos
        password: nacos
        ip: 192.168.3.188
        #写命名空间ID，而不是命名空间名称
        namespace: ProjectA_Namespace_Id
        group: my-groupA

server:
  port: 8085
```

命名空间 Namespace 需要在 Nacos 中手动创建，而 Group 组只需要在 yml 配置文件中自定义指定即可。

2.5.3 创建服务消费者模块

创建 my-nacos-namespace-consumer 模块。

服务消费者代码如下。

```
package com.ghy.www.my.nacos.namespace.consumer.controller;

import com.ghy.www.dto.ResponseBox;
import com.ghy.www.dto.UserinfoDTO2;
import org.springframework.beans.factory.annotation.Autowired;
import org.springframework.core.ParameterizedTypeReference;
import org.springframework.http.HttpMethod;
import org.springframework.http.ResponseEntity;
import org.springframework.stereotype.Controller;
import org.springframework.web.bind.annotation.GetMapping;
import org.springframework.web.client.RestTemplate;

import javax.servlet.http.HttpServletRequest;
import javax.servlet.http.HttpServletResponse;
import java.util.Base64;

@Controller
public class TestController {
    @Autowired
    private RestTemplate restTemplate;

    @GetMapping("Test1")
     public void Test1(HttpServletRequest request, HttpServletResponse re-
sponse) {
        String id = "1";
        String username = "账号~!@#$%^&*()_+-={}[]|;:’<>?,./";
        String password = "密码~!@#$%^&*()_+-={}[]|;:’<>?,./";
        username = Base64.getUrlEncoder().encodeToString(username.getBytes());

        password = Base64.getUrlEncoder().encodeToString(password.getBytes());

        String age = "100";
        String insertdate = "2000-01-01";

          ResponseEntity<ResponseBox<UserinfoDTO2>> responseEntity = restTem-
plate.exchange("http://my-nacos-namespace-provider-8085/Test1?id=" + id +
```

```
"&username=" + username + "&password=" + password + "&age=" + age + "&insert-
date=" + insertdate, HttpMethod.GET, null, new ParameterizedTypeReference<Re-
sponseBox<UserinfoDTO2>>() {
        });
        ResponseBox<UserinfoDTO2> box = responseEntity.getBody();
        UserinfoDTO2 userinfoDTO2 = box.getData();
        System.out.println(box.getResponseCode() + " " + userinfoDTO2.getId()
+ " " + userinfoDTO2.getUsername() + " " + userinfoDTO2.getPassword() + " " +
userinfoDTO2.getAge() + " " + userinfoDTO2.getInsertdate() + " " + box.get-
Message());
    }
}
```

配置类代码如下。

```
package com.ghy.www.my.nacos.namespace.consumer.javaconfig;

import org.springframework.cloud.client.loadbalancer.LoadBalanced;
import org.springframework.context.annotation.Bean;
import org.springframework.context.annotation.Configuration;
import org.springframework.web.client.RestTemplate;

@Configuration
public class JavaConfig {
    @Bean
    @LoadBalanced
    public RestTemplate restTemplate() {
        return new RestTemplate();
    }
}
```

配置文件 application.yml 代码如下。

```
spring:
  application:
    name: my-nacos-namespace-consumer-8091
  cloud:
    nacos:
      discovery:
        server-addr: 192.168.3.188:8848
        username: nacos
        password: nacos
        #写命名空间ID，而不是命名空间名称
        namespace: ProjectB_Namespace_Id
        group: my-groupB
```

```
server:
  port: 8091
```

2.5.4 运行效果

（1）启动服务提供者。

（2）启动服务消费者。

（3）执行网址如下。

```
http://localhost:8091/Test1
```

出现如下异常。

```
java.lang.IllegalStateException: No instances available for my-nacos-name-
space-provider-8085
```

说明服务消费者没有在当前的 Nacos 命名空间中找到服务，因为服务提供者和服务消费者分别在 ProjectA_Namespace_Id 和 ProjectB_Namespace_Id 两个不同的命名空间中，呈隔离状态。

（4）更改 my-nacos-namespace-consumer 服务消费者模块中的 application.yml 配置文件代码如下。

```
spring:
  application:
    name: my-nacos-namespace-consumer-8091
  cloud:
    nacos:
      discovery:
        server-addr: 192.168.3.188:8848
        username: nacos
        password: nacos
        #写命名空间ID，而不是命名空间名称
        namespace: ProjectA_Namespace_Id
        group: my-groupB

server:
  port: 8091
```

将原来的 ProjectB_Namespace_Id 改成了 ProjectA_Namespace_Id 命名空间。

（5）重启服务消费者后执行如下网址。

```
http://localhost:8091/Test1
```

出现如下异常。

```
java.lang.IllegalStateException: No instances available for my-nacos-name-
space-provider-8085
```

虽然服务提供者和服务消费者的 Namespace 命名空间一样了，但 Group 分组却还是不同，还在呈隔离状态。

（6）继续更改服务消费者 my-nacos-namespace-consumer 模块中的 application.yml 配置文件代码如下。

```
spring:
  application:
    name: my-nacos-namespace-consumer-8091
  cloud:
    nacos:
      discovery:
        server-addr: 192.168.3.188:8848
        username: nacos
        password: nacos
        #写命名空间ID，而不是命名空间名称
        namespace: ProjectA_Namespace_Id
        group: my-groupA

server:
  port: 8091
```

将原来的 my-groupB 改成了 my-groupA 分组，使服务提供者和服务消费者的 Namespace 命名空间和 Group 分组一模一样。

（7）重启服务消费者后执行如下网址。

```
http://localhost:8091/Test1
```

服务消费者和服务提供者成功进行通信。

（8）在 Nacos 中服务提供者和服务消费者的 Namespace 和 Group 值一样，如图 2-16 所示。

图2-16 Namespace和Group值一样

2.6 使用Nginx搭建Nacos集群环境

本节介绍使用 Nginx 搭建 Nacos 集群环境。

2.6.1 搭建 Nacos 集群环境

本节的测试环境为真实的 3 台物理服务器。

对 3 个 Nacos 节点下的 nacos/conf/application.properties 配置文件进行编辑，如图 2-17 所示。

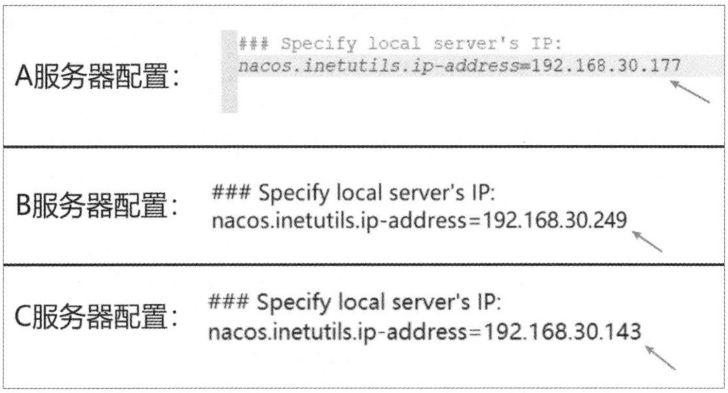

A服务器配置：

```
### Specify local server's IP:
nacos.inetutils.ip-address=192.168.30.177
```

B服务器配置：

```
### Specify local server's IP:
nacos.inetutils.ip-address=192.168.30.249
```

C服务器配置：

```
### Specify local server's IP:
nacos.inetutils.ip-address=192.168.30.143
```

图2-17　编辑application.properties配置文件

属性 nacos.inetutils.ip-address 的值是 Nacos 所在服务器的 IP 地址。

注意：3 台物理服务器中的 Nacos 使用的 application.properties 配置文件里关联的 MySQL 数据库是同一个。

注意：如果 Nacos 运行在虚拟机中，则需要在 VirtualBox 中对端口 7848 配置 NAT 端口映射。Nacos 中的端口 7848 的作用是选举出 Leader。

根据 nacos\conf 文件夹中的 cluster.conf.example 配置文件，在 nacos\conf 文件夹中复制出名称为 cluster.conf 的配置文件，3 个 cluster.conf 配置文件的内容如图 2-18 所示。

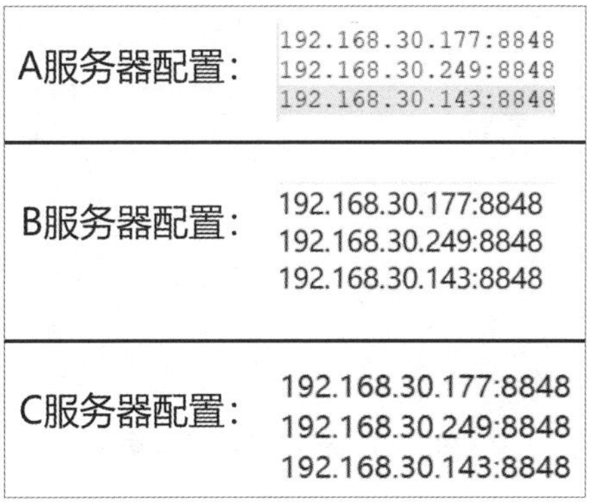

A服务器配置：

```
192.168.30.177:8848
192.168.30.249:8848
192.168.30.143:8848
```

B服务器配置：

```
192.168.30.177:8848
192.168.30.249:8848
192.168.30.143:8848
```

C服务器配置：

```
192.168.30.177:8848
192.168.30.249:8848
192.168.30.143:8848
```

图2-18　配置cluster.conf文件

IP 地址是 3 台 Nacos 服务器的 IP 地址，实现彼此发现，最终形成 Nacos 集群。

使用如下命令分别启动集群环境下的 3 台 Nacos 服务。

```
sh startup.sh
```

3 台 Nacos 服务器成功实现 Nacos 集群环境，并且 Nacos 集群环境正常，如图 2-19 所示。

图2-19 集群环境正常

单击“节点元数据”链接，显示当前 Leader 服务器信息，如图 2-20 所示。

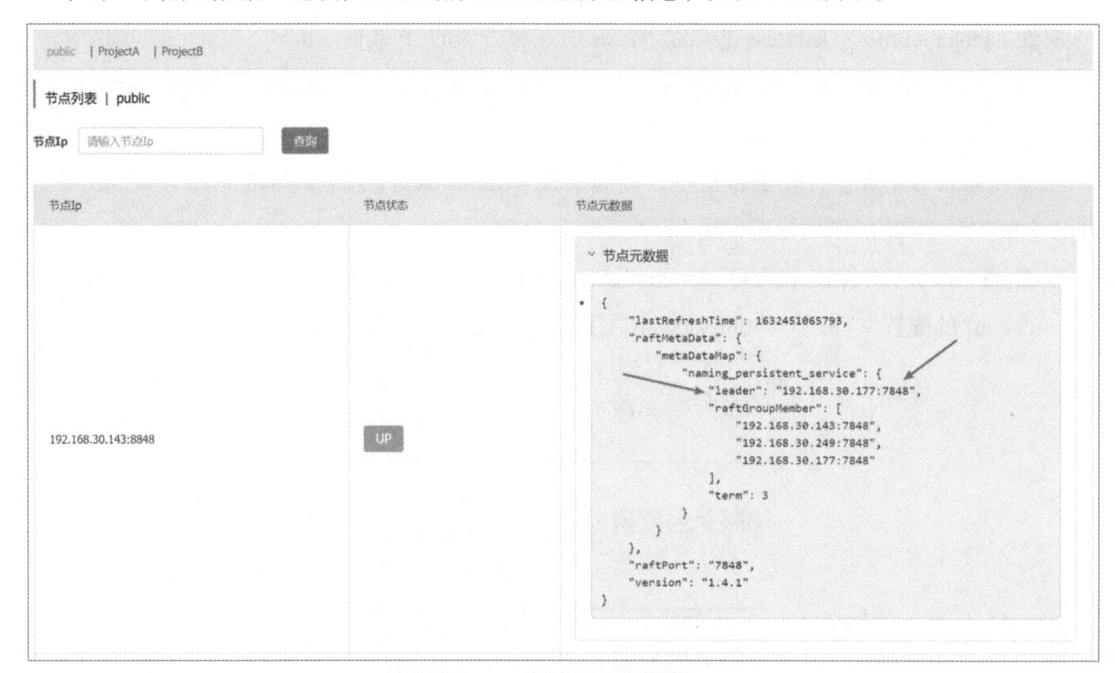

图2-20 显示节点元数据

如果在服务提供者和服务消费者项目中的 application.yml 配置文件中配置注册中心，需要同时指定 3 个 IP 地址：

（1）192.168.30.177:8848。

（2）192.168.30.249:8848。

（3）192.168.30.143:8848。

如果这样做会造成 application.yml 配置文件中的配置代码繁多（需要配置 3 个 IP 和 PORT 等信息），这时可以结合 Nginx 创建一个反向代理服务器来简化这种配置，做为 Nacos 集群的唯一入口，此种方式也是官方推荐使用的。

编辑配置文件如下。

```
C:\Windows\System32\drivers\etc\hosts
```

添加如下映射。

```
192.168.30.143 www.mynacos.com
```

其中 IP 地址 192.168.30.143 是 Nginx 服务器的地址，整体环境中使用 1 个 Nginx 服务器，不是 3 个。

然后在 CMD 中执行如下命令刷新 DNS 列表信息。

```
ipconfig /flushdns
```

进入如下网址，下载 Nginx 服务器软件。

```
http://nginx.org/en/download.html
```

编辑 Nginx 文件夹 nginx\conf 中的 nginx.conf 配置文件，在 http 节点下添加如下配置来创建反向代理服务器。

```
upstream mynacos-cluster {
  server 192.168.30.177:8848;
  server 192.168.30.249:8848;
  server 192.168.30.143:8848;
}

server {
  listen 80;
  server_name www.mynacos.com;
  #charset koi8-r;
  #access_log logs/host.access.log main;
  location / {
    proxy_pass http://mynacos-cluster/;
  }
}
```

使用如下命令启动 Nginx。

```
C:\nginx-1.20.2\nginx-1.20.2>nginx
```

打开如下网址。

```
http://www.mynacos.com/nacos
```

显示界面如图 2-21 所示。

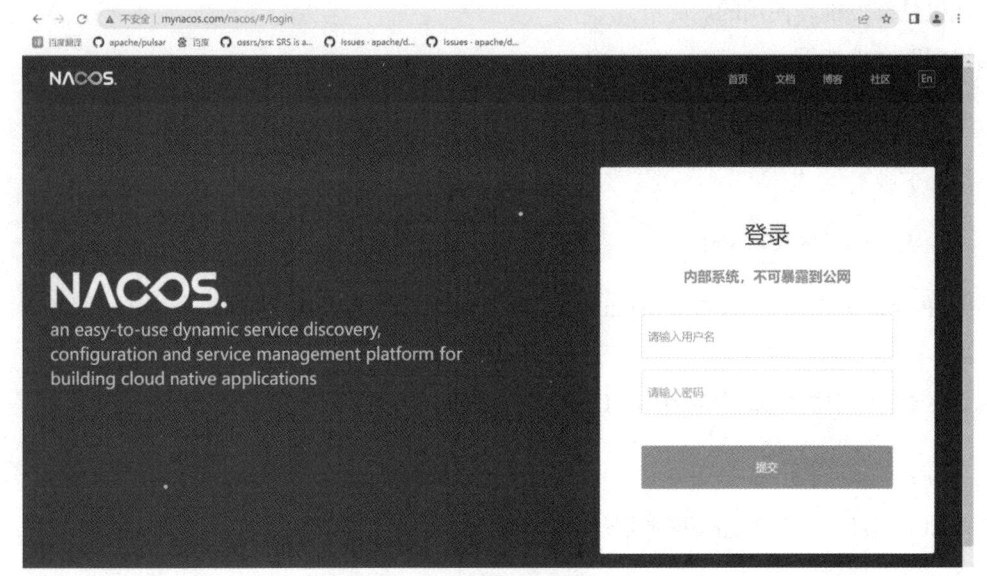

图2-21　成功实现Nginx反向代理

2.6.2 创建服务提供者模块

创建 my-nacos-cluster-provider 模块。

服务提供者代码如下。

```
package com.ghy.www.my.nacos.cluster.provider.controller;

import com.ghy.www.dto.ResponseBox;
import com.ghy.www.dto.UserinfoDTO2;
import org.springframework.beans.factory.annotation.Value;
import org.springframework.web.bind.annotation.GetMapping;
import org.springframework.web.bind.annotation.RestController;

import java.io.UnsupportedEncodingException;
import java.util.Base64;

@RestController
```

```
public class TestController {

    @Value("${server.port}")
    private int portValue;

    @GetMapping(value = "Test1")
     public ResponseBox<UserinfoDTO2> Test1(UserinfoDTO2 userinfoDTO2Param)
throws UnsupportedEncodingException {
        String id = userinfoDTO2Param.getId();
         String username = new String(Base64.getUrlDecoder().decode(userinfoD-
TO2Param.getUsername()));
         String password = new String(Base64.getUrlDecoder().decode(userinfoD-
TO2Param.getPassword()));
        String age = userinfoDTO2Param.getAge();
        String insertdate = userinfoDTO2Param.getInsertdate();

        System.out.println("get Test1 run portValue=" + portValue);
        System.out.println("id=" + id);
        System.out.println("username=" + username);
        System.out.println("password=" + password);
        System.out.println("age=" + age);
        System.out.println("insertdate=" + insertdate);

        UserinfoDTO2 returnUserinfoDTO2 = new UserinfoDTO2();
        returnUserinfoDTO2.setId("100");
        returnUserinfoDTO2.setUsername("中国");
        returnUserinfoDTO2.setPassword("中国人");
        returnUserinfoDTO2.setAge("1");
        returnUserinfoDTO2.setInsertdate("2000-01-01");

        ResponseBox box = new ResponseBox();
        box.setResponseCode(200);
        box.setData(returnUserinfoDTO2);
        box.setMessage("操作成功");
        return box;
    }
}
```

配置文件 application.yml 代码如下。

```
spring:
  application:
    name: my-nacos-cluster-provider-8085
  cloud:
    nacos:
      discovery:
```

```
        server-addr: http://www.mynacos.com
        username: nacos
        password: nacos
        ip: 192.168.3.188

server:
  port: 8085
```

2.6.3 创建服务消费者模块

创建 my-nacos-cluster-consumer 模块。

服务消费者代码如下。

```
package com.ghy.www.my.nacos.cluster.consumer.controller;

import com.ghy.www.dto.ResponseBox;
import com.ghy.www.dto.UserinfoDTO2;
import org.springframework.beans.factory.annotation.Autowired;
import org.springframework.core.ParameterizedTypeReference;
import org.springframework.http.HttpMethod;
import org.springframework.http.ResponseEntity;
import org.springframework.stereotype.Controller;
import org.springframework.web.bind.annotation.GetMapping;
import org.springframework.web.client.RestTemplate;

import javax.servlet.http.HttpServletRequest;
import javax.servlet.http.HttpServletResponse;
import java.util.Base64;

@Controller
public class TestController {
    @Autowired
    private RestTemplate restTemplate;

    @GetMapping("Test1")
     public void Test1(HttpServletRequest request, HttpServletResponse re-
sponse) {
        String id = "1";
        String username = "账号~!@#$%^&*()_+-={}[]|;:'<>?,./";
        String password = "密码~!@#$%^&*()_+-={}[]|;:'<>?,./";
        username = Base64.getUrlEncoder().encodeToString(username.getBytes());

        password = Base64.getUrlEncoder().encodeToString(password.getBytes());
```

```
        String age = "100";
        String insertdate = "2000-01-01";

        ResponseEntity<ResponseBox<UserinfoDTO2>> responseEntity = restTem-
plate.exchange("http://my-nacos-cluster-provider-8085/Test1?id=" + id + "&us-
ername=" + username + "&password=" + password + "&age=" + age + "&insertdate="
+ insertdate, HttpMethod.GET, null, new ParameterizedTypeReference<Response-
Box<UserinfoDTO2>>() {
        });
        ResponseBox<UserinfoDTO2> box = responseEntity.getBody();
        UserinfoDTO2 userinfoDTO2 = box.getData();
        System.out.println(box.getResponseCode() + " " + userinfoDTO2.getId()
+ " " + userinfoDTO2.getUsername() + " " + userinfoDTO2.getPassword() + " " +
userinfoDTO2.getAge() + " " + userinfoDTO2.getInsertdate() + " " + box.get-
Message());
    }
}
```

配置类代码如下。

```
package com.ghy.www.my.nacos.cluster.consumer.javaconfig;

import org.springframework.cloud.client.loadbalancer.LoadBalanced;
import org.springframework.context.annotation.Bean;
import org.springframework.context.annotation.Configuration;
import org.springframework.web.client.RestTemplate;

@Configuration
public class JavaConfig {
    @Bean
    @LoadBalanced
    public RestTemplate restTemplate() {
        return new RestTemplate();
    }
}
```

配置文件 application.yml 代码如下。

```
spring:
  application:
    name: my-nacos-cluster-consumer-8091
  cloud:
    nacos:
      discovery:
        server-addr: http://www.mynacos.com
        username: nacos
```

```
      password: nacos

server:
  port: 8091
```

2.6.4 运行效果

（1）启动 1 个服务提供者。

进入 3 台 Nacos 服务器控制台查看配置是否已经同步。

服务器 A 服务列表如图 2-22 所示。

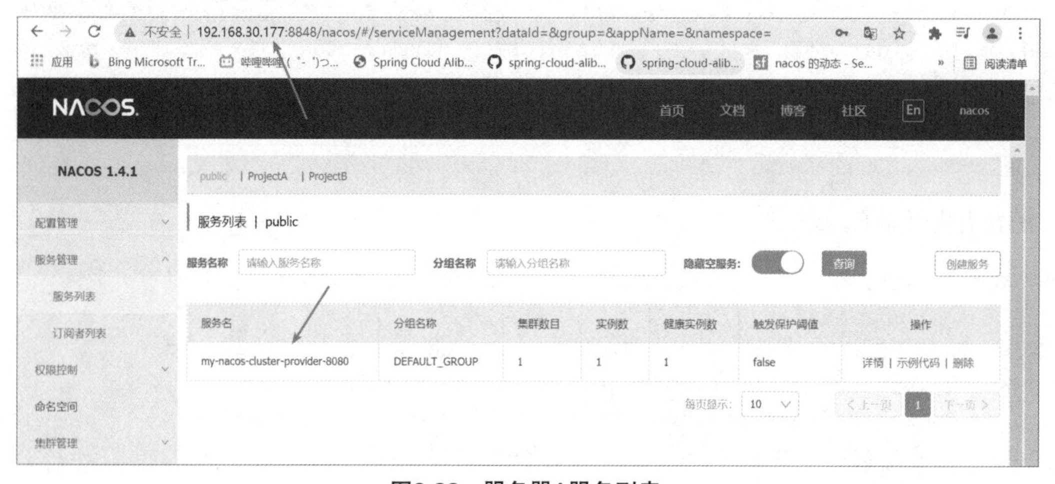

图2-22 服务器A服务列表

服务器 B 服务列表如图 2-23 所示。

图2-23 服务器B服务列表

服务器 C 服务列表如图 2-24 所示。

图2-24　服务器C服务列表

由上可知，3 台 Nacos 服务器成功实现数据同步。

（2）启动服务消费者。

（3）执行网址：

```
http://localhost:8091/Test1
```

成功实现服务提供者和服务消费者通信。

如果启动多个服务提供者，则整体运行环境为：服务提供者集群 +Nacos 集群 + 服务消费者。

2.7 使用Open Feign实现RPC通信

前面章节大量使用如下 RestTemplate 代码实现 RPC 通信。

```
ResponseEntity<ResponseBox<UserinfoDTO2>> responseEntity = restTemplate.ex-
change("http://localhost:8085/delete/test5", HttpMethod.DELETE, entity, new
ParameterizedTypeReference<ResponseBox<UserinfoDTO2>>() {
});
```

可以看出，上述代码写法比较麻烦，造成编程体验下降。如果不是特殊原因，商业的软件项目不会使用这种写法来开发软件项目，开发效率会大大降低。

为了实现 Spring Cloud 微服务之间的 RPC 通信，并且可以简化代码写法，Spring Cloud 官方提供了 Spring Cloud OpenFeign 组件，它采用声明式调用，针对接口进行编程，增加了代码的可读性，提高软件项目的后期维护性。

Spring Cloud OpenFeign 是 Spring Cloud 中众多子项目的其中一个，它是一种声明式、模板化的 HTTP 客户端，代替 RestTemplate 组件实现远程调用。在 Spring Cloud 中使用 OpenFeign 后，就像调用本地方法一样实现 HTTP 请求远程服务，增加编码体验，而且开发者完全感知不到这是在调用远程方法，更感知不到这是个 HTTP 请求。同时 OpenFeign 通过集成 spring-cloud-loadbalancer 组件可以实现客户端的负载均衡。

2.7.1 使用 Open Feign 实现 RPC 通信

创建 my-nacos-openfeign-consumer 模块。

配置文件 application.yml 代码如下。

```
spring:
  application:
    name: my-nacos-openfeign-consumer-8091
  cloud:
    nacos:
      discovery:
        server-addr: 192.168.3.188:8848
        username: nacos
        password: nacos
  main:
    allow-bean-definition-overriding: true

server:
  port: 8091
```

创建 OpenFeign 接口，代码如下。

```
package com.ghy.www.my.nacos.openfeign.consumer.openfeignclient;

import com.ghy.www.dto.ResponseBox;
import com.ghy.www.dto.UserinfoDTO2;
import org.springframework.cloud.openfeign.FeignClient;
import org.springframework.web.bind.annotation.DeleteMapping;
import org.springframework.web.bind.annotation.PathVariable;
import org.springframework.web.bind.annotation.RequestBody;
import org.springframework.web.bind.annotation.RequestParam;

import javax.servlet.http.HttpServletRequest;
import javax.servlet.http.HttpServletResponse;
import java.io.UnsupportedEncodingException;

@FeignClient(name = "my-nacos-provider-standalone-cluster-8085")
public interface DeleteControllerClient {
    @DeleteMapping(value = "delete/test1")
      public ResponseBox<String> test1(@RequestParam HttpServletRequest re-
quest, @RequestParam HttpServletResponse response);
```

```
    @DeleteMapping(value = "delete/test2")
     public ResponseBox<String> test2(@RequestParam String id, @RequestParam
String username, @RequestParam String password, @RequestParam String age, @
RequestParam String insertdate) throws UnsupportedEncodingException;

     @DeleteMapping(value = "delete/test3/id/{id}/username/{username}/pass-
word/{password}/age/{age}/insertdate/{insertdate}")
     public ResponseBox<String> test3(@PathVariable String id, @PathVariable
String username, @PathVariable String password, @PathVariable String age, @
PathVariable String insertdate) throws UnsupportedEncodingException;

    @DeleteMapping(value = "delete/test4")
    public ResponseBox<UserinfoDTO2> test4(@RequestParam String id, @Request-
Param String username, @RequestParam String password, @RequestParam String
age, @RequestParam String insertdate) throws UnsupportedEncodingException;

    @DeleteMapping(value = "delete/test5")
     public ResponseBox<UserinfoDTO2> test5(UserinfoDTO2 userinfoDTO2Param)
throws UnsupportedEncodingException;

    @DeleteMapping(value = "delete/test6")
     public ResponseBox<UserinfoDTO2> test6(@RequestBody UserinfoDTO2 userin-
foDTO2Param) throws UnsupportedEncodingException;
}
```

创建 OpenFeign 接口，代码如下。

```
package com.ghy.www.my.nacos.openfeign.consumer.openfeignclient;

import com.ghy.www.dto.ResponseBox;
import com.ghy.www.dto.UserinfoDTO2;
import org.springframework.cloud.openfeign.FeignClient;
import org.springframework.web.bind.annotation.GetMapping;
import org.springframework.web.bind.annotation.PathVariable;
import org.springframework.web.bind.annotation.RequestBody;
import org.springframework.web.bind.annotation.RequestParam;

import javax.servlet.http.HttpServletRequest;
import javax.servlet.http.HttpServletResponse;
import java.io.UnsupportedEncodingException;

@FeignClient(name = "my-nacos-provider-standalone-cluster-8085")
public interface GetControllerClient {
    @GetMapping(value = "get/test1")
     public ResponseBox<String> test1(@RequestParam HttpServletRequest re-
quest,
```

```
                                                  @RequestParam HttpServletResponse re-
sponse);

    @GetMapping(value = "get/test2")
     public ResponseBox<String> test2(@RequestParam String id, @RequestParam
String username, @RequestParam String password, @RequestParam String age, @
RequestParam String insertdate) throws UnsupportedEncodingException;

     @GetMapping(value = "get/test3/id/{id}/username/{username}/password/
{password}/age/{age}/insertdate/{insertdate}")
     public ResponseBox<String> test3(@PathVariable String id, @PathVariable
String username, @PathVariable String password, @PathVariable String age, @
PathVariable String insertdate) throws UnsupportedEncodingException;

    @GetMapping(value = "get/test4")
    public ResponseBox<UserinfoDTO2> test4(@RequestParam String id, @Request-
Param String username, @RequestParam String password, @RequestParam String
age, @RequestParam String insertdate) throws UnsupportedEncodingException;

    @GetMapping(value = "get/test5")
     public ResponseBox<UserinfoDTO2> test5(UserinfoDTO2 userinfoDTO2Param)
throws UnsupportedEncodingException;

    @GetMapping(value = "get/test6")
     public ResponseBox<UserinfoDTO2> test6(@RequestBody UserinfoDTO2 userin-
foDTO2Param) throws UnsupportedEncodingException;
}
```

创建 OpenFeign 接口，代码如下。

```
package com.ghy.www.my.nacos.openfeign.consumer.openfeignclient;

import com.ghy.www.dto.ResponseBox;
import com.ghy.www.dto.UserinfoDTO2;
import org.springframework.cloud.openfeign.FeignClient;
import org.springframework.web.bind.annotation.PathVariable;
import org.springframework.web.bind.annotation.PostMapping;
import org.springframework.web.bind.annotation.RequestBody;
import org.springframework.web.bind.annotation.RequestParam;

import javax.servlet.http.HttpServletRequest;
import javax.servlet.http.HttpServletResponse;
import java.io.UnsupportedEncodingException;

@FeignClient(name = "my-nacos-provider-standalone-cluster-8085")
public interface PostControllerClient {
```

```
    @PostMapping(value = "post/test1")
    public ResponseBox<String> test1(@RequestParam HttpServletRequest request, @RequestParam HttpServletResponse response);

    @PostMapping(value = "post/test2")
    public ResponseBox<String> test2(@RequestParam String id, @RequestParam String username, @RequestParam String password, @RequestParam String age, @RequestParam String insertdate) throws UnsupportedEncodingException;

    @PostMapping(value = "post/test3/id/{id}/username/{username}/password/{password}/age/{age}/insertdate/{insertdate}")
    public ResponseBox<String> test3(@PathVariable String id, @PathVariable String username, @PathVariable String password, @PathVariable String age, @PathVariable String insertdate) throws UnsupportedEncodingException;

    @PostMapping(value = "post/test4")
    public ResponseBox<UserinfoDTO2> test4(@RequestParam String id, @RequestParam String username, @RequestParam String password, @RequestParam String age, @RequestParam String insertdate) throws UnsupportedEncodingException;

    @PostMapping(value = "post/test5")
    public ResponseBox<UserinfoDTO2> test5(UserinfoDTO2 userinfoDTO2Param) throws UnsupportedEncodingException;

    @PostMapping(value = "post/test6")
    public ResponseBox<UserinfoDTO2> test6(@RequestBody UserinfoDTO2 userinfoDTO2Param) throws UnsupportedEncodingException;
}
```

创建 OpenFeign 接口，代码如下。

```
package com.ghy.www.my.nacos.openfeign.consumer.openfeignclient;

import com.ghy.www.dto.ResponseBox;
import com.ghy.www.dto.UserinfoDTO2;
import org.springframework.cloud.openfeign.FeignClient;
import org.springframework.web.bind.annotation.PathVariable;
import org.springframework.web.bind.annotation.PutMapping;
import org.springframework.web.bind.annotation.RequestBody;
import org.springframework.web.bind.annotation.RequestParam;

import javax.servlet.http.HttpServletRequest;
import javax.servlet.http.HttpServletResponse;
import java.io.UnsupportedEncodingException;

@FeignClient(name = "my-nacos-provider-standalone-cluster-8085")
```

```
public interface PutControllerClient {
    @PutMapping(value = "put/test1")
     public ResponseBox<String> test1(@RequestParam HttpServletRequest re-
quest, @RequestParam HttpServletResponse response);

    @PutMapping(value = "put/test2")
     public ResponseBox<String> test2(@RequestParam String id, @RequestParam
String username, @RequestParam String password, @RequestParam String age, @
RequestParam String insertdate) throws UnsupportedEncodingException;

     @PutMapping(value = "put/test3/id/{id}/username/{username}/password/
{password}/age/{age}/insertdate/{insertdate}")
     public ResponseBox<String> test3(@PathVariable String id, @PathVariable
String username, @PathVariable String password, @PathVariable String age, @
PathVariable String insertdate) throws UnsupportedEncodingException;

    @PutMapping(value = "put/test4")
    public ResponseBox<UserinfoDTO2> test4(@RequestParam String id, @Request-
Param String username, @RequestParam String password, @RequestParam String
age, @RequestParam String insertdate) throws UnsupportedEncodingException;

    @PutMapping(value = "put/test5")
     public ResponseBox<UserinfoDTO2> test5(UserinfoDTO2 userinfoDTO2Param)
throws UnsupportedEncodingException;

    @PutMapping(value = "put/test6")
     public ResponseBox<UserinfoDTO2> test6(@RequestBody UserinfoDTO2 userin-
foDTO2Param) throws UnsupportedEncodingException;
}
```

创建的 OpenFeign 接口样式来自服务提供者的控制层声明，一一对应，形成标准化，如图 2-25 所示。

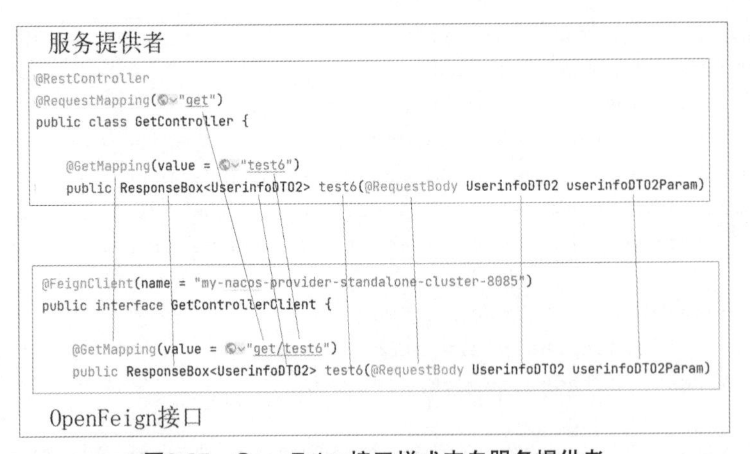

图2-25　OpenFeign接口样式来自服务提供者

注意：对 OpenFeign 接口中方法的参数需要添加 @RequestParam 注解，如图 2-26 所示。

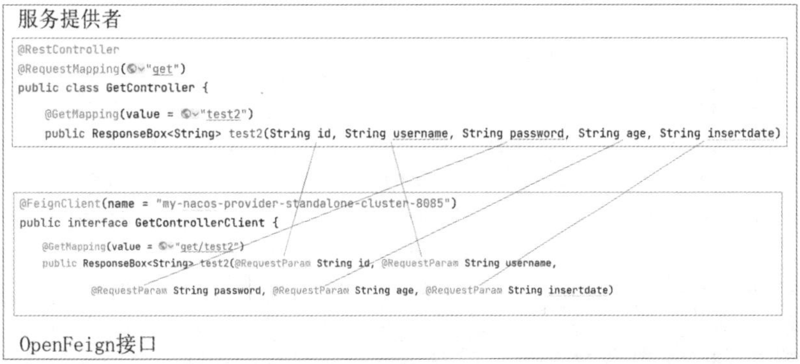

服务提供者

```
@RestController
@RequestMapping("get")
public class GetController {

    @GetMapping(value = "test2")
    public ResponseBox<String> test2(String id, String username, String password, String age, String insertdate)
```

```
@FeignClient(name = "my-nacos-provider-standalone-cluster-8085")
public interface GetControllerClient {

    @GetMapping(value = "get/test2")
    public ResponseBox<String> test2(@RequestParam String id, @RequestParam String username,

            @RequestParam String password, @RequestParam String age, @RequestParam String insertdate)
```

OpenFeign接口

图2-26　接口参数使用@RequestParam注解

服务消费者代码如下。

```
package com.ghy.www.my.nacos.openfeign.consumer.controller;

import com.ghy.www.dto.ResponseBox;
import com.ghy.www.dto.UserinfoDTO2;
import com.ghy.www.my.nacos.openfeign.consumer.openfeignclient.DeleteControl-
lerClient;
import org.springframework.beans.factory.annotation.Autowired;
import org.springframework.web.bind.annotation.RequestMapping;
import org.springframework.web.bind.annotation.RestController;

import javax.servlet.http.HttpServletRequest;
import javax.servlet.http.HttpServletResponse;
import java.io.UnsupportedEncodingException;
import java.util.Base64;

@RestController
@RequestMapping("test/delete")
public class DeleteController {
    @Autowired
    private DeleteControllerClient deleteControllerClient;

    @RequestMapping("test1")
     public String test1(HttpServletRequest request, HttpServletResponse re-
sponse) {
         ResponseBox<String> box = deleteControllerClient.test1(request, re-
sponse);
        System.out.println("getData=" + box.getData());
        System.out.println("getMessage=" + box.getMessage());
        System.out.println("getResponseCode=" + box.getResponseCode());
        return "返回值";
```

```
    }

    @RequestMapping("test2")
    public String test2() throws UnsupportedEncodingException {
        String id = "1";
        String username = "账号~!@#$%^&*()_+-={}[]|;:'<>?,./";
        String password = "密码~!@#$%^&*()_+-={}[]|;:'<>?,./";
        username = Base64.getUrlEncoder().encodeToString(username.getBytes());

        password = Base64.getUrlEncoder().encodeToString(password.getBytes());

        String age = "100";
        String insertdate = "2000-01-01";

         ResponseBox<String> box = deleteControllerClient.test2(id, username,
password, age, insertdate);
        System.out.println("getData=" + box.getData());
        System.out.println("getMessage=" + box.getMessage());
        System.out.println("getResponseCode=" + box.getResponseCode());
        return "返回值";
    }

    @RequestMapping("test3")
    public String test3() throws UnsupportedEncodingException {
        String id = "1";
        String username = "账号~!@#$%^&*()_+-={}[]|;:'<>?,./";
        String password = "密码~!@#$%^&*()_+-={}[]|;:'<>?,./";
        username = Base64.getUrlEncoder().encodeToString(username.getBytes());

        password = Base64.getUrlEncoder().encodeToString(password.getBytes());

        String age = "100";
        String insertdate = "2000-01-01";

         ResponseBox<String> box = deleteControllerClient.test3(id, username,
password, age, insertdate);
        System.out.println("getData=" + box.getData());
        System.out.println("getMessage=" + box.getMessage());
        System.out.println("getResponseCode=" + box.getResponseCode());
        return "返回值";
    }

    @RequestMapping("test4")
    public String test4() throws UnsupportedEncodingException {
        String id = "1";
```

```
        String username = "账号~!@#$%^&*()_+-={}[]|;:' <>?,./";
        String password = "密码~!@#$%^&*()_+-={}[]|;:' <>?,./";
        username = Base64.getUrlEncoder().encodeToString(username.getBytes());

        password = Base64.getUrlEncoder().encodeToString(password.getBytes());

        String age = "100";
        String insertdate = "2000-01-01";

         ResponseBox<UserinfoDTO2> box = deleteControllerClient.test4(id, us-
ername, password, age, insertdate);
        UserinfoDTO2 userinfoDTO2 = box.getData();
         System.out.println(userinfoDTO2.getId() + " " + userinfoDTO2.getUser-
name() + " " + userinfoDTO2.getPassword() + " " + userinfoDTO2.getAge() + " "
+ userinfoDTO2.getInsertdate());
        System.out.println("getMessage=" + box.getMessage());
        System.out.println("getResponseCode=" + box.getResponseCode());
        return "返回值";
    }

    // provider:java.lang.NullPointerException: null
    // consumer:Internal Server Error
    @RequestMapping("test5")
    public String test5() throws UnsupportedEncodingException {
        String id = "1";
        String username = "账号~!@#$%^&*()_+-={}[]|;:' <>?,./";
        String password = "密码~!@#$%^&*()_+-={}[]|;:' <>?,./";
        username = Base64.getUrlEncoder().encodeToString(username.getBytes());

        password = Base64.getUrlEncoder().encodeToString(password.getBytes());

        String age = "100";
        String insertdate = "2000-01-01";

        UserinfoDTO2 userinfoDTO2Param = new UserinfoDTO2();
        userinfoDTO2Param.setId(id);
        userinfoDTO2Param.setUsername(username);
        userinfoDTO2Param.setPassword(password);
        userinfoDTO2Param.setAge(age);
        userinfoDTO2Param.setInsertdate(insertdate);

         ResponseBox<UserinfoDTO2> box = deleteControllerClient.test5(userin-
foDTO2Param);
        UserinfoDTO2 userinfoDTO2 = box.getData();
         System.out.println(userinfoDTO2.getId() + " " + userinfoDTO2.getUser-
```

```
name() + " " + userinfoDTO2.getPassword() + " " + userinfoDTO2.getAge() + " "
+ userinfoDTO2.getInsertdate());
        System.out.println("getMessage=" + box.getMessage());
        System.out.println("getResponseCode=" + box.getResponseCode());
        return "返回值";
    }

    @RequestMapping("test6")
    public String test6() throws UnsupportedEncodingException {
        System.out.println("66666666666");
        String id = "1";
        String username = "账号~!@#$%^&*()_+-={}[]|;:' <>?,./";
        String password = "密码~!@#$%^&*()_+-={}[]|;:' <>?,./";
        username = Base64.getUrlEncoder().encodeToString(username.getBytes());

        password = Base64.getUrlEncoder().encodeToString(password.getBytes());

        String age = "100";
        String insertdate = "2000-01-01";

        UserinfoDTO2 userinfoDTO2Param = new UserinfoDTO2();
        userinfoDTO2Param.setId(id);
        userinfoDTO2Param.setUsername(username);
        userinfoDTO2Param.setPassword(password);
        userinfoDTO2Param.setAge(age);
        userinfoDTO2Param.setInsertdate(insertdate);

         ResponseBox<UserinfoDTO2> box = deleteControllerClient.test6(userin-
foDTO2Param);
        UserinfoDTO2 userinfoDTO2 = box.getData();
         System.out.println(userinfoDTO2.getId() + " " + userinfoDTO2.getUser-
name() + " " + userinfoDTO2.getPassword() + " " + userinfoDTO2.getAge() + " "
+ userinfoDTO2.getInsertdate());
        System.out.println("getMessage=" + box.getMessage());
        System.out.println("getResponseCode=" + box.getResponseCode());
        return "返回值";
    }
}
```

服务消费者代码如下。

```
package com.ghy.www.my.nacos.openfeign.consumer.controller;

import com.ghy.www.dto.ResponseBox;
import com.ghy.www.dto.UserinfoDTO2;
import com.ghy.www.my.nacos.openfeign.consumer.openfeignclient.GetController-
```

```
Client;
import org.springframework.beans.factory.annotation.Autowired;
import org.springframework.web.bind.annotation.RequestMapping;
import org.springframework.web.bind.annotation.RestController;

import javax.servlet.http.HttpServletRequest;
import javax.servlet.http.HttpServletResponse;
import java.io.UnsupportedEncodingException;
import java.util.Base64;

@RestController
@RequestMapping("test/get")
public class GetController {
    @Autowired
    private GetControllerClient getControllerClient;

    @RequestMapping("test1")
     public String test1(HttpServletRequest request, HttpServletResponse re-
sponse) {
            ResponseBox<String> box = getControllerClient.test1(request, re-
sponse);
        System.out.println("getData=" + box.getData());
        System.out.println("getMessage=" + box.getMessage());
        System.out.println("getResponseCode=" + box.getResponseCode());
        return "返回值";
    }

    @RequestMapping("test2")
    public String test2() throws UnsupportedEncodingException {
        String id = "1";
        String username = "账号~!@#$%^&*()_+-={}[]|;:' <>?,./";
        String password = "密码~!@#$%^&*()_+-={}[]|;:' <>?,./";
        username = Base64.getUrlEncoder().encodeToString(username.getBytes());

        password = Base64.getUrlEncoder().encodeToString(password.getBytes());

        String age = "100";
        String insertdate = "2000-01-01";

            ResponseBox<String> box = getControllerClient.test2(id, username,
password, age, insertdate);
        System.out.println("getData=" + box.getData());
        System.out.println("getMessage=" + box.getMessage());
        System.out.println("getResponseCode=" + box.getResponseCode());
        return "返回值";
```

```
    }

    @RequestMapping("test3")
    public String test3() throws UnsupportedEncodingException {
        String id = "1";
        String username = "账号~!@#$%^&*()_+-={}[]|;:' <>?,./";
        String password = "密码~!@#$%^&*()_+-={}[]|;:' <>?,./";
        username = Base64.getUrlEncoder().encodeToString(username.getBytes());

        password = Base64.getUrlEncoder().encodeToString(password.getBytes());

        String age = "100";
        String insertdate = "2000-01-01";

            ResponseBox<String> box = getControllerClient.test3(id, username,
password, age, insertdate);
        System.out.println("getData=" + box.getData());
        System.out.println("getMessage=" + box.getMessage());
        System.out.println("getResponseCode=" + box.getResponseCode());
        return "返回值";
    }

    @RequestMapping("test4")
    public String test4() throws UnsupportedEncodingException {
        String id = "1";
        String username = "账号~!@#$%^&*()_+-={}[]|;:' <>?,./";
        String password = "密码~!@#$%^&*()_+-={}[]|;:' <>?,./";
        username = Base64.getUrlEncoder().encodeToString(username.getBytes());

        password = Base64.getUrlEncoder().encodeToString(password.getBytes());

        String age = "100";
        String insertdate = "2000-01-01";

            ResponseBox<UserinfoDTO2> box = getControllerClient.test4(id, user-
name, password, age, insertdate);
        UserinfoDTO2 userinfoDTO2 = box.getData();
        System.out.println(userinfoDTO2.getId() + " " + userinfoDTO2.getUser-
name() + " " + userinfoDTO2.getPassword() + " " + userinfoDTO2.getAge() + " "
+ userinfoDTO2.getInsertdate());
        System.out.println("getMessage=" + box.getMessage());
        System.out.println("getResponseCode=" + box.getResponseCode());
        return "返回值";
    }
```

```
    // provider:org.springframework.web.HttpRequestMethodNotSupportedExcep-
tion: Request method 'POST' not supported
    // consumer:Method Not Allowed
    @RequestMapping("test5")
    public String test5() throws UnsupportedEncodingException {
        String id = "1";
        String username = "账号~!@#$%^&*()_+-={}[]|;:' <>?,./";
        String password = "密码~!@#$%^&*()_+-={}[]|;:' <>?,./";
        username = Base64.getUrlEncoder().encodeToString(username.getBytes());

        password = Base64.getUrlEncoder().encodeToString(password.getBytes());

        String age = "100";
        String insertdate = "2000-01-01";

        UserinfoDTO2 userinfoDTO2Param = new UserinfoDTO2();
        userinfoDTO2Param.setId(id);
        userinfoDTO2Param.setUsername(username);
        userinfoDTO2Param.setPassword(password);
        userinfoDTO2Param.setAge(age);
        userinfoDTO2Param.setInsertdate(insertdate);

        ResponseBox<UserinfoDTO2> box = getControllerClient.test5(userinfoD-
TO2Param);
        UserinfoDTO2 userinfoDTO2 = box.getData();
        System.out.println(userinfoDTO2.getId() + " " + userinfoDTO2.getUser-
name() + " " + userinfoDTO2.getPassword() + " " + userinfoDTO2.getAge() + " "
+ userinfoDTO2.getInsertdate());
        System.out.println("getMessage=" + box.getMessage());
        System.out.println("getResponseCode=" + box.getResponseCode());
        return "返回值";
    }

    // provider:org.springframework.web.HttpRequestMethodNotSupportedExcep-
tion: Request method 'POST' not supported
    // consumer:Method Not Allowed
    @RequestMapping("test6")
    public String test6() throws UnsupportedEncodingException {
        String id = "1";
        String username = "账号~!@#$%^&*()_+-={}[]|;:' <>?,./";
        String password = "密码~!@#$%^&*()_+-={}[]|;:' <>?,./";
        username = Base64.getUrlEncoder().encodeToString(username.getBytes());

        password = Base64.getUrlEncoder().encodeToString(password.getBytes());
```

```
        String age = "100";
        String insertdate = "2000-01-01";

        UserinfoDTO2 userinfoDTO2Param = new UserinfoDTO2();
        userinfoDTO2Param.setId(id);
        userinfoDTO2Param.setUsername(username);
        userinfoDTO2Param.setPassword(password);
        userinfoDTO2Param.setAge(age);
        userinfoDTO2Param.setInsertdate(insertdate);

         ResponseBox<UserinfoDTO2> box = getControllerClient.test6(userinfoD-
TO2Param);
        UserinfoDTO2 userinfoDTO2 = box.getData();
         System.out.println(userinfoDTO2.getId() + " " + userinfoDTO2.getUser-
name() + " " + userinfoDTO2.getPassword() + " " + userinfoDTO2.getAge() + " "
+ userinfoDTO2.getInsertdate());
        System.out.println("getMessage=" + box.getMessage());
        System.out.println("getResponseCode=" + box.getResponseCode());
        return "返回值";
    }
}
```

服务消费者代码如下。

```
package com.ghy.www.my.nacos.openfeign.consumer.controller;

import com.ghy.www.dto.ResponseBox;
import com.ghy.www.dto.UserinfoDTO2;
import  com.ghy.www.my.nacos.openfeign.consumer.openfeignclient.PostControl-
lerClient;
import org.springframework.beans.factory.annotation.Autowired;
import org.springframework.web.bind.annotation.RequestMapping;
import org.springframework.web.bind.annotation.RestController;

import javax.servlet.http.HttpServletRequest;
import javax.servlet.http.HttpServletResponse;
import java.io.UnsupportedEncodingException;
import java.util.Base64;

@RestController
@RequestMapping("test/post")
public class PostController {
    @Autowired
    private PostControllerClient postControllerClient;

    @RequestMapping("test1")
```

```
    public String test1(HttpServletRequest request, HttpServletResponse re-
sponse) {
        ResponseBox<String> box = postControllerClient.test1(request, re-
sponse);
        System.out.println("getData=" + box.getData());
        System.out.println("getMessage=" + box.getMessage());
        System.out.println("getResponseCode=" + box.getResponseCode());
        return "返回值";
    }

    @RequestMapping("test2")
    public String test2() throws UnsupportedEncodingException {
        String id = "1";
        String username = "账号~!@#$%^&*()_+-={}[]|;:' <>?,./";
        String password = "密码~!@#$%^&*()_+-={}[]|;:' <>?,./";
        username = Base64.getUrlEncoder().encodeToString(username.getBytes());

        password = Base64.getUrlEncoder().encodeToString(password.getBytes());

        String age = "100";
        String insertdate = "2000-01-01";

        ResponseBox<String> box = postControllerClient.test2(id, username,
password, age, insertdate);
        System.out.println("getData=" + box.getData());
        System.out.println("getMessage=" + box.getMessage());
        System.out.println("getResponseCode=" + box.getResponseCode());
        return "返回值";
    }

    @RequestMapping("test3")
    public String test3() throws UnsupportedEncodingException {
        String id = "1";
        String username = "账号~!@#$%^&*()_+-={}[]|;:' <>?,./";
        String password = "密码~!@#$%^&*()_+-={}[]|;:' <>?,./";
        username = Base64.getUrlEncoder().encodeToString(username.getBytes());

        password = Base64.getUrlEncoder().encodeToString(password.getBytes());

        String age = "100";
        String insertdate = "2000-01-01";

        ResponseBox<String> box = postControllerClient.test3(id, username,
password, age, insertdate);
        System.out.println("getData=" + box.getData());
```

```
        System.out.println("getMessage=" + box.getMessage());
        System.out.println("getResponseCode=" + box.getResponseCode());
        return "返回值";
    }

    @RequestMapping("test4")
    public String test4() throws UnsupportedEncodingException {
        String id = "1";
        String username = "账号~!@#$%^&*()_+-={}[]|;:'<>?,./";
        String password = "密码~!@#$%^&*()_+-={}[]|;:'<>?,./";
        username = Base64.getUrlEncoder().encodeToString(username.getBytes());

        password = Base64.getUrlEncoder().encodeToString(password.getBytes());

        String age = "100";
        String insertdate = "2000-01-01";

         ResponseBox<UserinfoDTO2> box = postControllerClient.test4(id, user-
name, password, age, insertdate);
        UserinfoDTO2 userinfoDTO2 = box.getData();
         System.out.println(userinfoDTO2.getId() + " " + userinfoDTO2.getUser-
name() + " " + userinfoDTO2.getPassword() + " " + userinfoDTO2.getAge() + " "
+ userinfoDTO2.getInsertdate());
        System.out.println("getMessage=" + box.getMessage());
        System.out.println("getResponseCode=" + box.getResponseCode());
        return "返回值";
    }

    // provider:java.lang.NullPointerException: null
    // consumer:Internal Server Error
    @RequestMapping("test5")
    public String test5() throws UnsupportedEncodingException {
        String id = "1";
        String username = "账号~!@#$%^&*()_+-={}[]|;:'<>?,./";
        String password = "密码~!@#$%^&*()_+-={}[]|;:'<>?,./";
        username = Base64.getUrlEncoder().encodeToString(username.getBytes());

        password = Base64.getUrlEncoder().encodeToString(password.getBytes());

        String age = "100";
        String insertdate = "2000-01-01";

        UserinfoDTO2 userinfoDTO2Param = new UserinfoDTO2();
        userinfoDTO2Param.setId(id);
        userinfoDTO2Param.setUsername(username);
```

```
        userinfoDTO2Param.setPassword(password);
        userinfoDTO2Param.setAge(age);
        userinfoDTO2Param.setInsertdate(insertdate);

        ResponseBox<UserinfoDTO2> box = postControllerClient.test5(userinfoD-
TO2Param);
        UserinfoDTO2 userinfoDTO2 = box.getData();
        System.out.println(userinfoDTO2.getId() + " " + userinfoDTO2.getUser-
name() + " " + userinfoDTO2.getPassword() + " " + userinfoDTO2.getAge() + " "
+ userinfoDTO2.getInsertdate());
        System.out.println("getMessage=" + box.getMessage());
        System.out.println("getResponseCode=" + box.getResponseCode());
        return "返回值";
    }

    @RequestMapping("test6")
    public String test6() throws UnsupportedEncodingException {
        String id = "1";
        String username = "账号~!@#$%^&*()_+-={}[]|;:' <>?,./";
        String password = "密码~!@#$%^&*()_+-={}[]|;:' <>?,./";
        username = Base64.getUrlEncoder().encodeToString(username.getBytes());

        password = Base64.getUrlEncoder().encodeToString(password.getBytes());

        String age = "100";
        String insertdate = "2000-01-01";

        UserinfoDTO2 userinfoDTO2Param = new UserinfoDTO2();
        userinfoDTO2Param.setId(id);
        userinfoDTO2Param.setUsername(username);
        userinfoDTO2Param.setPassword(password);
        userinfoDTO2Param.setAge(age);
        userinfoDTO2Param.setInsertdate(insertdate);

        ResponseBox<UserinfoDTO2> box = postControllerClient.test6(userinfoD-
TO2Param);
        UserinfoDTO2 userinfoDTO2 = box.getData();
        System.out.println(userinfoDTO2.getId() + " " + userinfoDTO2.getUser-
name() + " " + userinfoDTO2.getPassword() + " " + userinfoDTO2.getAge() + " "
+ userinfoDTO2.getInsertdate());
        System.out.println("getMessage=" + box.getMessage());
        System.out.println("getResponseCode=" + box.getResponseCode());
        return "返回值";
    }
}
```

服务消费者代码如下。

```
package com.ghy.www.my.nacos.openfeign.consumer.controller;

import com.ghy.www.dto.ResponseBox;
import com.ghy.www.dto.UserinfoDTO2;
import com.ghy.www.my.nacos.openfeign.consumer.openfeignclient.PutController-
Client;
import org.springframework.beans.factory.annotation.Autowired;
import org.springframework.web.bind.annotation.RequestMapping;
import org.springframework.web.bind.annotation.RestController;

import javax.servlet.http.HttpServletRequest;
import javax.servlet.http.HttpServletResponse;
import java.io.UnsupportedEncodingException;
import java.util.Base64;

@RestController
@RequestMapping("test/put")
public class PutController {
    @Autowired
    private PutControllerClient putControllerClient;

    @RequestMapping("test1")
     public String test1(HttpServletRequest request, HttpServletResponse re-
sponse) {
          ResponseBox<String> box = putControllerClient.test1(request, re-
sponse);
        System.out.println("getData=" + box.getData());
        System.out.println("getMessage=" + box.getMessage());
        System.out.println("getResponseCode=" + box.getResponseCode());
        return "返回值";
    }

    @RequestMapping("test2")
    public String test2() throws UnsupportedEncodingException {
        String id = "1";
        String username = "账号~!@#$%^&*()_+-={}[]|;:’<>?,./";
        String password = "密码~!@#$%^&*()_+-={}[]|;:’<>?,./";
        username = Base64.getUrlEncoder().encodeToString(username.getBytes());

        password = Base64.getUrlEncoder().encodeToString(password.getBytes());

        String age = "100";
        String insertdate = "2000-01-01";
```

```
        ResponseBox<String> box = putControllerClient.test2(id, username,
password, age, insertdate);
        System.out.println("getData=" + box.getData());
        System.out.println("getMessage=" + box.getMessage());
        System.out.println("getResponseCode=" + box.getResponseCode());
        return "返回值";
    }

    @RequestMapping("test3")
    public String test3() throws UnsupportedEncodingException {
        String id = "1";
        String username = "账号~!@#$%^&*()_+-={}[]|;:'<>?,./";
        String password = "密码~!@#$%^&*()_+-={}[]|;:'<>?,./";
        username = Base64.getUrlEncoder().encodeToString(username.getBytes());

        password = Base64.getUrlEncoder().encodeToString(password.getBytes());

        String age = "100";
        String insertdate = "2000-01-01";

        ResponseBox<String> box = putControllerClient.test3(id, username,
password, age, insertdate);
        System.out.println("getData=" + box.getData());
        System.out.println("getMessage=" + box.getMessage());
        System.out.println("getResponseCode=" + box.getResponseCode());
        return "返回值";
    }

    @RequestMapping("test4")
    public String test4() throws UnsupportedEncodingException {
        String id = "1";
        String username = "账号~!@#$%^&*()_+-={}[]|;:'<>?,./";
        String password = "密码~!@#$%^&*()_+-={}[]|;:'<>?,./";
        username = Base64.getUrlEncoder().encodeToString(username.getBytes());

        password = Base64.getUrlEncoder().encodeToString(password.getBytes());

        String age = "100";
        String insertdate = "2000-01-01";

        ResponseBox<UserinfoDTO2> box = putControllerClient.test4(id, user-
name, password, age, insertdate);
        UserinfoDTO2 userinfoDTO2 = box.getData();
        System.out.println(userinfoDTO2.getId() + " " + userinfoDTO2.getUser-
name() + " " + userinfoDTO2.getPassword() + " " + userinfoDTO2.getAge() + " "
```

```
+ userinfoDTO2.getInsertdate());
        System.out.println("getMessage=" + box.getMessage());
        System.out.println("getResponseCode=" + box.getResponseCode());
        return "返回值";
    }

    // provider:java.lang.NullPointerException: null
    // consumer:Internal Server Error
    @RequestMapping("test5")
    public String test5() throws UnsupportedEncodingException {
        String id = "1";
        String username = "账号~!@#$%^&*()_+-={}[]|;:' <>?,./";
        String password = "密码~!@#$%^&*()_+-={}[]|;:' <>?,./";
        username = Base64.getUrlEncoder().encodeToString(username.getBytes());

        password = Base64.getUrlEncoder().encodeToString(password.getBytes());

        String age = "100";
        String insertdate = "2000-01-01";

        UserinfoDTO2 userinfoDTO2Param = new UserinfoDTO2();
        userinfoDTO2Param.setId(id);
        userinfoDTO2Param.setUsername(username);
        userinfoDTO2Param.setPassword(password);
        userinfoDTO2Param.setAge(age);
        userinfoDTO2Param.setInsertdate(insertdate);

         ResponseBox<UserinfoDTO2> box = putControllerClient.test5(userinfoD-
TO2Param);
        UserinfoDTO2 userinfoDTO2 = box.getData();
         System.out.println(userinfoDTO2.getId() + " " + userinfoDTO2.getUser-
name() + " " + userinfoDTO2.getPassword() + " " + userinfoDTO2.getAge() + " "
+ userinfoDTO2.getInsertdate());
        System.out.println("getMessage=" + box.getMessage());
        System.out.println("getResponseCode=" + box.getResponseCode());
        return "返回值";
    }

    @RequestMapping("test6")
    public String test6() throws UnsupportedEncodingException {
        String id = "1";
        String username = "账号~!@#$%^&*()_+-={}[]|;:' <>?,./";
        String password = "密码~!@#$%^&*()_+-={}[]|;:' <>?,./";
        username = Base64.getUrlEncoder().encodeToString(username.getBytes());
```

```
        password = Base64.getUrlEncoder().encodeToString(password.getBytes());

        String age = "100";
        String insertdate = "2000-01-01";

        UserinfoDTO2 userinfoDTO2Param = new UserinfoDTO2();
        userinfoDTO2Param.setId(id);
        userinfoDTO2Param.setUsername(username);
        userinfoDTO2Param.setPassword(password);
        userinfoDTO2Param.setAge(age);
        userinfoDTO2Param.setInsertdate(insertdate);

         ResponseBox<UserinfoDTO2> box = putControllerClient.test6(userinfoD-
TO2Param);
        UserinfoDTO2 userinfoDTO2 = box.getData();
        System.out.println(userinfoDTO2.getId() + " " + userinfoDTO2.getUser-
name() + " " + userinfoDTO2.getPassword() + " " + userinfoDTO2.getAge() + " "
+ userinfoDTO2.getInsertdate());
        System.out.println("getMessage=" + box.getMessage());
        System.out.println("getResponseCode=" + box.getResponseCode());
        return "返回值";
    }
}
```

（1）以单机模式启动服务提供者 my-nacos-provider-standalone-cluster 项目。

（2）启动服务消费者。

（3）执行服务消费者中的控制层实现 RPC 通信。

2.7.2 使用 Spring-Cloud-Loadbalancer 实现 Open Feign 负载均衡

创建 my-nacos-openfeign-cluster-consumer 模块。

配置文件 application.yml 代码如下。

```
spring:
  application:
    name: my-nacos-openfeign-cluster-consumer-8091
  cloud:
    nacos:
      discovery:
        server-addr: 192.168.3.188:8848
        username: nacos
        password: nacos
  main:
    allow-bean-definition-overriding: true
```

```
server:
  port: 8091
```

创建 OpenFeign 接口，代码如下。

```
package com.ghy.www.my.nacos.openfeign.cluster.consumer.openfeignclient;

import com.ghy.www.dto.ResponseBox;
import org.springframework.cloud.openfeign.FeignClient;
import org.springframework.web.bind.annotation.GetMapping;
import org.springframework.web.bind.annotation.RequestParam;

import javax.servlet.http.HttpServletRequest;
import javax.servlet.http.HttpServletResponse;

@FeignClient(name = "my-nacos-provider-cluster")
public interface ClusterControllerClient {
    @GetMapping(value = "get/test1")
      public ResponseBox<String> test1(@RequestParam HttpServletRequest re-
quest, @RequestParam HttpServletResponse response);
}
```

服务消费者代码如下。

```
package com.ghy.www.my.nacos.openfeign.cluster.consumer.controller;

import com.ghy.www.dto.ResponseBox;
import com.ghy.www.my.nacos.openfeign.cluster.consumer.openfeignclient.Clus-
terControllerClient;
import org.springframework.beans.factory.annotation.Autowired;
import org.springframework.web.bind.annotation.RequestMapping;
import org.springframework.web.bind.annotation.RestController;

import javax.servlet.http.HttpServletRequest;
import javax.servlet.http.HttpServletResponse;

@RestController
@RequestMapping("cluster")
public class ClusterController {
    @Autowired
    private ClusterControllerClient clusterControllerClient;

    @RequestMapping("test")
      public String test(HttpServletRequest request, HttpServletResponse re-
```

```
sponse) {
         ResponseBox<String> box = clusterControllerClient.test1(request, re-
sponse);
        System.out.println("getData=" + box.getData());
        System.out.println("getMessage=" + box.getMessage());
        System.out.println("getResponseCode=" + box.getResponseCode());
        return "返回值";
    }
}
```

（1）以集群模式启动服务提供者 my-nacos-provider-standalone-cluster 项目。

（2）启动服务消费者。

（3）采用“轮询”的方式实现负载均衡 RPC 通信。

spring-cloud-loadbalancer 组件现阶段只提供了轮询和随机这两种负载均衡策略，默认是轮询。下面测试一下使用随机负载均衡策略。

创建配置类代码如下。

```
package com.ghy.www.my.nacos.openfeign.cluster.consumer.config;

import org.springframework.cloud.client.ServiceInstance;
import org.springframework.cloud.loadbalancer.annotation.LoadBalancerClient;
import org.springframework.cloud.loadbalancer.core.RandomLoadBalancer;
import org.springframework.cloud.loadbalancer.core.ReactorLoadBalancer;
import org.springframework.cloud.loadbalancer.core.ServiceInstanceListSuppli-
er;
import org.springframework.cloud.loadbalancer.support.LoadBalancerClientFac-
tory;
import org.springframework.context.annotation.Bean;
import org.springframework.context.annotation.Configuration;
import org.springframework.core.env.Environment;

@Configuration
@LoadBalancerClient(value = "my-nacos-provider-cluster", configuration = Ran-
domLoadbalancerConfig.class)
public class RandomLoadbalancerConfig {
    @Bean
     public ReactorLoadBalancer<ServiceInstance> reactorServiceInstanceLoad-
Balancer(Environment environment,

LoadBalancerClientFactory loadBalancerClientFactory) {
         String name = environment.getProperty(LoadBalancerClientFactory.PROP-
ERTY_NAME);
        return new RandomLoadBalancer(
```

```
                        loadBalancerClientFactory.getLazyProvider(name, ServiceIn-
stanceListSupplier.class), name);
    }
}
```

（1）以集群模式启动服务提供者 my-nacos-provider-standalone-cluster 项目。

（2）启动服务消费者。

（3）采用“随机”的方式实现负载均衡 RPC 通信。

第 3 章 Nacos 配置中心

本章主要介绍在 Spring Cloud Alibaba 中实现配置中心。

3.1 使用Nacos作为配置中心

Nacos 既可以作为注册中心（存储服务提供者和服务消费者的信息），又可以作为配置中心（存储 yml/properties 配置文件中的内容）。注册中心的作用是集中管理服务，而配置中心的作用就是集中管理配置文件中的配置代码。

10 个基于 Maven 的 Spring Boot 模块会有至少 10 个 yml 配置文件，最为致命的是这 10 个配置文件以零散的方式分布在不同的模块中，当项目规模越来越大，导致模块数量也随之增加，那么后期对配置文件进行维护将非常麻烦。Nacos 正是这类问题的解决方案，它采用统一集中的方式管理配置文件中的配置代码，对配置文件的维护变的更加友好和方便。

注册服务使用 Nacos 的三元组：Namespace/Group/Service。

配置管理使用 Nacos 的三元组：Namespace/Group/DataId。

3.1.1 创建服务提供者和服务消费者的 Namespace 和 DataId

创建名称为 ConfigManager_Test1 的 Namespace 命名空间，如图 3-1 所示。

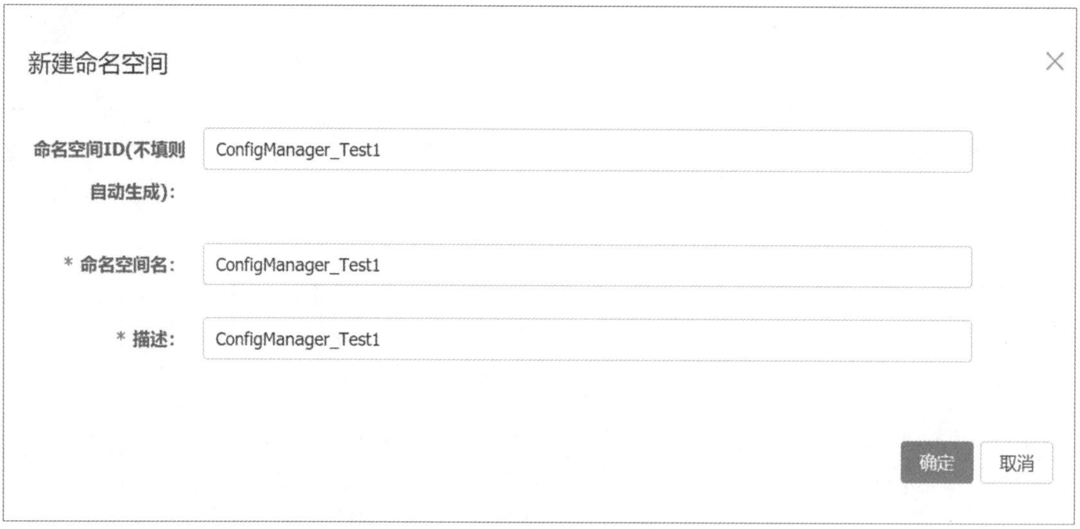

新建命名空间

命名空间ID(不填则自动生成)：ConfigManager_Test1

* 命名空间名：ConfigManager_Test1

* 描述：ConfigManager_Test1

确定 取消

图3-1 创建新的命名空间

为了方便，“命名空间 ID”和“命名空间名”的值是一样的，命名空间列表如图 3-2 所示。

在名称为 ConfigManager_Test1 的命名空间中创建 DataId，用于服务提供者向此 DataId 注册配置，如图 3-3 所示。

图3-2　命名空间列表

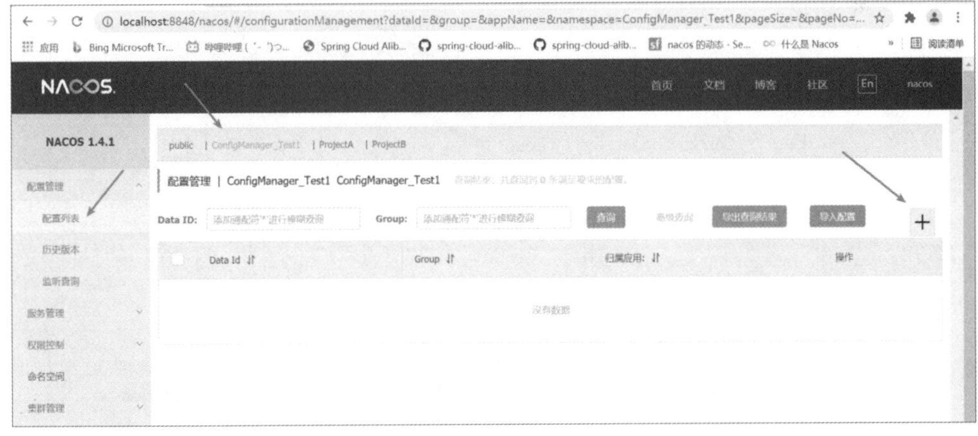

图3-3　创建DataId

显示界面如图 3-4 所示。

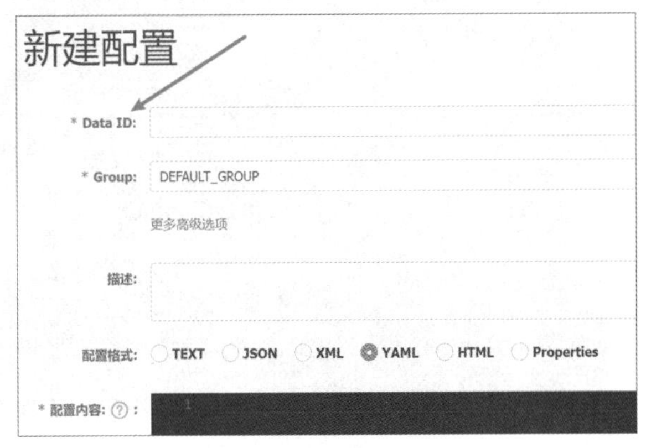

图3-4　创建新的配置

DataId 的命名格式如下：

```
${prefix}-${spring.profiles.active}.${file-extension}
```

（1）prefix：默认为 spring.application.name 的值，可以自定义更有意义的 prefix 值。在 yml 文件中使用 spring.cloud.nacos.config.prefix 进行关联。

（2）spring.profiles.active：当前环境对应的 profile。注意，当 ${spring.profiles.active} 的值为空时，对应的连接符“-”也将不存在，DataId 的拼接格式变成 ${prefix}.${file-extension}。在 yml 文件中使用 spring.profiles.active 进行关联。

（3）file-exetension：配置文件的使用格式，目前只支持 Properties 和 YAML 类型。在 yml 文件中使用 spring.cloud.nacos.config.file-extension 进行关联。

编辑 DataId，如图 3-5 所示。

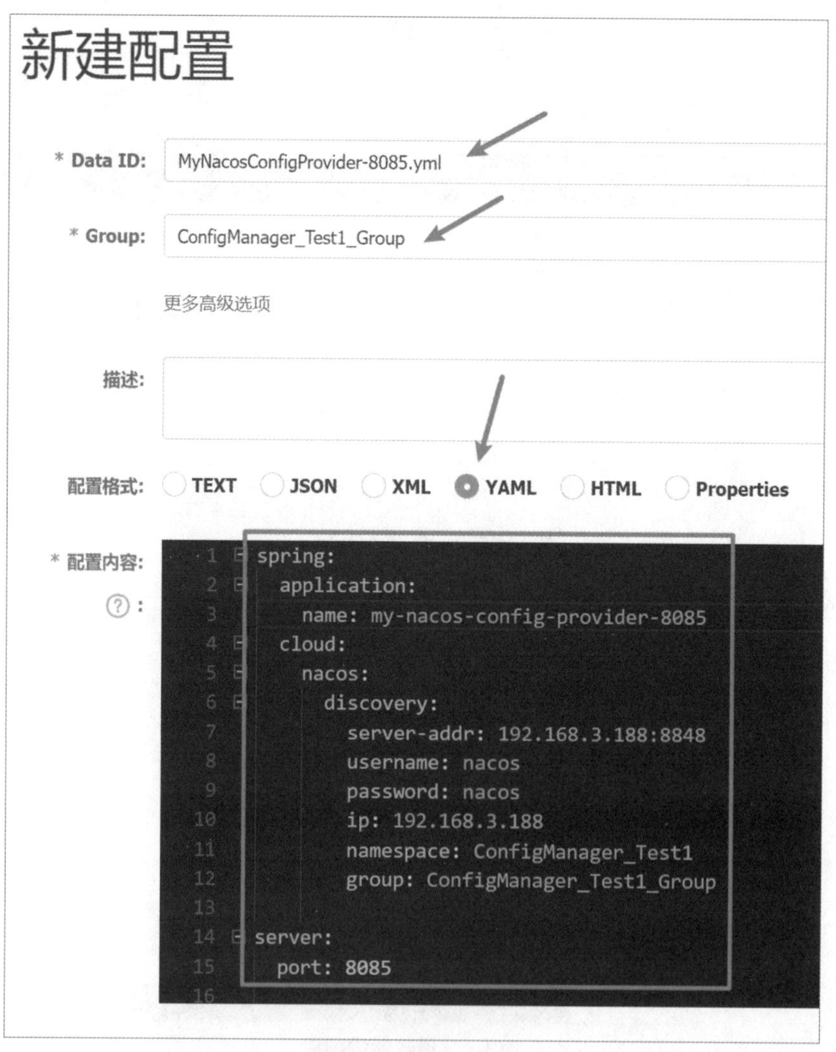

图3-5　编辑DataId

DataId 值为 MyNacosConfigProvider-8085.yml，在此 DataId 中存储服务提供者的配置代码。

Group 值为 ConfigManager_Test1_Group。

配置内容如下。

```
spring:
  application:
    name: my-nacos-config-provider-8085
  cloud:
    nacos:
      discovery:
        server-addr: 192.168.3.188:8848
        username: nacos
        password: nacos
        ip: 192.168.3.188
        namespace: ConfigManager_Test1
        group: ConfigManager_Test1_Group

server:
  port: 8085
```

以上配置代码原来是存放在 idea 项目中的 yml 配置文件中，现在存储在 Nacos 中，实现集中化管理。

单击“发布”按钮，成功创建 DataId。DataId 的配置列表如图 3-6 所示。

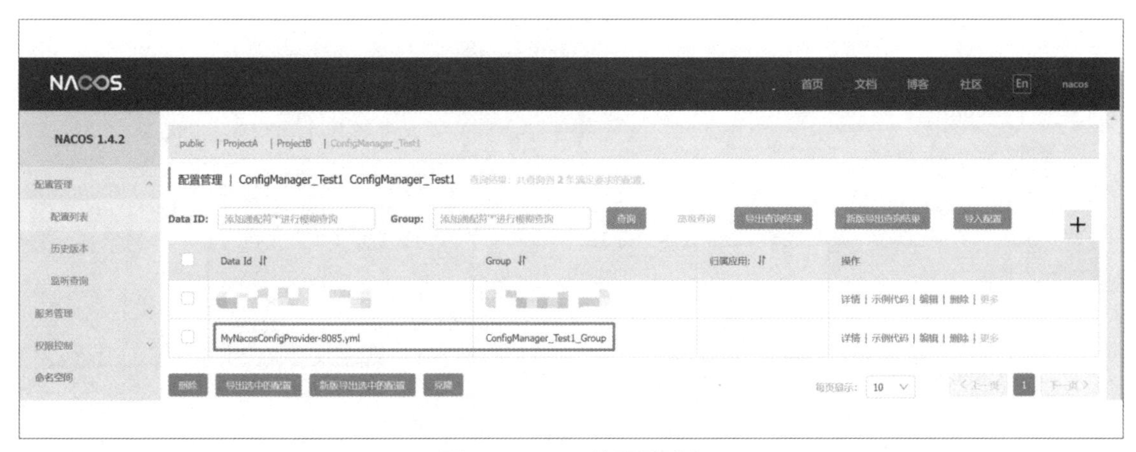

图3-6　DataId的配置列表

以同样的方式创建名称为 MyNacosConfigConsumer-8091.yml 的 DataId，用于服务消费者，配置 DataId 如图 3-7 所示。

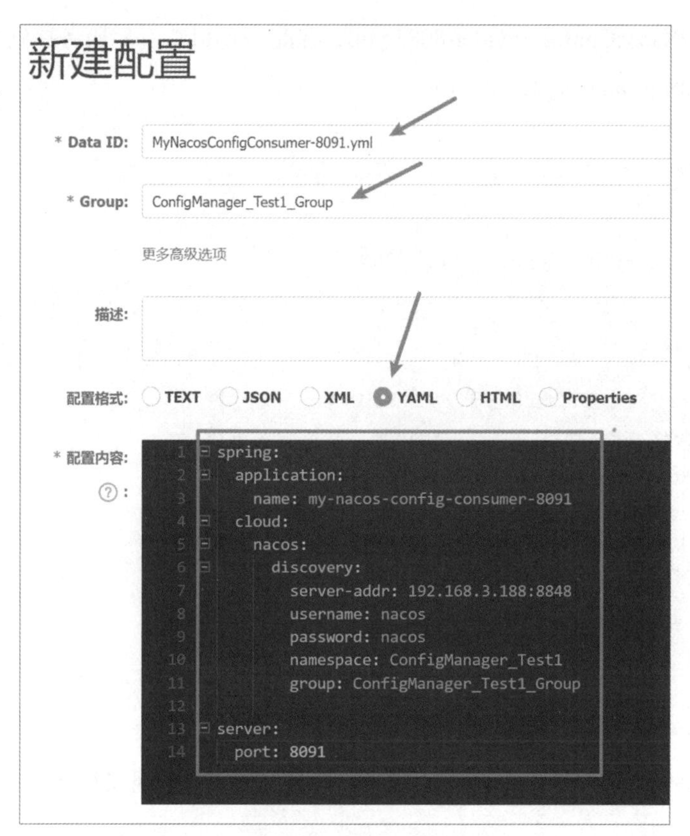

图3-7　配置DataId

Data Id 值为 MyNacosConfigConsumer-8091.yml。

Group 值为 ConfigManager_Test1_Group。

配置内容如下。

```
spring:
  application:
    name: my-nacos-config-consumer-8091
  cloud:
    nacos:
      discovery:
        server-addr: 192.168.3.188:8848
        username: nacos
        password: nacos
        namespace: ConfigManager_Test1
        group: ConfigManager_Test1_Group

server:
  port: 8091
```

单击“发布”按钮，成功创建 DataId。DataId 的配置列表如图 3-8 所示。

图3-8　DataId的配置列表

服务提供者和服务消费者的 namespace 和 group 值一样，如图 3-9 所示。

```
spring:
  application:
    name: my-nacos-config-provider-8085
  cloud:
    nacos:
      discovery:
        server-addr: 192.168.3.188:8848
        username: nacos
        password: nacos
        ip: 192.168.3.188
        namespace: ConfigManager_Test1
        group: ConfigManager_Test1_Group

server:
  port: 8085
```

服务提供者配置

```
spring:
  application:
    name: my-nacos-config-consumer-8091
  cloud:
    nacos:
      discovery:
        server-addr: 192.168.3.188:8848
        username: nacos
        password: nacos
        namespace: ConfigManager_Test1
        group: ConfigManager_Test1_Group

server:
  port: 8091
```

服务消费者配置

图3-9　namespace和group值一样

在一个作用域中可以实现正常的服务发现。

3.1.2 创建服务提供者模块

创建 my-nacos-config-provider 模块。

服务提供者代码如下。

```
package com.ghy.www.my.nacos.config.provider.controller;

import com.ghy.www.dto.ResponseBox;
import org.springframework.web.bind.annotation.GetMapping;
import org.springframework.web.bind.annotation.RequestMapping;
import org.springframework.web.bind.annotation.RestController;
```

```
import javax.servlet.http.HttpServletRequest;
import javax.servlet.http.HttpServletResponse;

@RestController
@RequestMapping("get")
public class TestController {
    @GetMapping(value = "test1")
     public ResponseBox<String> test1(HttpServletRequest request, HttpServle-
tResponse response) {
        System.out.println("get test1 run");
        ResponseBox box = new ResponseBox();
        box.setResponseCode(200);
        box.setData("test1 value");
        box.setMessage("操作成功");
        return box;
    }
}
```

配置文件 bootstrap.yml 代码如下。

```
spring:
  cloud:
    nacos:
      config:
        server-addr: 192.168.3.188:8848
        username: nacos
        password: nacos
        namespace: ConfigManager_Test1
        group: ConfigManager_Test1_Group
        prefix: MyNacosConfigProvider
        file-extension: yml
  profiles:
    active: 8085
```

在 idea 模块中的 yml 文件引用 Nacos 中的 DataId 时，需要指定如下几点配置。

（1）spring.cloud.nacos.config.namespace。

（2）spring.cloud.nacos.config.group。

（3）spring.cloud.nacos.config.prefix。

（4）spring.cloud.nacos.config.file-extension。

（5）spring.profiles.active。

模块中的 bootstrap.yml 配置文件和 Nacos 中配置的对应关系如图 3-10 所示。

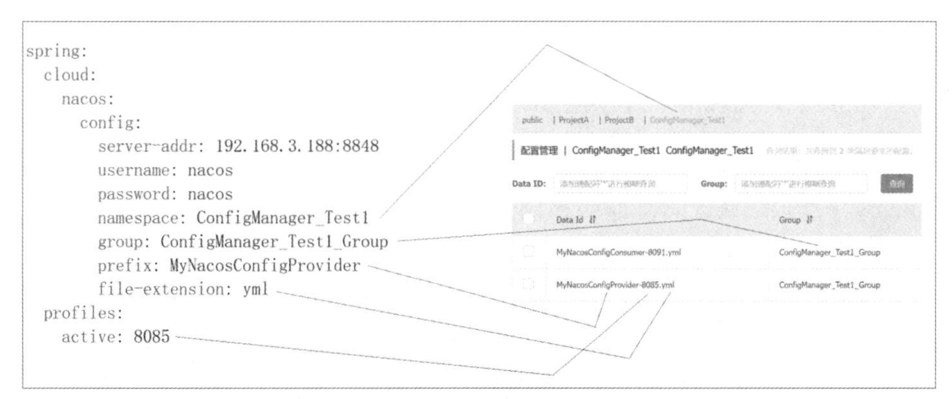

图3-10　对应关系

对应关系非常重要，如果不匹配，则会出现各种异常，但当前的 Spring Cloud Alibaba 版本并未对不匹配的情况抛出明确的异常，这点只有靠程序员的细心来避免出现错误的情况了。

3.1.3 创建服务消费者模块

创建 my-nacos-config-consumer 模块。

创建 OpenFeign 接口，代码如下。

```
package com.ghy.www.my.nacos.config.consumer.openfeignclient;

import com.ghy.www.dto.ResponseBox;
import org.springframework.cloud.openfeign.FeignClient;
import org.springframework.web.bind.annotation.GetMapping;
import org.springframework.web.bind.annotation.RequestParam;

import javax.servlet.http.HttpServletRequest;
import javax.servlet.http.HttpServletResponse;

@FeignClient(name = "my-nacos-config-provider-8085")
public interface GetControllerClient {
    @GetMapping(value = "get/test1")
      public ResponseBox<String> test1(@RequestParam HttpServletRequest re-
quest, @RequestParam HttpServletResponse response);
}
```

服务消费者代码如下。

```
package com.ghy.www.my.nacos.config.consumer.controller;

import com.ghy.www.dto.ResponseBox;
import com.ghy.www.my.nacos.config.consumer.openfeignclient.GetControllerCli-
ent;
```

```
import org.springframework.beans.factory.annotation.Autowired;
import org.springframework.web.bind.annotation.RequestMapping;
import org.springframework.web.bind.annotation.RestController;

import javax.servlet.http.HttpServletRequest;
import javax.servlet.http.HttpServletResponse;

@RestController
public class TestController {
    @Autowired
    private GetControllerClient getControllerClient;

    @RequestMapping("configTest")
     public String configTest(HttpServletRequest request, HttpServletResponse
response) {
           ResponseBox<String> box = getControllerClient.test1(request, re-
sponse);
        System.out.println("getData=" + box.getData());
        System.out.println("getMessage=" + box.getMessage());
        System.out.println("getResponseCode=" + box.getResponseCode());
        return "返回值";
    }
}
```

配置文件 bootstrap.yml 代码如下。

```
spring:
  cloud:
    nacos:
      config:
        server-addr: 192.168.3.188:8848
        username: nacos
        password: nacos
        namespace: ConfigManager_Test1
        group: ConfigManager_Test1_Group
        prefix: MyNacosConfigConsumer
        file-extension: yml
  profiles:
    active: 8091
```

（1）启动服务提供者，服务提供者使用 Nacos 配置中心中的 yml 配置代码。

（2）启动服务消费者，服务消费者使用 Nacos 配置中心中的 yml 配置代码。

（3）运行服务消费者的控制层实现 RPC 通信。

至此，在 Nacos 中集中管理 yml 文件中的配置代码成功实现。

3.2 结合Nacos实现运行环境的切换

当前环境下的 Namespace 命名空间 ConfigManager_Test1 中只有名称为 MyNacosConfigConsumer-8091.yml 的服务消费者的 DataId 配置，如图 3-11 所示。

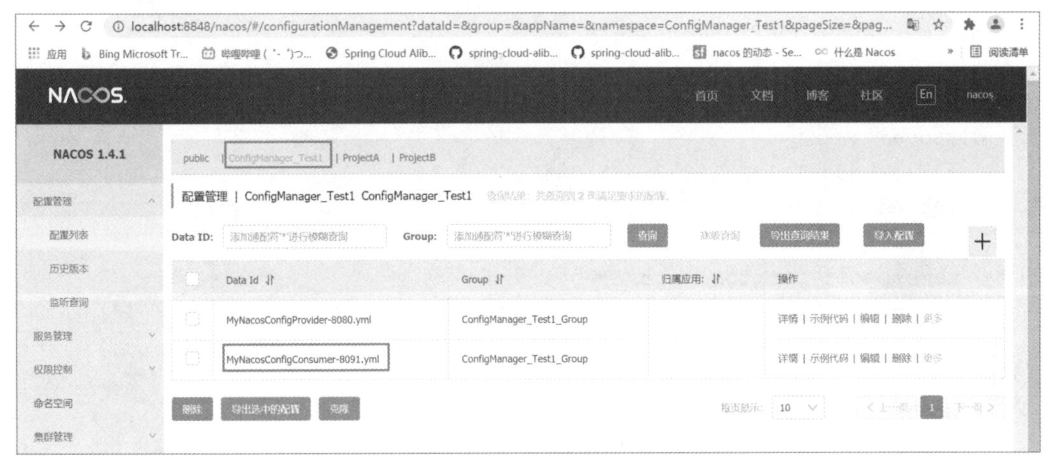

图3-11　只有1个服务消费者的DataId配置

可以在 Namespace 命名空间 ConfigManager_Test1 中创建新的服务消费者的 DataId 配置，实现服务消费者在多个环境之间的切换。

新建 DataId 配置信息如图 3-12 所示。

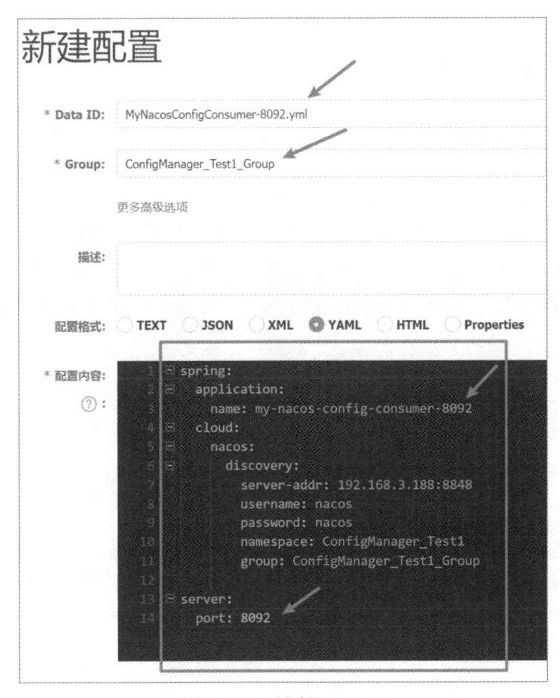

图3-12　编辑DataId

Data ID 值为 MyNacosConfigConsumer-8092.yml。

Group 值为 ConfigManager_Test1_Group。

配置内容如下。

```
spring:
  application:
    name: my-nacos-config-consumer-8092
  cloud:
    nacos:
      discovery:
        server-addr: 192.168.3.188:8848
        username: nacos
        password: nacos
        namespace: ConfigManager_Test1
        group: ConfigManager_Test1_Group

server:
  port: 8092
```

需要关注如下的配置项。

（1）DataId 值中的 ${spring.profiles.active} 为 8092。

（2）spring.application.name 值为 my-nacos-config-consumer-8092。

（3）server.port 值为 8092。

创建 my-nacos-config-switchactive-consumer 模块。

创建 OpenFeign 接口，代码如下。

```
package com.ghy.www.my.nacos.config.switchactive.consumer.openfeignclient;

import com.ghy.www.dto.ResponseBox;
import org.springframework.cloud.openfeign.FeignClient;
import org.springframework.web.bind.annotation.GetMapping;
import org.springframework.web.bind.annotation.RequestParam;

import javax.servlet.http.HttpServletRequest;
import javax.servlet.http.HttpServletResponse;

@FeignClient(name = "my-nacos-config-provider-8085")
public interface GetControllerClient {
    @GetMapping(value = "get/test1")
     public ResponseBox<String> test1(@RequestParam HttpServletRequest re-
quest, @RequestParam HttpServletResponse response);
}
```

服务消费者代码如下。

```
package com.ghy.www.my.nacos.config.switchactive.consumer.controller;

import com.ghy.www.dto.ResponseBox;
import com.ghy.www.my.nacos.config.switchactive.consumer.openfeignclient.Get-
ControllerClient;
import org.springframework.beans.factory.annotation.Autowired;
import org.springframework.web.bind.annotation.RequestMapping;
import org.springframework.web.bind.annotation.RestController;

import javax.servlet.http.HttpServletRequest;
import javax.servlet.http.HttpServletResponse;

@RestController
public class TestController {
    @Autowired
    private GetControllerClient getControllerClient;

    @RequestMapping("configTest")
     public String configTest(HttpServletRequest request, HttpServletResponse
response) {
           ResponseBox<String> box = getControllerClient.test1(request, re-
sponse);
        System.out.println("getData=" + box.getData());
        System.out.println("getMessage=" + box.getMessage());
        System.out.println("getResponseCode=" + box.getResponseCode());
        return "返回值";
    }
}
```

配置文件 bootstrap.yml 代码如下。

```
spring:
  cloud:
    nacos:
      config:
        server-addr: 192.168.3.188:8848
        username: nacos
        password: nacos
        namespace: ConfigManager_Test1
        group: ConfigManager_Test1_Group
        prefix: MyNacosConfigConsumer
        file-extension: yml
  profiles:
    active: 8092
```

（1）启动 my-nacos-config-provider 模块。

（2）启动服务消费者。

（3）使用 8092 端口成功访问服务提供者。

更改配置文件 bootstrap.yml 代码如下。

```yaml
spring:
  cloud:
    nacos:
      config:
        server-addr: 192.168.3.188:8848
        username: nacos
        password: nacos
        namespace: ConfigManager_Test1
        group: ConfigManager_Test1_Group
        prefix: MyNacosConfigConsumer
        file-extension: yml
  profiles:
    active: 8091
```

重新启动服务消费者并使用 8091 端口成功访问服务提供者。

成功在 Nacos 中实现运行环境的切换。

3.3 结合Nacos实现配置动态刷新：自定义配置

创建新的服务消费者模块使用的 DataId 配置，如图 3-13 所示。

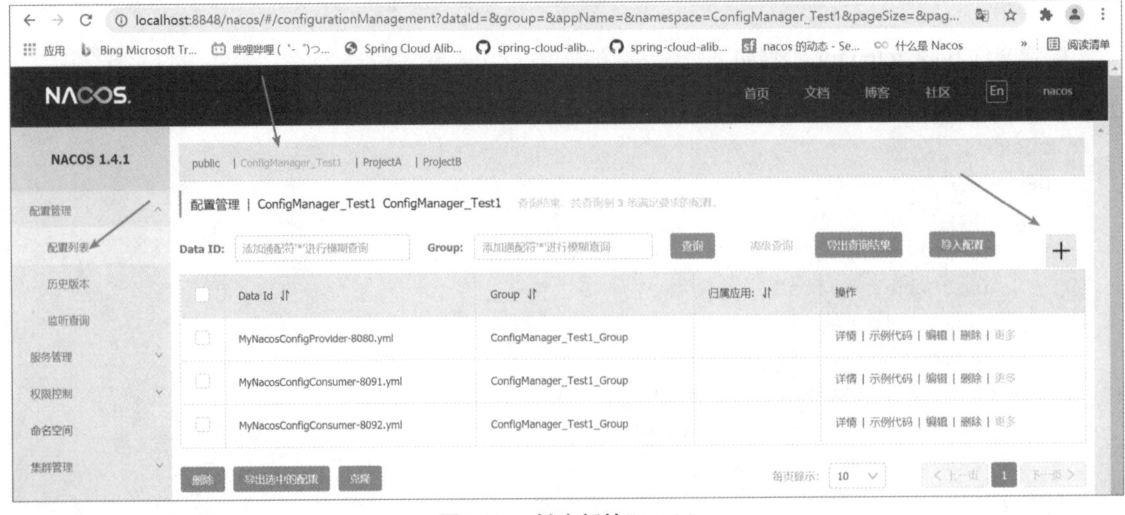

图3-13　创建新的DataId

新的 DataId 配置信息如图 3-14 所示。

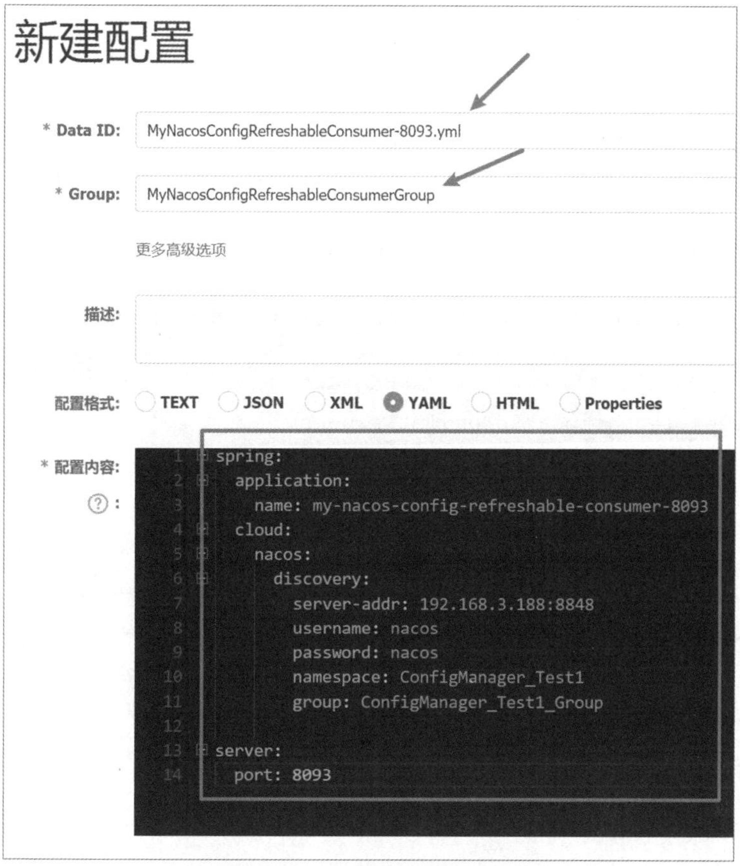

图3-14　新的DataId配置信息

DataId 值为 MyNacosConfigRefreshableConsumer-8093.yml。

Group 值为 MyNacosConfigRefreshableConsumerGroup。

配置内容如下。

```
spring:
  application:
    name: my-nacos-config-refreshable-consumer-8093
  cloud:
    nacos:
      discovery:
        server-addr: 192.168.3.188:8848
        username: nacos
        password: nacos
        namespace: ConfigManager_Test1
        group: ConfigManager_Test1_Group

server:
```

```
  port: 8093
```

创建 my-nacos-config-refreshable-consumer 模块。

创建 OpenFeign 接口，代码如下。

```
package com.ghy.www.my.nacos.config.refreshable.consumer.openfeignclient;

import com.ghy.www.dto.ResponseBox;
import org.springframework.cloud.openfeign.FeignClient;
import org.springframework.web.bind.annotation.GetMapping;
import org.springframework.web.bind.annotation.RequestParam;

import javax.servlet.http.HttpServletRequest;
import javax.servlet.http.HttpServletResponse;

@FeignClient(name = "my-nacos-config-provider-8085")
public interface GetControllerClient {
    @GetMapping(value = "get/test1")
     public ResponseBox<String> test1(@RequestParam HttpServletRequest re-
quest, @RequestParam HttpServletResponse response);
}
```

服务消费者代码如下。

```
package com.ghy.www.my.nacos.config.refreshable.consumer.controller;

import com.ghy.www.dto.ResponseBox;
import com.ghy.www.my.nacos.config.refreshable.consumer.openfeignclient.Get-
ControllerClient;
import org.springframework.beans.factory.annotation.Autowired;
import org.springframework.web.bind.annotation.RequestMapping;
import org.springframework.web.bind.annotation.RestController;

import javax.servlet.http.HttpServletRequest;
import javax.servlet.http.HttpServletResponse;

@RestController
public class TestController {
    @Autowired
    private GetControllerClient getControllerClient;

    @RequestMapping("configTest")
     public String configTest(HttpServletRequest request, HttpServletResponse
response) {
         ResponseBox<String> box = getControllerClient.test1(request, re-
```

```
sponse);
        System.out.println("getData=" + box.getData());
        System.out.println("getMessage=" + box.getMessage());
        System.out.println("getResponseCode=" + box.getResponseCode());
        return "返回值";
    }
}
```

配置文件 bootstrap.yml 代码如下。

```
spring:
  cloud:
    nacos:
      config:
        server-addr: 192.168.3.188:8848
        username: nacos
        password: nacos
        namespace: ConfigManager_Test1
        group: MyNacosConfigRefreshableConsumerGroup
        prefix: MyNacosConfigRefreshableConsumer
        file-extension: yml
  profiles:
    active: 8093
```

（1）启动 my-nacos-config-provider 模块。

（2）启动服务消费者。

（3）使用 8093 端口成功远程访问服务提供者，说明成功使用 Nacos 中的配置以及基本的 RPC 环境是正常的，这是进行下一步的前提。

下面开始测试在 Nacos 中实现配置动态刷新的功能。

进入 Nacos 控制台，编辑名称为 MyNacosConfigRefreshableConsumer-8093.yml 的 DataId，添加如下的自定义配置。

```
userinfo:
  username: 旧账号
  password: 旧密码
```

创建新的控制层，代码如下。

```
package com.ghy.www.my.nacos.config.refreshable.consumer.controller;

import org.springframework.beans.factory.annotation.Value;
import org.springframework.web.bind.annotation.RequestMapping;
import org.springframework.web.bind.annotation.RestController;
```

```
import javax.servlet.http.HttpServletRequest;
import javax.servlet.http.HttpServletResponse;

@RestController
public class GetNewConfigController {
    @Value("${userinfo.username}")
    private String username;

    @Value("${userinfo.password}")
    private String password;

    @RequestMapping("getNewConfig")
    public String getNewConfig(HttpServletRequest request, HttpServletResponse
response) {
        System.out.println("username=" + username);
        System.out.println("password=" + password);
        return "返回值";
    }
}
```

重新启动服务消费者模块，执行如下网址。

```
http://localhost:8093/getNewConfig
```

控制台输出信息如下。

```
username=旧账号
password=旧密码
```

继续编辑名称为 MyNacosConfigRefreshableConsumer-8093.yml 的 DataId 内容如下。

```
userinfo:
  username: 旧账号
  password: 新密码
```

不需要重启服务消费者，当再次执行如下网址。

```
http://localhost:8093/getNewConfig
```

控制台输出信息如下。

```
username=旧账号
password=旧密码
```

还是旧的配置，并没有实现配置的动态刷新。想实现配置的动态刷新需要在 GetNewConfig-Controller.java 控制层上方使用如下注解。

```
@RefreshScope
```

完整的 GetNewConfigController.java 控制层代码如下。

```
package com.ghy.www.my.nacos.config.refreshable.consumer.controller;

import org.springframework.beans.factory.annotation.Value;
import org.springframework.cloud.context.config.annotation.RefreshScope;
import org.springframework.web.bind.annotation.RequestMapping;
import org.springframework.web.bind.annotation.RestController;

import javax.servlet.http.HttpServletRequest;
import javax.servlet.http.HttpServletResponse;

@RestController
@RefreshScope
public class GetNewConfigController {
    @Value("${userinfo.username}")
    private String username;

    @Value("${userinfo.password}")
    private String password;

    @RequestMapping("getNewConfig")
    public String getNewConfig(HttpServletRequest request, HttpServletResponse
response) {
        System.out.println("username=" + username);
        System.out.println("password=" + password);
        return "返回值";
    }
}
```

编辑名称为 MyNacosConfigRefreshableConsumer-8093.yml 的 DataId 内容如下。

```
userinfo:
  username: 旧账号
  password: 旧密码
```

重新启动服务消费者模块，执行如下网址。

```
http://localhost:8093/getNewConfig
```

控制台输出信息如下。

```
username=旧账号
password=旧密码
```

编辑名称为 MyNacosConfigRefreshableConsumer-8093.yml 的 DataId 内容如下。

```
userinfo:
  username: 新账号
  password: 新密码
```

不需要重新启动服务消费者模块，再次直接执行如下网址。

```
http://localhost:8093/getNewConfig
```

控制台输出信息如下。

```
username=新账号
password=新密码
```

成功实现 Nacos 配置的动态刷新。

3.4 结合Nacos实现配置动态刷新：系统配置（数据库连接池）

创建新的服务消费者使用的 DataId 配置，如图 3-15 所示。

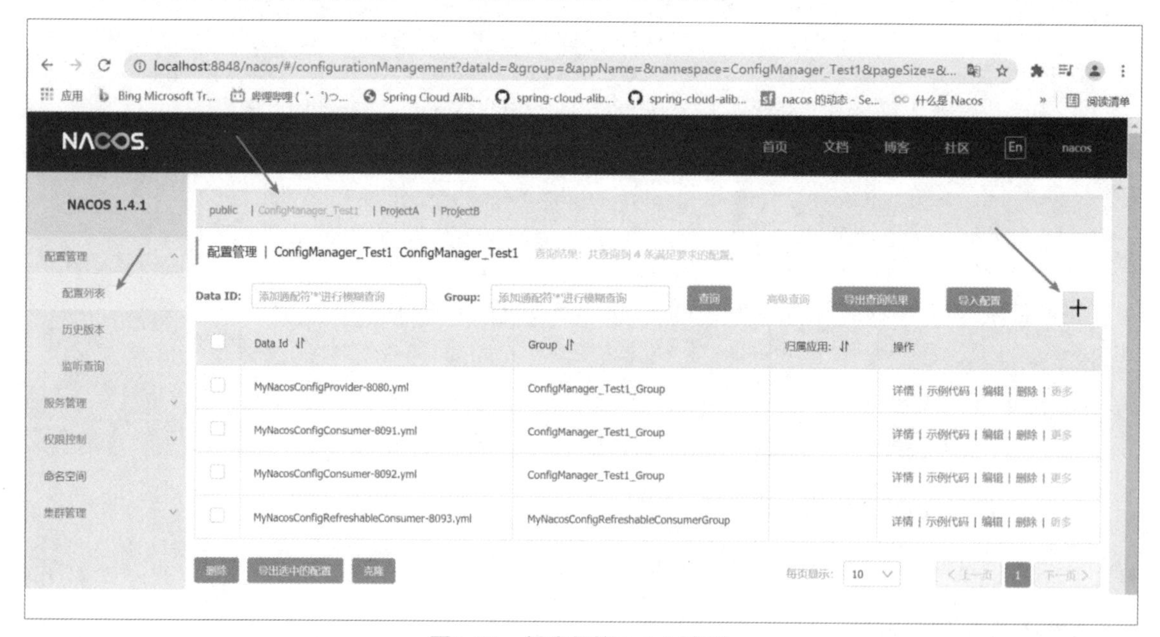

图3-15　创建新的DataId配置

配置新的 DataId 信息如图 3-16 所示。

图3-16　配置新的DataId信息

DataId 值为 MyNacosConfigRefreshableConnectionPoolConsumer-8094.yml。

Group 值为 MyNacosConfigRefreshableConnectionPoolConsumerGroup。

配置内容如下。

```
spring:
  application:
    name: MyNacosConfigRefreshableConnectionPoolConsumer-8094
  cloud:
    nacos:
      discovery:
        server-addr: 192.168.3.188:8848
        username: nacos
        password: nacos
        namespace: ConfigManager_Test1
        group: ConfigManager_Test1_Group
  datasource:
    username: root
    password: 123123
    url: jdbc:mysql://localhost:3306/nacos_config
    driver-class-name: com.mysql.jdbc.Driver
    type: com.alibaba.druid.pool.DruidDataSource
```

```
server:
  port: 8094
```

创建服务消费者模块 my-nacos-config-refreshable-connectionpool-consumer。

配置类代码如下。

```
package com.ghy.www.my.nacos.config.refreshable.connectionpool.consumer.java-
config;

import com.alibaba.druid.support.http.StatViewServlet;
import com.alibaba.druid.support.http.WebStatFilter;
import org.springframework.boot.web.servlet.FilterRegistrationBean;
import org.springframework.boot.web.servlet.ServletRegistrationBean;
import org.springframework.context.annotation.Bean;
import org.springframework.context.annotation.Configuration;

import java.util.Arrays;
import java.util.HashMap;
import java.util.Map;

@Configuration
public class DruidConfig {
    @Bean
    public ServletRegistrationBean statViewServlet() {
         ServletRegistrationBean bean = new ServletRegistrationBean(new Stat-
ViewServlet(), "/druid/*");
        Map<String, String> initParams = new HashMap<>();
        initParams.put("loginUsername", "admin");
        initParams.put("loginPassword", "admin");
        initParams.put("allow", ""); //默认允许所有人访问
        //deny: 被Druid拒绝访问的用户，表示禁止此ip访问
        //initParams.put("deny","192.168.10.132");
        bean.setInitParameters(initParams);
        return bean;
    }

    @Bean
    public FilterRegistrationBean webStatFilter() {
        FilterRegistrationBean bean = new FilterRegistrationBean();
        bean.setFilter(new WebStatFilter());
        Map<String, String> initParams = new HashMap<>();
        initParams.put("exclusions", "*.js,*.css,/druid/*");
        bean.setInitParameters(initParams);
        bean.setUrlPatterns(Arrays.asList("/*"));
```

```
        return bean;
    }
}
```

创建 OpenFeign 接口，代码如下。

```
package com.ghy.www.my.nacos.config.refreshable.connectionpool.consumer.open-
feignclient;

import com.ghy.www.dto.ResponseBox;
import org.springframework.cloud.openfeign.FeignClient;
import org.springframework.web.bind.annotation.GetMapping;
import org.springframework.web.bind.annotation.RequestParam;

import javax.servlet.http.HttpServletRequest;
import javax.servlet.http.HttpServletResponse;

@FeignClient(name = "my-nacos-config-provider-8085")
public interface GetControllerClient {
    @GetMapping(value = "get/test1")
     public ResponseBox<String> test1(@RequestParam HttpServletRequest re-
quest, @RequestParam HttpServletResponse response);
}
```

服务消费者代码如下。

```
package com.ghy.www.my.nacos.config.refreshable.connectionpool.consumer.con-
troller;

import com.ghy.www.dto.ResponseBox;
import com.ghy.www.my.nacos.config.refreshable.connectionpool.consumer.open-
feignclient.GetControllerClient;
import org.springframework.beans.factory.annotation.Autowired;
import org.springframework.web.bind.annotation.RequestMapping;
import org.springframework.web.bind.annotation.RestController;

import javax.servlet.http.HttpServletRequest;
import javax.servlet.http.HttpServletResponse;

@RestController
public class TestController {
    @Autowired
    private GetControllerClient getControllerClient;

    @RequestMapping("configTest")
     public String configTest(HttpServletRequest request, HttpServletResponse
```

```
response) {
            ResponseBox<String> box = getControllerClient.test1(request, re-
sponse);
        System.out.println("getData=" + box.getData());
        System.out.println("getMessage=" + box.getMessage());
        System.out.println("getResponseCode=" + box.getResponseCode());
        return "返回值";
    }
}
```

配置文件 bootstrap.yml 代码如下。

```
spring:
  cloud:
    nacos:
      config:
        server-addr: 192.168.3.188:8848
        username: nacos
        password: nacos
        namespace: ConfigManager_Test1
        group: MyNacosConfigRefreshableConnectionPoolConsumerGroup
        prefix: MyNacosConfigRefreshableConnectionPoolConsumer
        file-extension: yml
  profiles:
    active: 8094
```

（1）启动 my-nacos-config-provider 模块。

（2）启动服务消费者。

（3）执行如下网址成功访问服务提供者。

```
http://localhost:8094/configTest
```

执行网址。

```
http://localhost:8094/druid/login.html
```

输入账号 admin 和密码 admin 进行登陆。

查看默认最大连接数是 8，如图 3-17 所示。

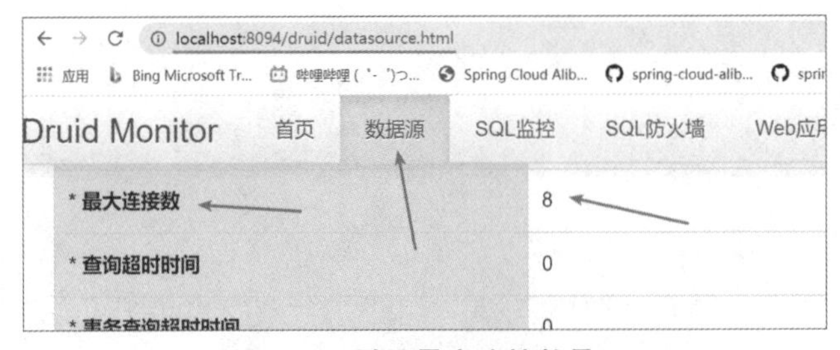

图3-17　默认最大连接数是8

编辑 DataId 配置内容如下。

```
spring:
  application:
    name: MyNacosConfigRefreshableConnectionPoolConsumer-8094
  cloud:
    nacos:
      discovery:
        server-addr: 192.168.3.188:8848
        username: nacos
        password: nacos
        namespace: ConfigManager_Test1
        group: ConfigManager_Test1_Group
  datasource:
    username: root
    password: 123123
    url: jdbc:mysql://localhost:3306/nacos_config
    driver-class-name: com.mysql.jdbc.Driver
    type: com.alibaba.druid.pool.DruidDataSource
    druid:
      max-active: 500

server:
  port: 8094
```

注意，max-active： 500 这一行的冒号“:”和“500”之间有空格，这是 yml 文件的语法格式。

查看最大连接数是 500，如图 3-18 所示。

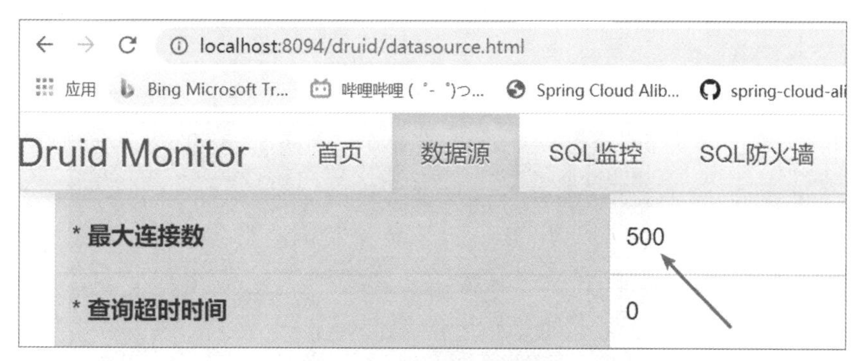

图3-18　最大连接数是500

Nacos 也支持对非自定义的配置进行动态配置和刷新，当然这需要对方组件 (Druid) 和 Nacos 进行配合来进行实现。

3.5 实现通用配置的复用

创建新的通用 DataId 配置，如图 3-19 所示。

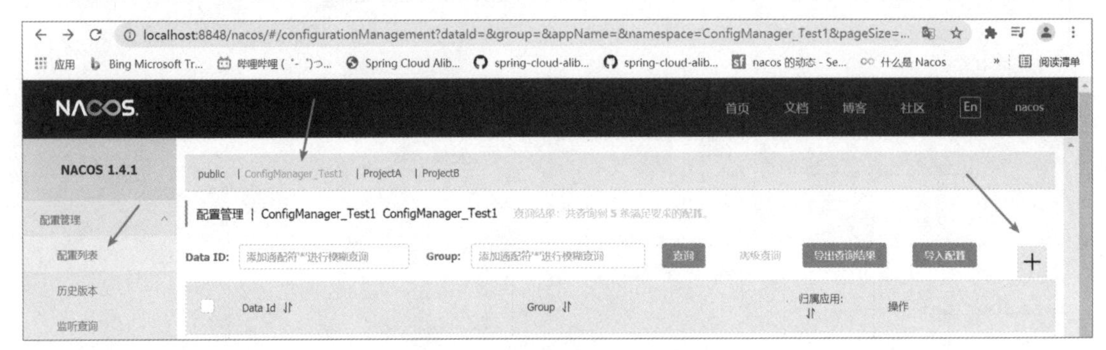

图3-19　创建新的DataId配置

配置新的 DataId 信息如图 3-20 所示。

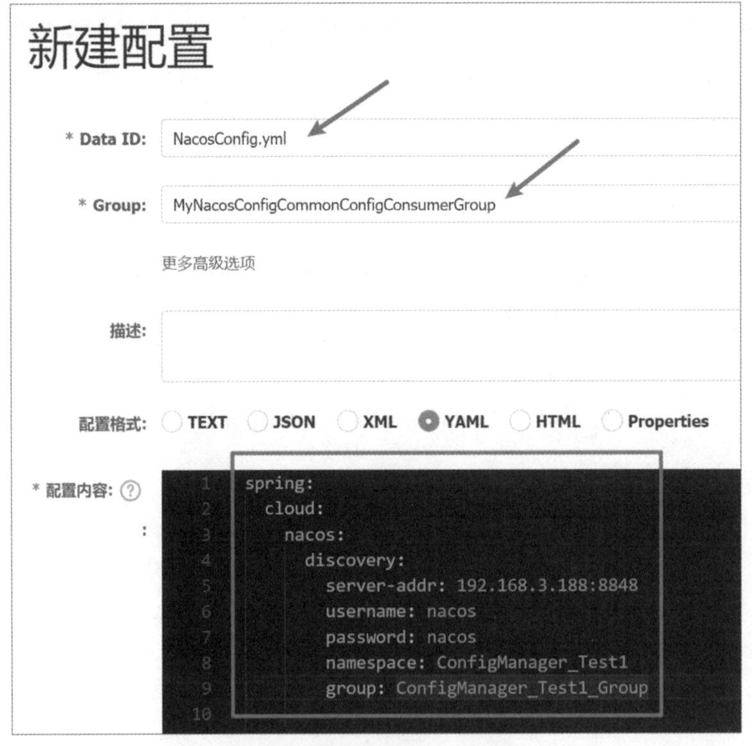

图3-20　配置新的DataId信息

DataId 值为 NacosConfig.yml。

Group 值为 MyNacosConfigCommonConfigConsumerGroup。

配置内容如下：

```
spring:
  cloud:
    nacos:
      discovery:
        server-addr: 192.168.3.188:8848
        username: nacos
        password: nacos
        namespace: ConfigManager_Test1
        group: ConfigManager_Test1_Group
```

创建新的通用 DataId 配置，，如图 3-21 所示。

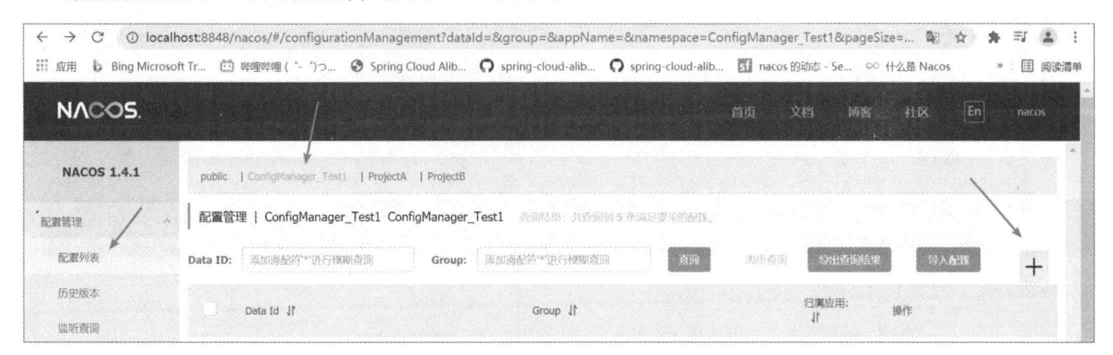

图3-21　创建新的DataId配置

配置新的 DataId 信息如图 3-22 所示。

图3-22　配置新的DataId信息

DataId 值为 MysqlDatasource.yml。

Group 值为 MyNacosConfigCommonConfigConsumerGroup。

配置内容如下。

```
spring:
  datasource:
    username: root
    password: 123123
    url: jdbc:mysql://localhost:3306/nacos_config
    driver-class-name: com.mysql.jdbc.Driver
    druid:
      max-active: 500
```

创建新的服务消费者使用的 DataId 配置，如图 3-23 所示。

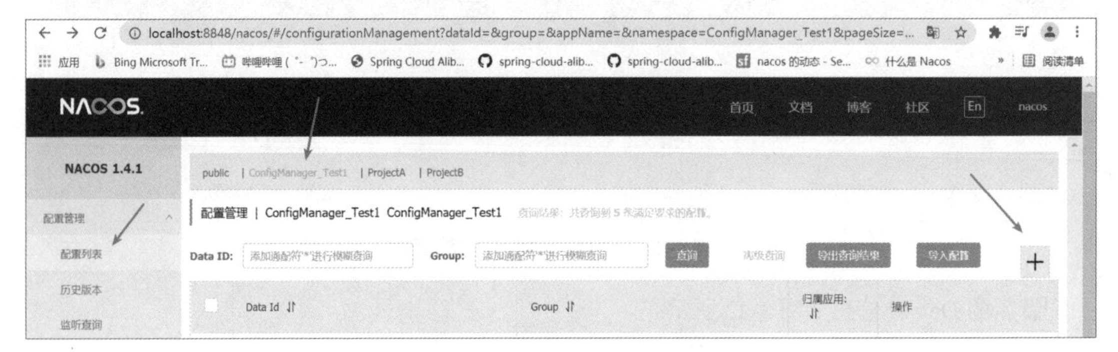

图3-23　创建新的DataId配置

配置新的 DataId 信息如图 3-24 所示。

新建配置

* Data ID: MyNacosConfigCommonConfigConsumer-8095.yml

* Group: MyNacosConfigCommonConfigConsumerGroup

更多高级选项

描述:

配置格式: TEXT JSON XML YAML HTML Properties

* 配置内容:

```
spring:
  application:
    name: my-nacos-config-commonconfig-consumer-8095
server:
  port: 8095
```

图3-24　配置新的DataId信息

DataId 值为 MyNacosConfigCommonConfigConsumer-8095.yml。

Group 值为 MyNacosConfigCommonConfigConsumerGroup。

配置内容如下。

```
spring:
  application:
    name: my-nacos-config-commonconfig-consumer-8095
server:
  port: 8095
```

创建服务消费者模块 my-nacos-config-commonconfig-consumer。

配置类代码如下。

```
package com.ghy.www.my.nacos.config.commonconfig.consumer.javaconfig;

import com.alibaba.druid.support.http.StatViewServlet;
import com.alibaba.druid.support.http.WebStatFilter;
import org.springframework.boot.web.servlet.FilterRegistrationBean;
import org.springframework.boot.web.servlet.ServletRegistrationBean;
import org.springframework.context.annotation.Bean;
import org.springframework.context.annotation.Configuration;

import java.util.Arrays;
import java.util.HashMap;
import java.util.Map;

@Configuration
public class DruidConfig {
    @Bean
    public ServletRegistrationBean statViewServlet() {
         ServletRegistrationBean bean = new ServletRegistrationBean(new Stat-
ViewServlet(), "/druid/*");
        Map<String, String> initParams = new HashMap<>();
        initParams.put("loginUsername", "admin");
        initParams.put("loginPassword", "admin");
        initParams.put("allow", ""); //默认允许所有人访问
        //deny: 被Druid拒绝访问的用户，表示禁止此ip访问
        //initParams.put("deny","192.168.10.132");
        bean.setInitParameters(initParams);
        return bean;
    }

    @Bean
    public FilterRegistrationBean webStatFilter() {
        FilterRegistrationBean bean = new FilterRegistrationBean();
```

```
        bean.setFilter(new WebStatFilter());
        Map<String, String> initParams = new HashMap<>();
        initParams.put("exclusions", "*.js,*.css,/druid/*");
        bean.setInitParameters(initParams);
        bean.setUrlPatterns(Arrays.asList("/*"));
        return bean;
    }
}
```

创建 OpenFeign 接口，代码如下。

```
package com.ghy.www.my.nacos.config.commonconfig.consumer.openfeignclient;

import com.ghy.www.dto.ResponseBox;
import org.springframework.cloud.openfeign.FeignClient;
import org.springframework.web.bind.annotation.GetMapping;
import org.springframework.web.bind.annotation.RequestParam;

import javax.servlet.http.HttpServletRequest;
import javax.servlet.http.HttpServletResponse;

@FeignClient(name = "my-nacos-config-provider-8085")
public interface GetControllerClient {
    @GetMapping(value = "get/test1")
     public ResponseBox<String> test1(@RequestParam HttpServletRequest re-
quest, @RequestParam HttpServletResponse response);
}
```

服务消费者代码如下。

```
package com.ghy.www.my.nacos.config.commonconfig.consumer.controller;

import com.ghy.www.dto.ResponseBox;
import com.ghy.www.my.nacos.config.commonconfig.consumer.openfeignclient.Get-
ControllerClient;
import org.springframework.beans.factory.annotation.Autowired;
import org.springframework.web.bind.annotation.RequestMapping;
import org.springframework.web.bind.annotation.RestController;

import javax.servlet.http.HttpServletRequest;
import javax.servlet.http.HttpServletResponse;

@RestController
public class TestController {
    @Autowired
    private GetControllerClient getControllerClient;
```

```
    @RequestMapping("configTest")
     public String configTest(HttpServletRequest request, HttpServletResponse
response) {
           ResponseBox<String> box = getControllerClient.test1(request, re-
sponse);
        System.out.println("getData=" + box.getData());
        System.out.println("getMessage=" + box.getMessage());
        System.out.println("getResponseCode=" + box.getResponseCode());
        return "返回值";
    }
}
```

配置文件 bootstrap.yml 代码如下。

```
spring:
  cloud:
    nacos:
      config:
        server-addr: 192.168.3.188:8848
        username: nacos
        password: nacos
        namespace: ConfigManager_Test1
        group: MyNacosConfigCommonConfigConsumerGroup
        prefix: MyNacosConfigCommonConfigConsumer
        file-extension: yml
        shared-configs[0]:
          data-id: NacosConfig.yml
          group: MyNacosConfigCommonConfigConsumerGroup
          refresh: true
        shared-configs[1]:
          data-id: MysqlDatasource.yml
          group: MyNacosConfigCommonConfigConsumerGroup
          refresh: true
  profiles:
    active: 8095
```

属性 shared-configs 的作用是导入其他的 yml 配置文件，实现通用 yml 文件的复用，引用关系如图 3-25 所示。

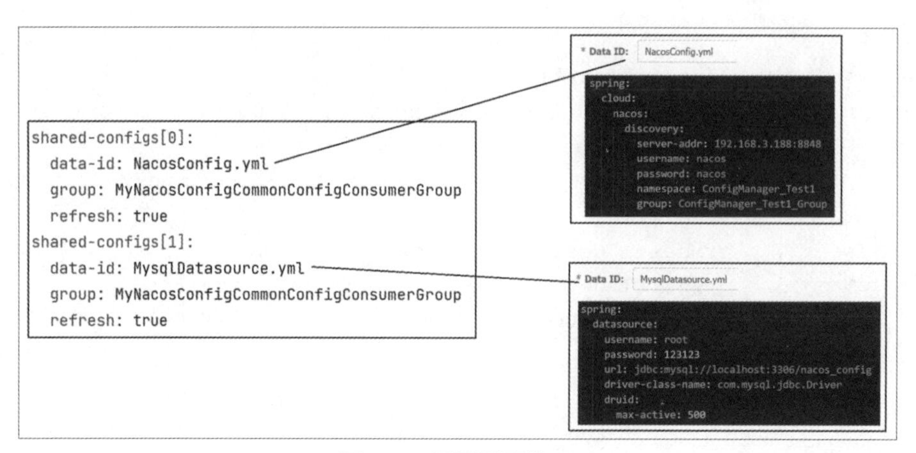

图3-25　配置引用关系

（1）启动 my-nacos-config-provider 模块。

（2）启动服务消费者。

（3）执行如下网址实现服务提供者和服务消费者通信。

```
http://localhost:8095/configTest
```

进入如下网址。

```
http://localhost:8095/druid/datasource.html
```

最大连接数为 500，如图 3-26 所示。

编辑 DataId 中的配置如图 3-27 所示。

图3-26　连接数为500

图3-27　更改成100

刷新 Druid 的控制台后配置被更新，如图 3-28 所示。

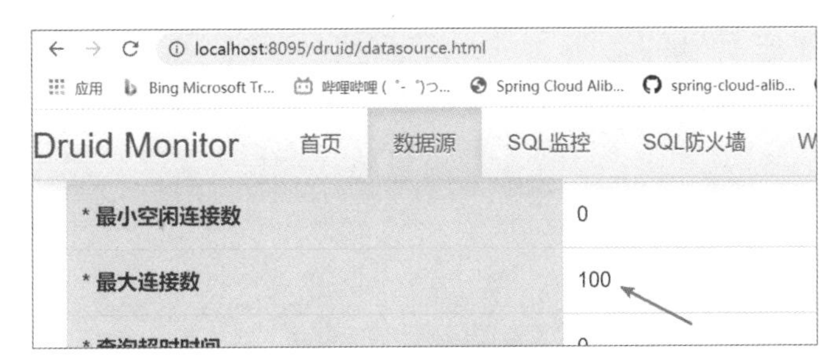

图3-28 配置被更新

3.6 实现配置的版本回滚

Nacos 作为配置中心功能的同时，还能对配置的版本进行回滚，操作步骤如图 3-29 所示。

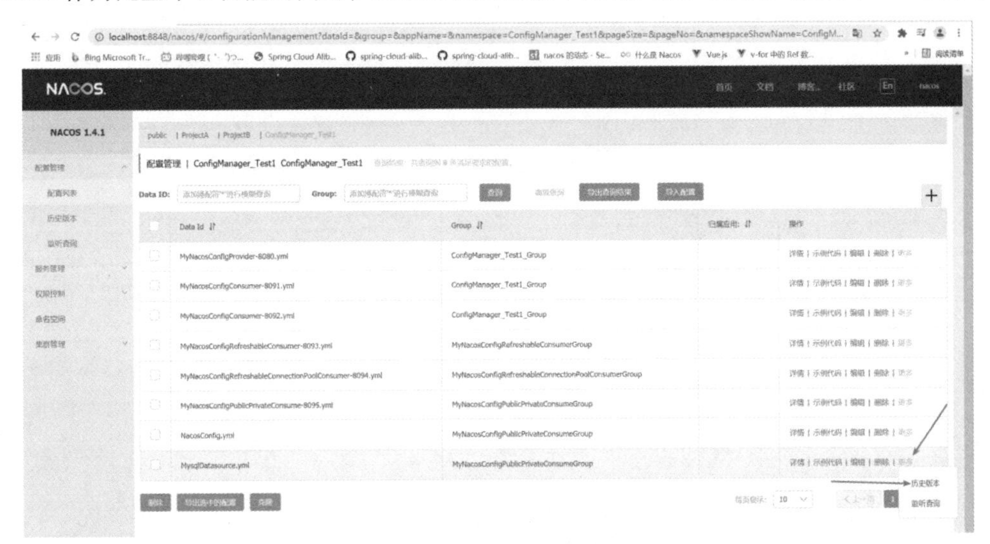

图3-29 单击历史版本链接

出现回滚链接，如图 3-30 所示。

图3-30 可以对配置进行回滚操作

第 4 章 Sentinel 限流与熔断降级

前面章节介绍了 4 个组件。

（1）Nacos：注册中心。

（2）Nacos：配置中心。

（3）OpenFeign：实现 RPC 通信。

（4）Spring Cloud LoadBalancer：负载均衡。

本章节主要介绍分布式系统资源保障框架 Sentinel。Sentinel 是代替 hystrix(已停止更新)的组件。Sentinel 最典型的使用场景就是防止分布式服务出现服务雪崩(级联失败/级联故障)，如图 4-1 所示。

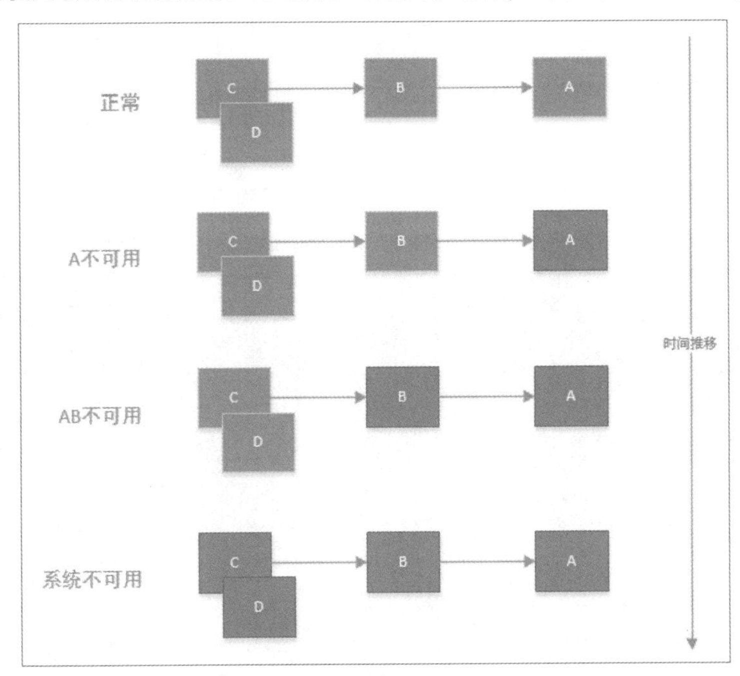

图4-1　服务雪崩

分布式服务如果彼此之间永远可以成功调用，那么真是皆大欢喜，但可惜的是，由于各种原因，这种愿望是不可能实现的。如果调用链路中有一个环节出现问题，那么就有可能发生“服务雪崩”。

服务雪崩的出现大致会经历如下几个步骤。

（1）正常：C、D 服务调用 B 服务，B 服务调用 A 服务，全部调用的过程都是正常的，有效的。

（2）A 不可用：A 服务因为某些原因出现不可用。

（3）A、B 不可用：最终会导致 A 和 B 两个服务都不可用，因为 B 服务调用 A 服务的线程会因为 A 服务的不可用造成阻塞。

（4）系统不可用：在 C、D 服务中调用 B 服务的线程时同样也会出现阻塞，最终会造成全部服务都无法正常通信，出现系统整体不可用的状态。

Sentinel 可以解决如服务雪崩等类似的情况，Sentinel 它会判断服务的健康状态，如果服务出现异常，Sentinel 不会调用不健康的服务，防止服务雪崩的发生。

4.1 Sentinel的介绍

随着微服务的流行，服务和服务之间的稳定性变得越来越重要。Sentinel 以流量为切入点，从流量控制、熔断降级、系统负载保护等多个维度保护服务的稳定性。

Sentinel 官方网址如下。

https://sentinelguard.io/zh-cn/

打开界面如图 4-2 所示。

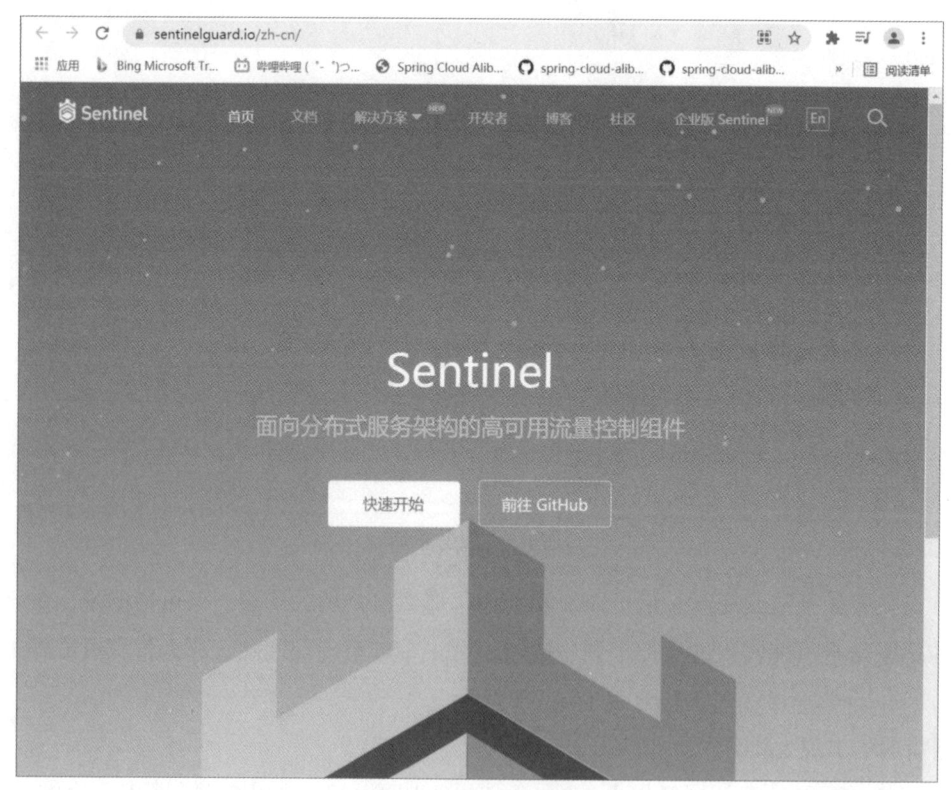

图4-2　Sentinel显示界面

4.1.1 Sentinel 具有的特性和支持的功能

Sentinel 具有如下特性。

（1）丰富的应用场景：Sentinel 承接了阿里巴巴集团近 10 年的“双十一”大促流量的核心场景，例如，秒杀（即突发流量控制在系统容量可以承受的范围）、消息削峰填谷、集群流量控制、实时熔断下游不可用应用等。

（2）完备的实时监控：Sentinel 提供实时的监控功能。可以在控制台中看到接入应用的单台机器秒级数据，甚至 500 台以下规模集群的汇总运行情况。

（3）广泛的开源生态：Sentinel 提供开箱即用的与其他开源框架 / 库的整合模块，例如，与 SpringCloud、Apache Dubbo、gRPC、Quarkus 的整合。只需要引入相应的依赖并进行简单的配置即可快速地接入 Sentinel。同时 Sentinel 提供 Java/Go/C++ 等多种编程语言的原生实现。

（4）完善的 SPI 扩展机制：Sentinel 提供简单易用、完善的 SPI 扩展接口。可以通过扩展接口来快速定制逻辑，例如定制规则管理、适配动态数据源等。

Sentinel 的主要特征如图 4-3 所示。

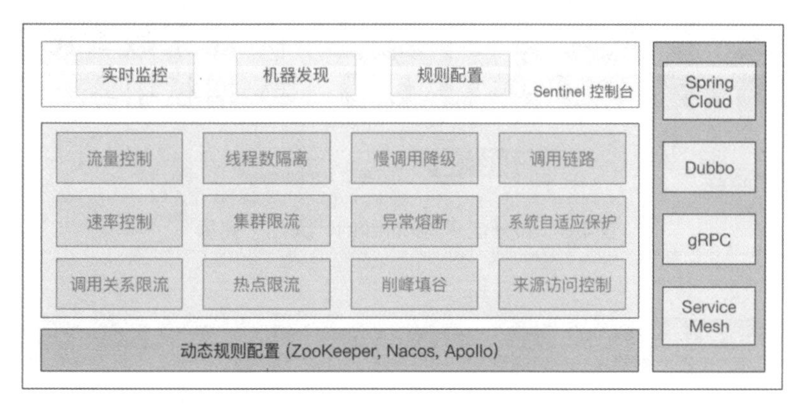

图4-3　Sentinel的主要特性

4.1.2　Sentinel 的开源生态

Sentinel 开源生态如图 4-4 所示。

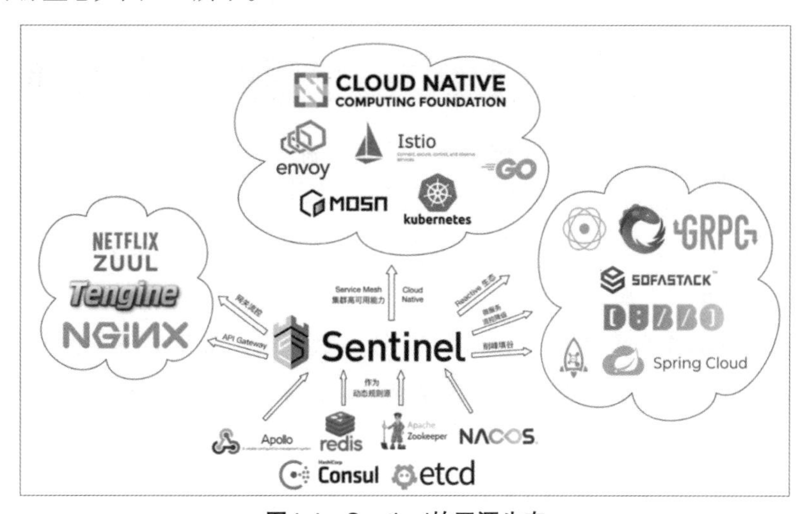

图4-4　Sentinel的开源生态

4.1.3 Sentinel 的用户

部分使用 Sentinel 的“大厂”公司如图 4-5 所示。

图4-5　部分使用Sentinel的“大厂”列举

4.1.4 Sentinel 的使用方式

Sentinel 的使用方式可以分为两个部分。

（1）核心库（Java 客户端）不依赖任何框架 / 库，能够运行于所有 Java 运行时环境，同时对 Dubbo/Spring Cloud 等框架也有较好的支持。

（2）控制台（Dashboard）基于 Spring Boot 开发，打包后可以直接运行，不需要额外的 Tomcat 等应用容器。

4.1.5 Sentinel 的历史

（1）2012 年，Sentinel 诞生，主要功能为入口流量控制。

（2）2013—2017 年，Sentinel 在阿里巴巴集团内部迅速发展，成为基础技术模块，覆盖了所有的核心场景。Sentinel 也因此积累了大量的流量以及生产实践。

（3）2018 年，Sentinel 开源，并持续演进。

（4）2019 年，Sentinel 朝着多语言扩展的方向不断探索，推出 C++ 原生版本，同时针对 Service Mesh 场景也推出了 Envoy 集群流量控制支持，以解决 Service Mesh 架构下多语言限流的问题。

（5）2020 年，推出 Sentinel Go 版本，继续朝着云原生方向演进。

（6）2021 年，Sentinel 正在朝着云原生 2.0 高可用决策中心组件进行演进，同时推出了 Sentinel Rust 原生版本。

4.1.6 Sentinel 中的基本概念

本节介绍 Sentinel 中的基本概念。

4.1.6.1 资源

资源是 Sentinel 的关键概念。它可以是 Java 应用程序中的任何内容，例如，由应用程序提供的服务，或由应用程序调用的其他应用提供的服务，甚至可以是一段代码。在接下来的内容中都会使用资源来描述代码块。只要通过 Sentinel API 定义的代码，就是资源，能够被 Sentinel 保护起来。大部分情况下，可以使用方法签名、URL 作为资源名来标识资源，甚至服务名称也可作为资源名进行资源标识。

4.1.6.2 规则

围绕资源的实时状态设定的规则可以包括流量控制规则、熔断降级规则，以及系统保护规则。所有规则可以动态实时调整。

4.1.7 Sentinel 功能和设计理念

本节介绍 Sentinel 功能和设计理念。

4.1.7.1 流量控制

流量控制 (流控) 在网络传输中是一个常用的概念，它用于调整网络包发送的数据。然而，从系统稳定性的角度考虑，在处理请求的速度上，也有非常多的讲究。比如，任意时间到来的请求往往是随机不可控的，然而系统的处理能力却是有限度的，所以需要根据系统的处理能力对流量进行控制。Sentinel 作为一个调配器，可以根据需要把随机的请求调整成稳定的调用，如图 4-6 所示。

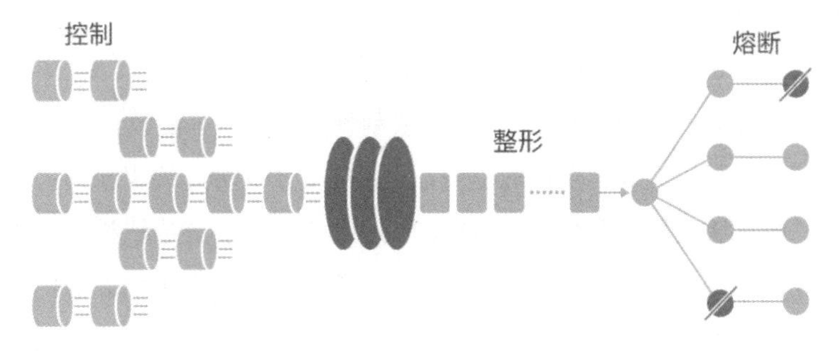

图4-6 流量控制

流量控制有以下几个角度：

（1）资源的调用关系，例如，资源的调用链路、资源和资源之间的关系；

（2）运行指标，例如，QPS(Query Per Second)、线程池、系统负载等；

（3）控制的效果，例如，直接限流、冷启动、排队等。

Sentinel 的设计理念是可以自由地选择控制的方式，并进行灵活组合，从而达到想要的效果。

4.1.7.2 熔断降级

什么是熔断降级？除了流量控制以外，降低调用链路中的不稳定资源的次数也是 Sentinel 的使命之一。由于调用关系的复杂性，如果调用链路中的某个资源出现了不稳定，最终会导致请求发生堆积(服务雪崩)，如图 4-7 所示。

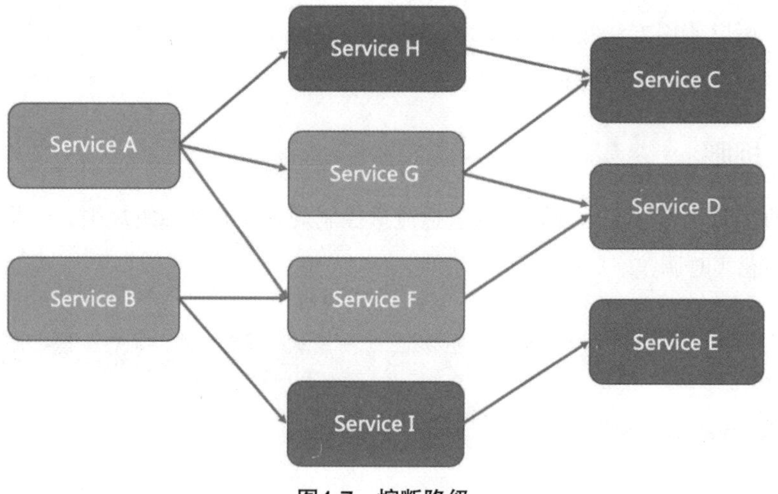

图4-7　熔断降级

当 Service D 不可用时，它在链路上的调用者 Service G、Service F、Service A、Service B 都会因为 Service D 的不可用造成服务调用失败，最终形成服务雪崩。

Sentinel 的处理原则是一致的：当调用链路中某个资源出现不稳定，例如，表现为 timeout、异常比例升高等情况，则对这个资源的调用进行限制，并让请求快速失败，避免影响到其他的资源，从而避免产生雪崩。

熔断降级的设计理念是什么？ Sentinel 对这个问题采取了两种手段。

（1）通过并发线程数进行限制：Sentinel 通过限制资源并发线程的数量，来减少不稳定资源对其他资源的影响。这样不但没有线程切换的损耗，也不需要预先分配线程池的大小。当某个资源出现不稳定的情况时，例如响应时间变长，对资源的直接影响就是会造成线程数的逐步堆积。当线程数在特定资源上堆积达到一定的数量之后，对该资源的新请求就会被拒绝。堆积的线程完成任务后才开始继续接收请求。

（2）通过响应时间对资源进行降级：除了对并发线程数进行控制以外，Sentinel 还可以通过响应时间来快速降级不稳定的资源。当依赖的资源出现响应时间过长的情况后，所有对该资源的访问都会被直接拒绝，直到过了指定的时间窗口之后才重新恢复。

4.1.7.3 系统负载保护

Sentinel 同时提供系统维度的自适应保护能力。防止雪崩是系统保护中最重要的一环。当系统负载较高的时候，如果还持续让请求进入，可能会导致系统崩溃，无法响应。在集群环境下，网络负载均衡会把本应是这台机器承载的流量转发到其他的机器上去。如果这个时候其他的机器也处在一个崩溃边缘状态，这个增加的流量就会导致这台机器也崩溃，最后导致整个集群不可用。

针对这个情况，Sentinel 提供了对应的保护机制，让系统的入口流量和系统的负载达到一个平衡，保证系统在能力范围之内处理最多的请求。

4.1.8 Sentinel 是如何工作的

Sentinel 的主要工作机制如下。

（1）对主流框架提供适配或者显式的 API 来定义需要保护的资源，并提供对资源进行实时统计和调用链路分析。根据预设的规则，结合对资源的实时统计信息，对流量进行控制。同时，Sentinel 提供开放的接口，方便定义及改变规则。

（2）Sentinel 提供实时的监控系统，方便快速了解目前系统的状态。

4.1.9 滑动窗口

Sentinel 底层采用高性能的滑动窗口数据结构来统计实时的秒级指标数据，并支持对滑动窗口进行配置。主要有以下两个配置。

（1）windowIntervalMs：滑动窗口的总的时间长度，默认为 1000ms。

（2）sampleCount：滑动窗口划分的格子数目，默认为 2；格子越多则精度越高，但是内存占用也会越多。

滑动窗口示例如图 4-8 所示。

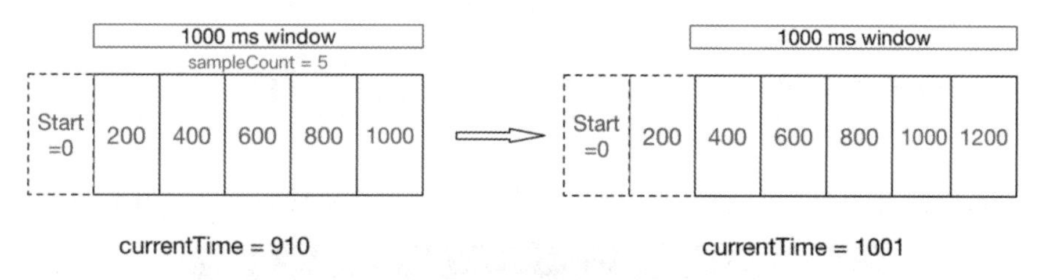

图4-8 滑动窗口示例

注意：windowIntervalMs 属性和 sampleCount 属性的配置都是全局生效的，会影响所有资源的所有指标统计。

4.2 搭建Sentinel控制台

进入如下网址：

https://github.com/alibaba/Sentinel/releases

下载 Sentinel，它是一个 jar 文件，如图 4-9 所示。

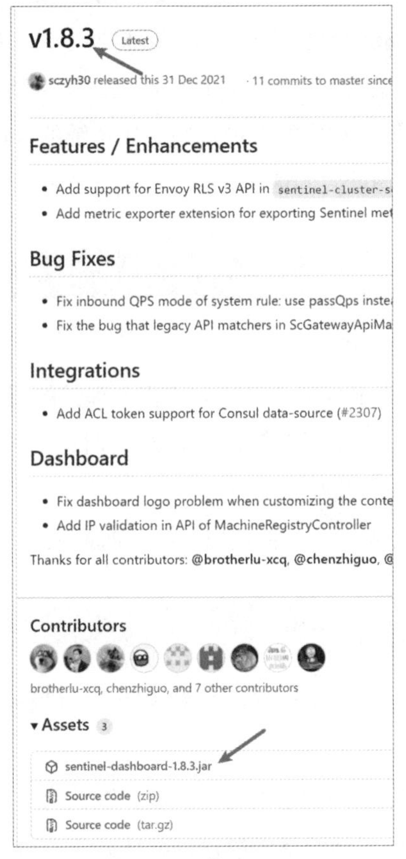

图4-9　下载Sentinel

为了方便 Sentinel 的启动，在 sentinel.jar 同级文件夹中创建 1 个名称为 sentinel-8888.bat 的批处理文件，文件内容如下。

```
java -jar sentinel-dashboard-1.8.3.jar --server.port=8888
pause
```

双击 sentinel.bat 批处理文件就会启动 sentinel 控制台，成功启动的效果如图 4-10 所示。

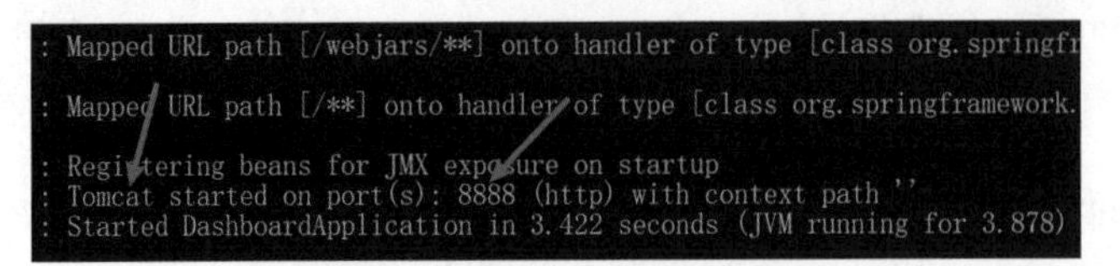

图4-10　启动sentinel控制台

执行如下网址。

```
http://localhost:8888
```

打开登陆界面如图 4-11 所示。

图4-11　显示登陆界面

输入账号 sentinel 和密码 sentinel 后显示主界面如图 4-12 所示。

图4-12　显示sentinel控制台主界面

4.3 使用Sentinel收集系统运行状态

本章节介绍使用 Sentinel 收集系统运行状态。

4.3.1 创建服务提供者模块

创建 my-sentinel-begin-provider 模块。

服务提供者代码如下。

```
package com.ghy.www.my.sentinel.begin.provider.controller;

import com.ghy.www.dto.ResponseBox;
import org.springframework.beans.factory.annotation.Value;
import org.springframework.web.bind.annotation.GetMapping;
import org.springframework.web.bind.annotation.RequestMapping;
import org.springframework.web.bind.annotation.RestController;

import javax.servlet.http.HttpServletRequest;
import javax.servlet.http.HttpServletResponse;

@RestController
@RequestMapping("get")
public class TestController {
    @Value("${server.port}")
    private int portValue;

    @GetMapping(value = "test1")
     public ResponseBox<String> test1(HttpServletRequest request, HttpServle-
tResponse response) {
        System.out.println("get test1 run portValue=" + portValue);
        ResponseBox box = new ResponseBox();
        box.setResponseCode(200);
        box.setData("test1 value");
        box.setMessage("操作成功");
        return box;
    }
}
```

配置文件 application.yml 代码如下。

```
spring:
  application:
    name: my-sentinel-begin-provider-8085
  cloud:
    nacos:
      discovery:
        server-addr: 192.168.3.188:8848
        username: nacos
        password: nacos
        ip: 192.168.3.188
    sentinel:
      transport:
        # 使用8721端口和8888端口进行运行状态数据的传输
```

```
        port: 8721
        dashboard: 192.168.3.188:8888
      eager: true

server:
  port: 8085
```

4.3.2 创建服务消费者模块

创建 my-sentinel-begin-consumer 模块。

OpenFeign 接口代码如下。

```
package com.ghy.www.my.sentinel.begin.consumer.openfeignclient;

import com.ghy.www.dto.ResponseBox;
import org.springframework.cloud.openfeign.FeignClient;
import org.springframework.web.bind.annotation.GetMapping;
import org.springframework.web.bind.annotation.RequestParam;

import javax.servlet.http.HttpServletRequest;
import javax.servlet.http.HttpServletResponse;

@FeignClient(name = "my-sentinel-begin-consumer-8085")
public interface GetControllerClient {
    @GetMapping(value = "get/test1")
     public ResponseBox<String> test1(@RequestParam HttpServletRequest re-
quest,
                                         @RequestParam HttpServletResponse re-
sponse);
}
```

服务消费者代码如下。

```
package com.ghy.www.my.sentinel.begin.consumer.controller;

import com.ghy.www.dto.ResponseBox;
import com.ghy.www.my.sentinel.begin.consumer.openfeignclient.GetController-
Client;
import org.springframework.beans.factory.annotation.Autowired;
import org.springframework.web.bind.annotation.RequestMapping;
import org.springframework.web.bind.annotation.RestController;

import javax.servlet.http.HttpServletRequest;
import javax.servlet.http.HttpServletResponse;
```

```
@RestController
public class GetController {
    @Autowired
    private GetControllerClient getControllerClient;

    @RequestMapping("testPath1")
     public String testPath1(HttpServletRequest request, HttpServletResponse
response) {
        ResponseBox<String> box = getControllerClient.test1(request, re-
sponse);
        System.out.println("getData=" + box.getData());
        System.out.println("getMessage=" + box.getMessage());
        System.out.println("getResponseCode=" + box.getResponseCode());
        return box.getData();
    }
}
```

配置文件 application.yml 代码如下。

```
spring:
  application:
    name: my-sentinel-begin-consumer-8091
  cloud:
    nacos:
      discovery:
        server-addr: 192.168.3.188:8848
        username: nacos
        password: nacos
    sentinel:
      transport:
        # 使用8722端口和8888端口进行运行状态数据的传输
        port: 8722
        dashboard: 192.168.3.188:8888
      eager: true

server:
  port: 8091
```

4.3.3 运行效果

（1）启动服务提供者。

（2）启动服务消费者。

（3）多次执行如下服务消费者网址。

```
http://localhost:8091/testPath1
```

Sentinel 会统计出系统运行状态数据，并在 Sentinel 控制台中进行显示。

（4）服务提供者状态数据如图 4-13 所示。

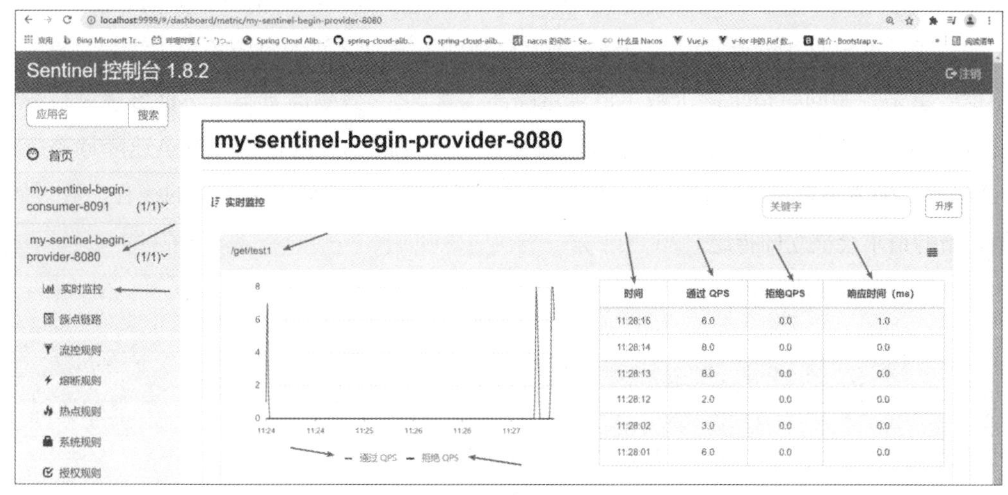

图4-13　控制台显示状态信息

（5）服务消费者状态数据如图 4-14 所示。

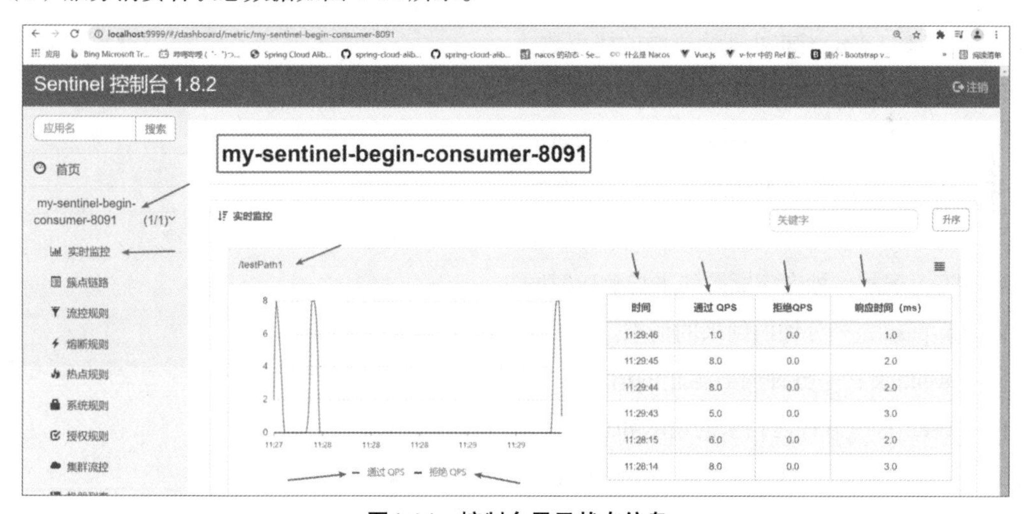

图4-14　控制台显示状态信息

Sentinel 可以作用于 API 级（URL 路径）的状态监控。

4.4 使用Sentinel实现流量控制

流量控制（流控）主要有两种统计类型。

（1）统计 QPS：当 QPS 超过某个阈值的时候，则采取措施进行流量控制。

（2）统计线程数：线程数限流用于保护业务线程数不被耗尽。例如，当应用所依赖的下游应用由于某种原因导致服务不稳定、响应延迟增加时，对于调用者来说，意味着吞吐量下降和更多的线程数占用，极端情况下甚至导致线程池耗尽。为应对大量线程占用的情况，业内有使用隔离的方案，比如，通过不同业务逻辑使用不同线程池来隔离业务自身之间的资源争抢（线程池隔离），或者使用信号量来控制同时请求的个数（信号量隔离）。以上这些隔离方案虽然能够控制线程数量，但无法控制请求排队的时间。当请求过多时排队也是无益的，直接拒绝能够迅速降低系统压力。Sentinel 线程数限流不负责创建和管理线程池，而是简单统计当前请求上下文的线程个数，如果超出阈值，新的请求会被立即拒绝。

通常是对服务提供者端进行流控。

4.4.1 查看资源运行状态

可以使用如下 URL 查看 Sentinel 中资源的运行状态。

```
http://localhost:8719/cnode?id=resourceName
```

查询列解释如下。

（1）thread：表示当前处理该资源的线程数。

（2）pass：表示一秒内到来到的请求。

（3）blocked：表示一秒内被流量控制的请求数量。

（4）success：表示一秒内成功处理完的请求。

（5）total：表示到一秒内到来的请求以及被阻止的请求总和。

（6）RT：表示一秒内该资源的平均响应时间。

（7）1m-pass：一分钟内到来的请求。

（8）1m-block：一分钟内被阻止的请求。

（9）1m-all：一分钟内到来的请求和被阻止的请求的总和。

（10）exception：一秒内业务本身异常的总和。

4.4.2 创建服务提供者模块

创建 my-sentinel-flowcontrol-provider 模块。

业务类代码如下。

```
package com.ghy.www.my.sentinel.flowcontrol.provider.service;

import com.alibaba.csp.sentinel.annotation.SentinelResource;
```

```
import org.springframework.stereotype.Service;

@Service
public class UserinfoService {
    @SentinelResource("userinfoServiceMethod")
    public void userinfoServiceMethod() {
        System.out.println("userinfoServiceMethod run !");
    }
}
```

服务提供者代码如下。

```
package com.ghy.www.my.sentinel.flowcontrol.provider.controller;

import com.ghy.www.dto.ResponseBox;
import org.springframework.beans.factory.annotation.Autowired;
import org.springframework.stereotype.Controller;
import org.springframework.web.bind.annotation.GetMapping;
import org.springframework.web.client.RestTemplate;

import javax.servlet.http.HttpServletRequest;
import javax.servlet.http.HttpServletResponse;

@Controller
public class InitController {
    @Autowired
    private RestTemplate restTemplate;

    @GetMapping(value = "initPath")
    public void initTest(HttpServletRequest request, HttpServletResponse re-
sponse) {
        System.out.println("执行了initPath");
        restTemplate.getForObject("http://localhost:8085/test1", ResponseBox.
class);
        restTemplate.getForObject("http://localhost:8085/test2", ResponseBox.
class);
        restTemplate.getForObject("http://localhost:8085/test3", ResponseBox.
class);
        restTemplate.getForObject("http://localhost:8085/test4_1", Response-
Box.class);
        restTemplate.getForObject("http://localhost:8085/test4_2", Response-
Box.class);
        restTemplate.getForObject("http://localhost:8085/test5_1", Response-
Box.class);
        restTemplate.getForObject("http://localhost:8085/test5_2", Response-
Box.class);
```

```
        restTemplate.getForObject("http://localhost:8085/test6", ResponseBox.
class);
    }
}
```

服务提供者代码如下。

```
package com.ghy.www.my.sentinel.flowcontrol.provider.controller;

import com.ghy.www.dto.ResponseBox;
import com.ghy.www.my.sentinel.flowcontrol.provider.service.UserinfoService;
import org.springframework.beans.factory.annotation.Autowired;
import org.springframework.beans.factory.annotation.Value;
import org.springframework.web.bind.annotation.GetMapping;
import org.springframework.web.bind.annotation.RestController;

import javax.servlet.http.HttpServletRequest;
import javax.servlet.http.HttpServletResponse;

@RestController
public class TestController {
    @Value("${server.port}")
    private int portValue;

    @Autowired
    private UserinfoService userinfoService;

    @GetMapping(value = "test1")
    public ResponseBox<String> test1(HttpServletRequest request, HttpServle-
tResponse response) {
        System.out.println("get test1 run portValue=" + portValue);
        ResponseBox box = new ResponseBox();
        box.setResponseCode(200);
        box.setData("test1 value");
        box.setMessage("操作成功");
        return box;
    }

    @GetMapping(value = "test2")
    public ResponseBox<String> test2(HttpServletRequest request, HttpServle-
tResponse response) {
        System.out.println("get test2 run portValue=" + portValue);
        ResponseBox box = new ResponseBox();
        box.setResponseCode(200);
        box.setData("test2 value");
        box.setMessage("操作成功");
```

```
        return box;
    }

    @GetMapping(value = "test3")
    public ResponseBox<String> test3(HttpServletRequest request, HttpServle-
tResponse response) {
        System.out.println("get test3 run portValue=" + portValue + " " +
System.currentTimeMillis());
        ResponseBox box = new ResponseBox();
        box.setResponseCode(200);
        box.setData("test3 value");
        box.setMessage("操作成功");
        return box;
    }

    @GetMapping(value = "test4_1")
    public ResponseBox<String> test4_1(HttpServletRequest request, HttpServ-
letResponse response) {
        System.out.println("get test4_1 run portValue=" + portValue);
        ResponseBox box = new ResponseBox();
        box.setResponseCode(200);
        box.setData("test4_1 value");
        box.setMessage("操作成功");
        return box;
    }

    @GetMapping(value = "test4_2")
    public ResponseBox<String> test4_2(HttpServletRequest request, HttpServ-
letResponse response) {
        ResponseBox box = new ResponseBox();
        box.setResponseCode(200);
        box.setData("test4_2 value");
        box.setMessage("操作成功");
        return box;
    }

    @GetMapping(value = "test5_1")
    public ResponseBox<String> test5_1(HttpServletRequest request, HttpServ-
letResponse response) {
        System.out.println("get test5_1 run portValue=" + portValue);
        userinfoService.userinfoServiceMethod();
        ResponseBox box = new ResponseBox();
        box.setResponseCode(200);
        box.setData("test4_1 value");
        box.setMessage("操作成功");
```

```
        return box;
    }

    @GetMapping(value = "test5_2")
    public ResponseBox<String> test5_2(HttpServletRequest request, HttpServ-
letResponse response) {
        ResponseBox box = new ResponseBox();
        userinfoService.userinfoServiceMethod();
        box.setResponseCode(200);
        box.setData("test5_2 value");
        box.setMessage("操作成功");
        return box;
    }

    @GetMapping(value = "test6")
    public ResponseBox<String> test6(HttpServletRequest request, HttpServle-
tResponse response) {
        System.out.println("get test6 run portValue=" + portValue);
        ResponseBox box = new ResponseBox();
        box.setResponseCode(200);
        box.setData("test6 value");
        box.setMessage("操作成功");
        return box;
    }
}
```

配置类代码如下。

```
package com.ghy.www.my.sentinel.flowcontrol.provider.javaconfig;

import org.springframework.cloud.client.loadbalancer.LoadBalanced;
import org.springframework.context.annotation.Bean;
import org.springframework.context.annotation.Configuration;
import org.springframework.web.client.RestTemplate;

@Configuration
public class JavaConfig {
    @Bean
    @LoadBalanced
    public RestTemplate restTemplate() {
        return new RestTemplate();
    }
}
```

配置文件 application.yml 代码如下。

```
spring:
  application:
    name: my-sentinel-flowcontrol-provider-8085
  cloud:
    nacos:
      discovery:
        server-addr: 192.168.3.188:8848
        username: nacos
        password: nacos
        ip: 192.168.3.188
    sentinel:
      transport:
        # 使用8721端口和8888端口进行运行状态数据的传输
        port: 8721
        dashboard: 192.168.3.188:8888
        client-ip: 192.168.3.188
      eager: true
      web-context-unify: false

server:
  port: 8085
```

4.4.3 创建服务消费者模块

创建 my-sentinel-flowcontrol-consumer 模块。

OpenFeign 接口代码如下。

```
package com.ghy.www.my.sentinel.flowcontrol.consumer.openfeignclient;

import com.ghy.www.dto.ResponseBox;
import org.springframework.cloud.openfeign.FeignClient;
import org.springframework.web.bind.annotation.GetMapping;
import org.springframework.web.bind.annotation.RequestParam;

import javax.servlet.http.HttpServletRequest;
import javax.servlet.http.HttpServletResponse;

@FeignClient(name = "my-sentinel-flowcontrol-provider-8085")
public interface GetControllerClient {
    @GetMapping(value = "test1")
     public ResponseBox<String> test1(@RequestParam HttpServletRequest re-
quest,
                                          @RequestParam HttpServletResponse re-
sponse);
```

```
    @GetMapping(value = "test2")
     public ResponseBox<String> test2(@RequestParam HttpServletRequest re-
quest,
                                                  @RequestParam HttpServletResponse re-
sponse);

    @GetMapping(value = "test3")
     public ResponseBox<String> test3(@RequestParam HttpServletRequest re-
quest,
                                                  @RequestParam HttpServletResponse re-
sponse);

    @GetMapping(value = "test4_1")
     public ResponseBox<String> test4_1(@RequestParam HttpServletRequest re-
quest,
                                                  @RequestParam HttpServletResponse re-
sponse);

    @GetMapping(value = "test4_2")
     public ResponseBox<String> test4_2(@RequestParam HttpServletRequest re-
quest,
                                                  @RequestParam HttpServletResponse re-
sponse);

    @GetMapping(value = "test5_1")
     public ResponseBox<String> test5_1(@RequestParam HttpServletRequest re-
quest,
                                                  @RequestParam HttpServletResponse re-
sponse);

    @GetMapping(value = "test5_2")
     public ResponseBox<String> test5_2(@RequestParam HttpServletRequest re-
quest,
                                                  @RequestParam HttpServletResponse re-
sponse);

    @GetMapping(value = "test6")
     public ResponseBox<String> test6(@RequestParam HttpServletRequest re-
quest,
                                                  @RequestParam HttpServletResponse re-
sponse);
}
```

服务消费者代码如下。

```
package com.ghy.www.my.sentinel.flowcontrol.consumer.controller;

import com.ghy.www.my.sentinel.flowcontrol.consumer.openfeignclient.GetCon-
trollerClient;
import org.springframework.beans.factory.annotation.Autowired;
import org.springframework.web.bind.annotation.RequestMapping;
import org.springframework.web.bind.annotation.RestController;

import javax.servlet.http.HttpServletRequest;
import javax.servlet.http.HttpServletResponse;
import java.util.concurrent.CountDownLatch;

@RestController
public class GetController {
    @Autowired
    private GetControllerClient getControllerClient;

    @RequestMapping("test1")
     public void test1(HttpServletRequest request, HttpServletResponse re-
sponse) {
        for (int i = 1; i <= 10; i++) {
            getControllerClient.test1(request, response);
            System.out.println("test1消费了: " + (i) + "次");
        }
    }

    @RequestMapping("test2")
     public void test2(HttpServletRequest request, HttpServletResponse re-
sponse) {
        for (int i = 0; i < Integer.MAX_VALUE; i++) {
            try {
                getControllerClient.test2(request, response);
            } catch (Exception e) {
            }
        }
    }

    class MyThread3 extends Thread {
        private HttpServletRequest request;
        private HttpServletResponse response;
        private GetControllerClient getControllerClient;
        private CountDownLatch latch;

         public MyThread3(HttpServletRequest request, HttpServletResponse re-
sponse, GetControllerClient getControllerClient, CountDownLatch latch) {
```

```
            this.request = request;
            this.response = response;
            this.getControllerClient = getControllerClient;
            this.latch = latch;
        }

        @Override
        public void run() {
            try {
                latch.await();
                  System.out.println("test3执行了，返回值：" + getControllerCli-
ent.test3(request, response) + " " + System.currentTimeMillis());
            } catch (InterruptedException e) {
                e.printStackTrace();
            }
        }
    }

    @RequestMapping("test3")
      public void test3(HttpServletRequest request, HttpServletResponse re-
sponse) {
        {
            CountDownLatch latch = new CountDownLatch(1);
            MyThread3[] newThreadArray = new MyThread3[30];
            for (int i = 1; i <= 30; i++) {
                 newThreadArray[i - 1] = new MyThread3(request, response, get-
ControllerClient, latch);
            }
            for (int i = 1; i <= 30; i++) {
                newThreadArray[i - 1].start();
            }
            try {
                Thread.sleep(5000);
                latch.countDown();
            } catch (InterruptedException e) {
                e.printStackTrace();
            }
        }
    }

    @RequestMapping("test4_1")
      public void test4_1(HttpServletRequest request, HttpServletResponse re-
sponse) {
        getControllerClient.test4_1(request, response);
        System.out.println("test4_1消费了");
```

```
    }

    @RequestMapping("test4_2")
     public void test4_2(HttpServletRequest request, HttpServletResponse re-
sponse) {
        for (int i = 1; i <= Integer.MAX_VALUE; i++) {
            try {
                getControllerClient.test4_2(request, response);
            } catch (Exception e) {
            }
        }
    }

    @RequestMapping("test5_1")
     public void test5_1(HttpServletRequest request, HttpServletResponse re-
sponse) {
        for (int i = 1; i <= 100; i++) {
            getControllerClient.test5_1(request, response);
        }
    }

    @RequestMapping("test5_2")
     public void test5_2(HttpServletRequest request, HttpServletResponse re-
sponse) {
        for (int i = 1; i <= 100; i++) {
            getControllerClient.test5_2(request, response);
        }
    }

    class MyThread6 extends Thread {
        private HttpServletRequest request;
        private HttpServletResponse response;
        private GetControllerClient getControllerClient;
        private CountDownLatch latch;

         public MyThread6(HttpServletRequest request, HttpServletResponse re-
sponse, GetControllerClient getControllerClient, CountDownLatch latch) {
            this.request = request;
            this.response = response;
            this.getControllerClient = getControllerClient;
            this.latch = latch;
        }

        @Override
        public void run() {
```

```
            try {
                latch.await();
                 System.out.println("test6执行了，返回值：" + getControllerCli-
ent.test6(request, response));
            } catch (InterruptedException e) {
                e.printStackTrace();
            }
        }
    }

    @RequestMapping("test6")
     public void test6(HttpServletRequest request, HttpServletResponse re-
sponse) {
        CountDownLatch latch = new CountDownLatch(1);
        MyThread6[] newThreadArray = new MyThread6[6];
        for (int i = 1; i <= 6; i++) {
             newThreadArray[i - 1] = new MyThread6(request, response, getCon-
trollerClient, latch);
        }
        for (int i = 1; i <= 6; i++) {
            newThreadArray[i - 1].start();
        }
        try {
            Thread.sleep(5000);
            latch.countDown();
        } catch (InterruptedException e) {
            e.printStackTrace();
        }
    }
}
```

配置文件 application.yml 代码如下。

```
spring:
  application:
    name: my-sentinel-flowcontrol-consumer-8091
  cloud:
    nacos:
      discovery:
        server-addr: 192.168.3.188:8848
        username: nacos
        password: nacos
    sentinel:
      transport:
        # 使用8722端口和8888端口进行运行状态数据的传输
        port: 8722
```

```
        dashboard: 192.168.3.188:8888
      eager: true

server:
  port: 8091
```

执行如下网址初始化簇点链路。

```
http://localhost:8085/initPath
```

簇点链路中显示的 URL 路径列表如图 4-15 所示，可以对簇点链路列表中的 URL 路径进行限流配置。

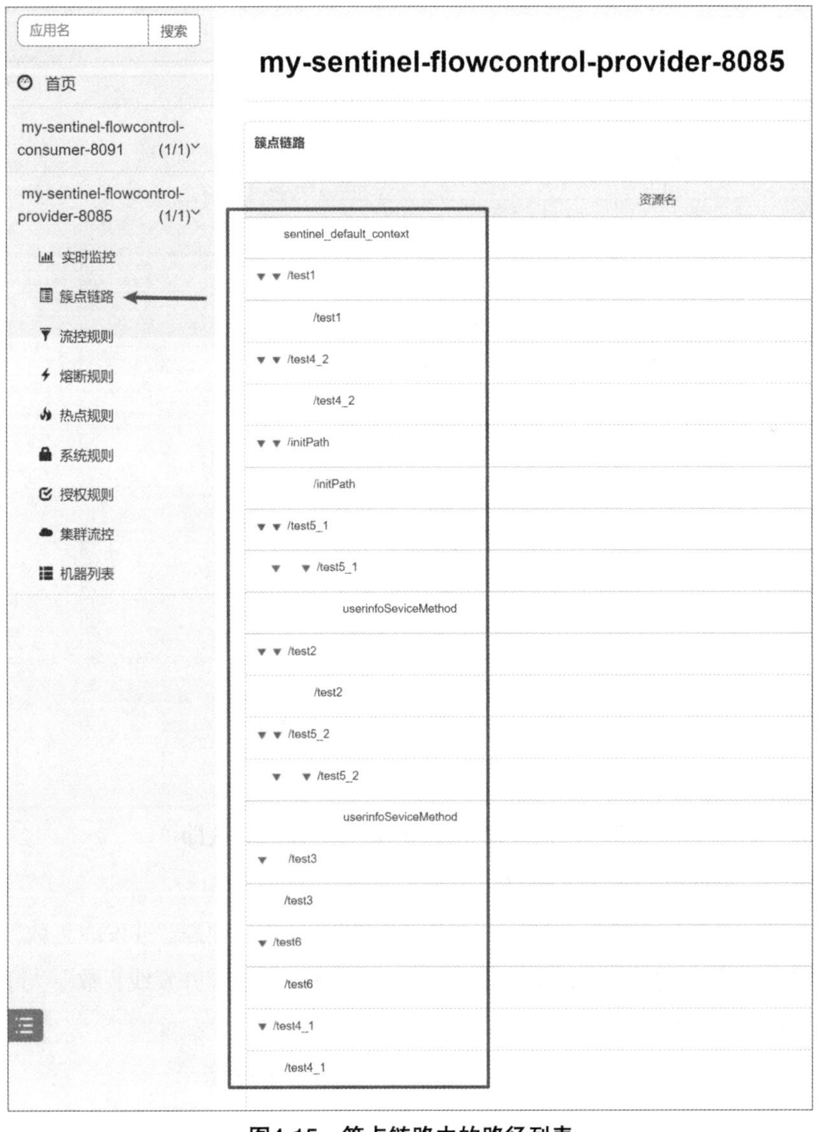

图4-15　簇点链路中的路径列表

4.4.4 配置流控界面解释

在路径“/test1”单击“流控”按钮，如图 4-16 所示。

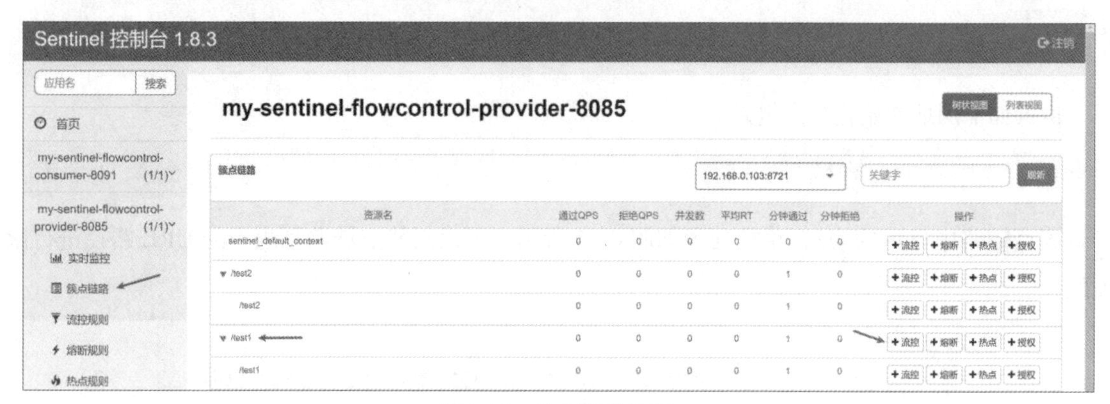

图4-16 单击流控按钮

弹出配置新增流控规则界面，如图 4-17 所示。

图4-17 配置新的流控规则参数

配置参数解释。

（1）资源名：对哪个资源进行限流。通常使用 URL 路径，默认即可。

（2）针对来源：default 表示全部来源。

（3）阈值类型：流控的方式有两种，一种是“QPS”，另外一种是“并发线程数”。“单机阈值”如果是 1000，表示在单机的情况下，如果“QPS”大于 1000 或者“并发线程数”大于 1000 时则采取流量控制的手段进行限流。

（4）是否集群：如果启用集群（打勾），则出现界面如图 4-18 所示。

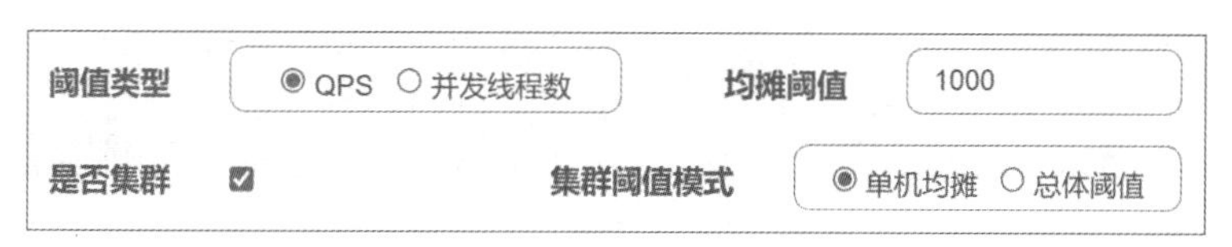

图4-18　启用集群后的配置

单机均摊：如果集群中的服务有 2 个节点，A 节点服务的 QPS 或者并发线程数在运行时的值是 1，B 节点服务的值是 8000，则 1+8000=8001，然后 8001/2=4000.5，4000.5 大于均摊阈值 1000，所以流控被触发。示例配置如图 4-19 所示。

新增流控规则

资源名　/test1

针对来源　default

阈值类型　QPS　并发线程数　均摊阈值　1000

是否集群　集群阈值模式　单机均摊　总体阈值

失败退化　如果 Token Server 不可用是否退化到单机限流

新增并继续添加　新增　取消

图4-19　单机均摊配置

总体阈值：如果集群中的服务有 2 个节点，A 节点服务的 QPS 或者并发线程数在运行时的值是 1，B 节点服务的值是 8000，则 1+8000=8001，使用 8001 和集群阈值 1000 进行判断，如果大于集群阈值则流控被触发。示例配置如图 4-20 所示。

新增流控规则

资源名　/test1

针对来源　default

阈值类型　QPS　并发线程数　集群阈值　1000

是否集群　集群阈值模式　单机均摊　总体阈值

失败退化　如果 Token Server 不可用是否退化到单机限流

新增并继续添加　新增　取消

图4-20　单机均摊配置

（5）流控模式：“直接”流控模式。

（6）流控效果：“快速失败”流控效果。

4.4.5 测试：阈值类型（QPS）– 单机阈值（5）– 是否集群（否）– 流控模式（直接）– 流控效果（快速失败）

创建规则如图 4-21 所示。

新增流控规则

资源名 /test1

针对来源 default

阈值类型 ◉ QPS ○ 并发线程数　单机阈值 5

是否集群 ☐

流控模式 ◉ 直接 ○ 关联 ○ 链路

流控效果 ◉ 快速失败 ○ Warm Up ○ 排队等待

关闭高级选项

新增　取消

图4-21　创建规则

配置 QPS 数量大于 5 时就触发流控。

单击“新增”按钮后成功添加流控规则，流控规则列表如图 4-22 所示。

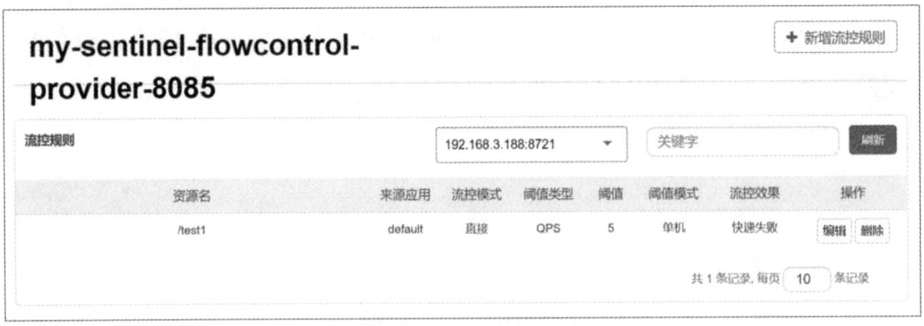

my-sentinel-flowcontrol-provider-8085　＋ 新增流控规则

流控规则　192.168.3.188:8721　关键字　刷新

资源名	来源应用	流控模式	阈值类型	阈值	阈值模式	流控效果	操作
/test1	default	直接	QPS	5	单机	快速失败	编辑 删除

共 1 条记录，每页 10 条记录

图4-22　流控列表

执行如下网址。

```
http://localhost:8091/test1
```

服务提供者控制台打印结果如下。

```
get test1 run portValue=8085
get test1 run portValue=8085
get test1 run portValue=8085
get test1 run portValue=8085
get test1 run portValue=8085
```

服务消费者控制台打印信息如下。

```
test1消费了：1次
test1消费了：2次
test1消费了：3次
test1消费了：4次
test1消费了：5次
ERROR 26560 --- [nio-8091-exec-2] o.a.c.c.C.[.[.[/].[dispatcherServlet]     :
Servlet.service() for servlet [dispatcherServlet] in context with path []
threw exception [Request processing failed; nested exception is feign.
FeignException$TooManyRequests: [429] during [GET] to [http://my-senti-
nel-flowcontrol-provider-8085/test1?request=org.apache.catalina.connector.
RequestFacade%402023e023&response=org.apache.catalina.connector.ResponseFa-
cade%403c3c7dff] [GetControllerClient#test1(HttpServletRequest,HttpServletRe-
sponse)]: [Blocked by Sentinel (flow limiting)]] with root cause

feign.FeignException$TooManyRequests: [429] during [GET] to [http://my-sen-
tinel-flowcontrol-provider-8085/test1?request=org.apache.catalina.connector.
RequestFacade%402023e023&response=org.apache.catalina.connector.ResponseFa-
cade%403c3c7dff] [GetControllerClient#test1(HttpServletRequest,HttpServletRe-
sponse)]: [Blocked by Sentinel (flow limiting)]
```

服务消费者在 1 秒内超过 5 次访问服务提供者后服务消费者被限流访问，出现限流提示 [Blocked by Sentinel (flow limiting)]。

流控模式“直接”和流控效果“快速失败”两者组合的运行效果就是触发流控后直接返回信息“Blocked by Sentinel (flow limiting)”，也就是快速失败，如图 4-23 所示。

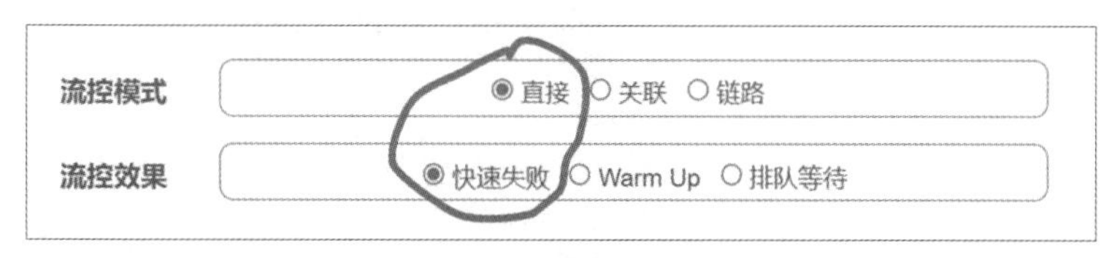

图4-23　组合使用

流控效果中的“快速失败”是默认的流控处理方式，当 QPS 超过规则的阈值后，新的请求就会被立即拒绝，拒绝方式为抛出 FeignException$TooManyRequests 异常。这种方式适用于对系统处理能力确切已知的情况下，比如，通过压测确定了系统的准确水位时。

4.4.6 测试：阈值类型（QPS）– 单机阈值（1000）– 是否集群（否）– 流控模式（直接）– 流控效果（Warm Up）

Warm Up 方式主要用于系统长期处于低水位的情况下，当流量突然增加时，直接把系统拉升到高水位的流量可能瞬间会把系统压垮。通过 Warm Up 冷启动会把通过的流量进行缓慢增加，在一定时间内逐渐增加到阈值上限，给冷系统一个预热的时间，避免出现冷系统被压垮的情况。

创建规则如图 4-24 所示。

新增流控规则

资源名 /test2

针对来源 default

阈值类型 ◉ QPS ○ 并发线程数 单机阈值 1000

是否集群 ☐

流控模式 ◉ 直接 ○ 关联 ○ 链路

流控效果 ○ 快速失败 ◉ Warm Up ○ 排队等待

预热时长 8

关闭高级选项

新增 取消

图4-24 创建规则

在冷启动过程中，QPS 呈上升的曲线，直到到达阈值的峰值，如图 4-25 所示。

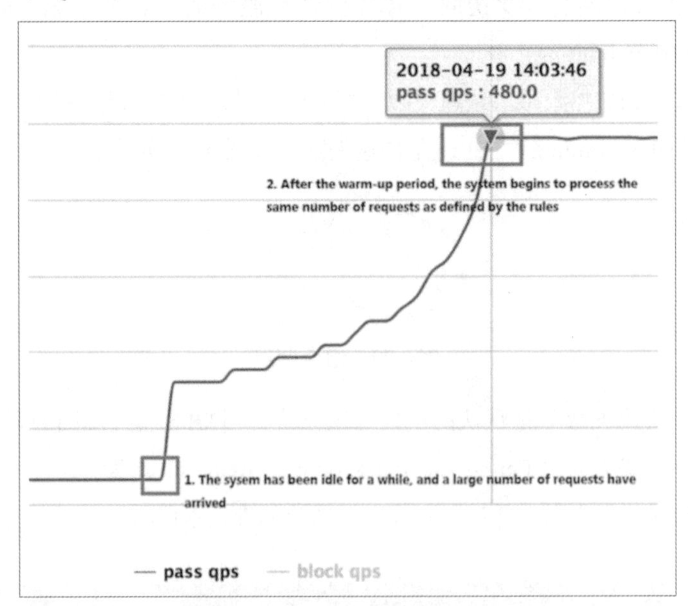

图4-25 冷启动后逐步到达峰值

执行如下网址。

```
http://localhost:8091/test2
```

程序运行结果如图 4-26 所示。

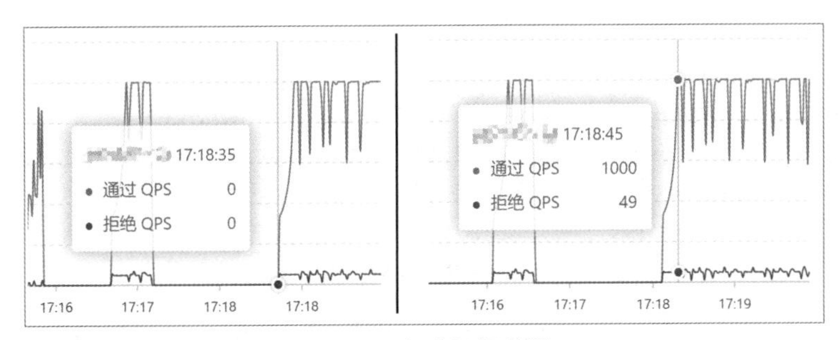

图4-26　程序运行结果

45–35=10 秒，用时 10 秒将 QPS 从 0 增涨至 1000，而流控规则设置的是 8 秒，因为有其他任务在争抢 CPU 时间片，所以预热时间大体上是正确的。

4.4.7 测试：阈值类型（QPS）– 单机阈值（2）– 是否集群（否）– 流控模式（直接）– 流控效果（排队等待）

排队等待的使用场景是在某一秒内有大量的请求进来，而接下来的几秒则处于空闲状态，现在希望系统能够在接下来的空闲期间逐渐处理这些未处理的请求，而不是在第一秒直接拒绝多余的请求。

创建规则如图 4-27 所示。

超时时间为 5000 表示在队列中的任务存放超过 5000 毫秒后即自动抛弃并抛出异常。

执行如下网址调用服务消费者。

编辑流控规则
资源名 /test3
针对来源 default
阈值类型 ◉ QPS ○ 并发线程数　单机阈值 2
是否集群 ☐
流控模式 ◉ 直接 ○ 关联 ○ 链路
流控效果 ○ 快速失败 ○ Warm Up ◉ 排队等待
超时时间 5000
关闭高级选项
保存　取消

图4-27　创建规则

```
http://localhost:8091/test3
```

服务提供者控制台输出 14 个请求。

```
get test3 run portValue=8085 1650963976553
get test3 run portValue=8085 1650963976553
get test3 run portValue=8085 1650963976553
get test3 run portValue=8085 1650963976553
get test3 run portValue=8085 1650963977025
get test3 run portValue=8085 1650963977524
get test3 run portValue=8085 1650963978025
```

```
get test3 run portValue=8085 1650963978524
get test3 run portValue=8085 1650963979024
get test3 run portValue=8085 1650963979524
get test3 run portValue=8085 1650963980024
get test3 run portValue=8085 1650963980524
get test3 run portValue=8085 1650963981024
get test3 run portValue=8085 1650963981524
```

服务消费者控制台出现了 16 个超时的请求，一共有 16 个异常信息，包含如图 4-28 所示的 URL。

图4-28　16个超时的请求

16+14=30，消费者一共发起了 30 个请求。

当前使用的流控规则为：QPS 的单机阈值是 2，即每 1 秒内最多有 2 个请求进入，5000 毫秒之后队列中的任务发生超时，如图 4-29 所示。

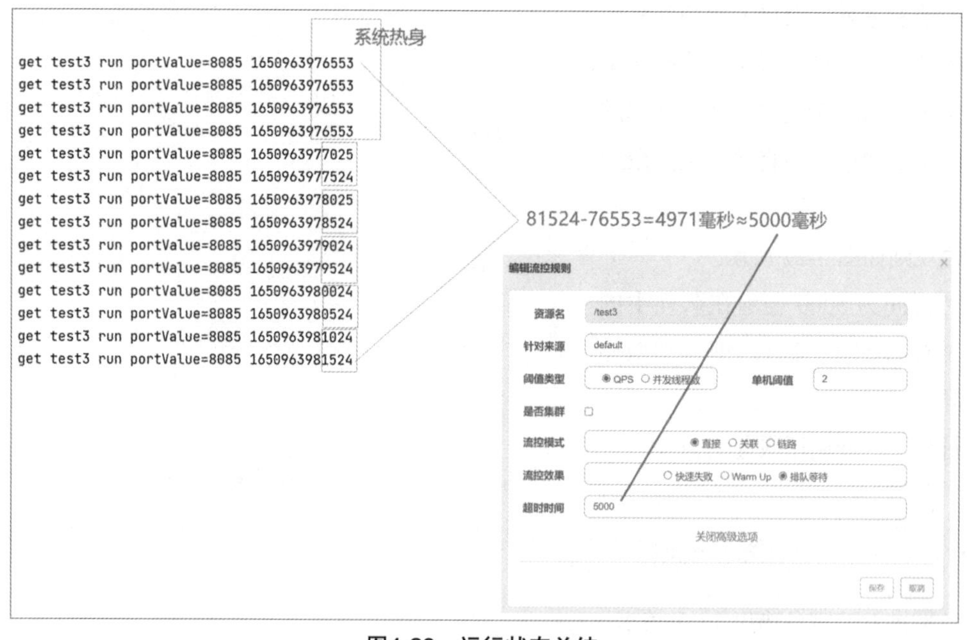

图4-29　运行状态总结

超时的请求被自动抛弃并出现异常。

4.4.8 测试：阈值类型（QPS）– 单机阈值（5）– 是否集群（否）– 流控模式（关联）– 流控效果（快速失败）

当两个资源之间具有资源争抢或者依赖关系的时候，这两个资源便具有了关联关系。比如对数据库同一个字段的读操作和写操作存在争抢，读的速度过高会影响写的速度，反之写的速度过高会影响读的速度。如果放任读写操作争抢资源，则争抢本身带来的开销会降低整体的吞吐量。这时可以使用关联限流来避免具有关联关系的资源之间发生过度的资源争抢。举例来说，read_db 和 write_db 这两个资源分别表示数据库读写，这时可以给 read_db 设置限流规则来达到写优先的目的，这样当写的操作过于频繁时，读数据的请求会被限流。

创建规则如图 4-30 所示。

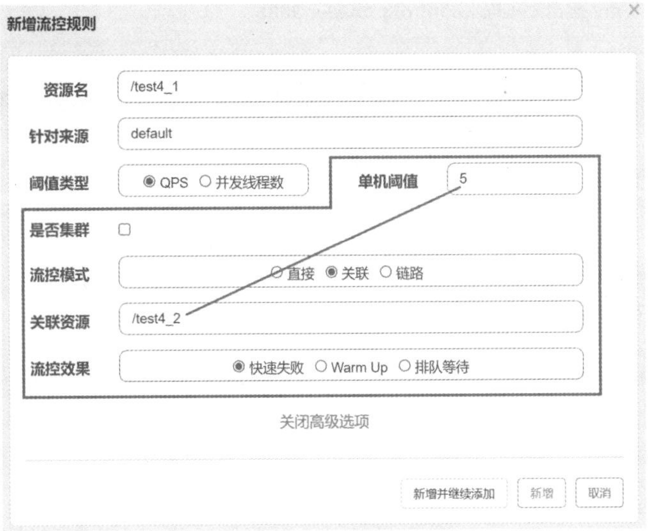

图4-30　创建规则

当执行“/test4_2”的 QPS 大于 5 时，则访问“/test4_1”时被限流，不允许被访问，说明触发“/test4_2”的流控也会触发“/test4_1”的流控，具有关联关系。

依次执行网址。

```
http://localhost:8080/test4_2
http://localhost:8080/test4_1
```

服务消费者控制台输出结果如下。

```
ERROR 35008 --- [nio-8091-exec-9] o.a.c.c.C.[.[.[/].[dispatcherServlet]      :
Servlet.service() for servlet [dispatcherServlet] in context with path []
threw exception [Request processing failed; nested exception is feign.
FeignException$TooManyRequests: [429] during [GET] to [http://my-senti-
nel-flowcontrol-provider-8085/test4_1?request=org.apache.catalina.connector.
RequestFacade%4061684d21&response=org.apache.catalina.connector.ResponseFa-
cade%406fafaf7c] [GetControllerClient#test4_1(HttpServletRequest,HttpServle-
tResponse)]: [Blocked by Sentinel (flow limiting)]] with root cause
```

执行网址 test4_2 达到限流的条件，最终导致执行 test4_1 时也触发了限流机制。

4.4.9 测试：阈值类型（QPS）– 单机阈值（5）– 是否集群（否）– 流控模式（链路）– 流控效果（快速失败）

链路表示只允许根据某个入口的统计信息对资源进行限流。

在“流控规则”界面中添加新的规则，如图 4-31 所示。

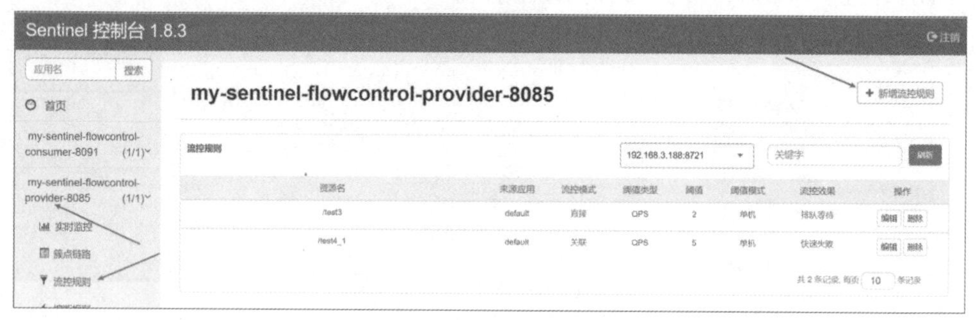

图4-31　添加新的规则

创建规则如图 4-32 所示。

新增流控规则

资源名　userinfoSeviceMethod

针对来源　default

阈值类型　◉ QPS ○ 并发线程数　单机阈值　5

是否集群　☐

流控模式　○ 直接 ○ 关联 ◉ 链路

入口资源　/test5_2

流控效果　◉ 快速失败 ○ Warm Up ○ 排队等待

关闭高级选项

新增　取消

图4-32　创建规则

当以“/test5_2”为入口去执行 userinfoServiceMethod 资源时的 QPS 大于 5 时，则 userinfoServiceMethod 资源被限流。

执行如下网址发起 100 次正常的请求。

```
http://localhost:8091/test5_1
```

执行如下网址被限流。

```
http://localhost:8091/test5_2
```

服务提供者只接收到 5 次正常的请求，控制台输出如下。

```
userinfoServiceMethod run !
userinfoServiceMethod run !
userinfoServiceMethod run !
userinfoServiceMethod run !
userinfoServiceMethod run !
ERROR 17884 --- [nio-8085-exec-6] o.a.c.c.C.[.[.[/].[dispatcherServlet]      :
Servlet.service() for servlet [dispatcherServlet] in context with path []
threw exception [Request processing failed; nested exception is java.lang.re-
flect.UndeclaredThrowableException] with root cause

com.alibaba.csp.sentinel.slots.block.flow.FlowException: null
```

4.4.10 测试：阈值类型（并发线程数）– 单机阈值（5）– 集群（否）– 流控模式（直接）

创建规则如图 4-33 所示。

图4-33　创建规则

说明并发线程数量大于 5 后就触发流控。

执行如下网址。

```
http://localhost:8091/test6
```

服务提供者控制台输出结果如下。

```
get test6 run portValue=8085
get test6 run portValue=8085
```

```
get test6 run portValue=8085
get test6 run portValue=8085
get test6 run portValue=8085
```

服务消费者控制台输出结果如下。

```
test6执行了，返回值：com.ghy.www.dto.ResponseBox@117673bd
test6执行了，返回值：com.ghy.www.dto.ResponseBox@760bef60
test6执行了，返回值：com.ghy.www.dto.ResponseBox@28bfddfe
test6执行了，返回值：com.ghy.www.dto.ResponseBox@456fd385
test6执行了，返回值：com.ghy.www.dto.ResponseBox@772f29e3
Exception in thread "Thread-62" feign.FeignException$TooManyRequests: [429]
during [GET] to [http://my-sentinel-flowcontrol-provider-8085/test6?re-
quest=org.apache.catalina.connector.RequestFacade%404e6c7733&response=org.
apache.catalina.connector.ResponseFacade%4039bfc980] [GetControllerCli-
ent#test6(HttpServletRequest,HttpServletResponse)]: [Blocked by Sentinel (flow
limiting)]
```

4.5 使用Sentinel实现熔断降级

除了流量控制以外，对调用链路中不稳定的资源进行熔断降级也是保障高可用性的重要措施之一。一个服务常常会调用其他模块，可能是另外一个远程服务、数据库，或者第三方 API 等。例如，在支付的时候，可能需要远程调用银联提供的 API；查询某个商品的价格时需要进行数据库查询。然而，这个被依赖服务的稳定性是不能得到保证的。如果依赖的服务出现了不稳定的情况，造成请求的响应时间变长，那么调用服务的方法的响应时间也会变长，线程会产生堆积，最终可能耗尽业务自身的线程资源，最终服务自身也变得不可用，这就是“服务雪崩”。

现代微服务架构都是分布式的，由非常多的服务组成。不同服务之间相互调用，组成复杂的调用链路。如果复杂链路上的某一环不稳定，就可能会层层级联，最终导致整个链路都不可用。因此需要对不稳定的弱依赖服务调用进行熔断降级，暂时切断不稳定调用，避免局部不稳定因素导致整体的雪崩。

熔断降级通常是对服务消费者端进行配置。

熔断降级借助断路器，它的工作流程如下。

（1）一旦熔断，断路器的状态是 OPEN（所有的请求都不能进来）。

（2）当熔断时长结束，断路器的状态是 HALF-OPEN（可以允许一个请求进来）。

（3）如果接下来的请求正常，断路器的状态是 CLOSE（资源自恢复，能被访问）。

（4）如果接下来的请求不正常，断路器的状态是 OPEN，以此循环。

注意：异常降级仅针对业务异常，对 Sentinel 限流降级本身的异常（BlockException）不生效。

4.5.1 慢调用比例、异常比例、异常数

本节将测试慢调用比例、异常比例、异常数。

4.5.1.1　创建服务提供者模块

创建 my-sentinel-circuitbreaking-provider 模块。

服务提供者代码如下。

```
package com.ghy.www.my.sentinel.circuitbreaking.provider.controller;

import com.ghy.www.dto.ResponseBox;
import org.springframework.beans.factory.annotation.Value;
import org.springframework.web.bind.annotation.GetMapping;
import org.springframework.web.bind.annotation.RestController;

import javax.servlet.http.HttpServletRequest;
import javax.servlet.http.HttpServletResponse;

@RestController
public class TestController {
    @Value("${server.port}")
    private int portValue;

    @GetMapping(value = "test1")
    public ResponseBox<String> test1(HttpServletRequest request, HttpServle-
tResponse response, boolean isUseCircuitBreaking) {
        System.out.println("get test1 run portValue=" + portValue);
        try {
            if (isUseCircuitBreaking == true) {
                Thread.sleep(5000);
            }
        } catch (InterruptedException e) {
            e.printStackTrace();
        }
        ResponseBox box = new ResponseBox();
        box.setResponseCode(200);
        box.setData("test1 value");
        box.setMessage("操作成功");
        return box;
    }

    @GetMapping(value = "test2")
    public ResponseBox<String> test2(HttpServletRequest request, HttpServle-
tResponse response, int id, boolean isUseCircuitBreaking) throws Exception {
```

```
        if (isUseCircuitBreaking == true) {
            if (id <= 16) {
                throw new Exception("test2出现了异常！ ");
            }
        }
         System.out.println("成功执行get test2 run portValue=" + portValue + "
id=" + id);
        ResponseBox box = new ResponseBox();
        box.setResponseCode(200);
        box.setData("test2 value");
        box.setMessage("操作成功");
        return box;
    }

    @GetMapping(value = "test3")
     public ResponseBox<String> test3(HttpServletRequest request, HttpServle-
tResponse response, int id, boolean isUseCircuitBreaking) throws Exception {
        if (isUseCircuitBreaking == true) {
            if (id <= 8) {
                throw new Exception("test3出现了异常！ ");
            }
        }
         System.out.println("成功执行get test3 run portValue=" + portValue + "
id=" + id);
        ResponseBox box = new ResponseBox();
        box.setResponseCode(200);
        box.setData("test3 value");
        box.setMessage("操作成功");
        return box;
    }
}
```

配置类代码如下。

```
package com.ghy.www.my.sentinel.circuitbreaking.provider.javaconfig;

import org.springframework.cloud.client.loadbalancer.LoadBalanced;
import org.springframework.context.annotation.Bean;
import org.springframework.context.annotation.Configuration;
import org.springframework.web.client.RestTemplate;

@Configuration
public class JavaConfig {
    @Bean
    @LoadBalanced
    public RestTemplate restTemplate() {
```

```
        return new RestTemplate();
    }
}
```

配置文件 application.yml 代码如下。

```
spring:
  application:
    name: my-sentinel-circuitbreaking-provider-8085
  cloud:
    nacos:
      discovery:
        server-addr: 192.168.3.188:8848
        username: nacos
        password: nacos
        ip: 192.168.3.188
    sentinel:
      transport:
        # 使用8721端口和8888端口进行运行状态数据的传输
        port: 8721
        dashboard: 192.168.3.188:8888
        client-ip: 192.168.3.188
      eager: true
      web-context-unify: false

server:
  port: 8085
```

4.5.1.2　创建服务消费者模块

创建 my-sentinel-circuitbreaking-consumer 模块。

OpenFeign 接口代码如下。

```
package com.ghy.www.my.sentinel.circuitbreaking.consumer.openfeignclient;

import com.ghy.www.dto.ResponseBox;
import org.springframework.cloud.openfeign.FeignClient;
import org.springframework.web.bind.annotation.GetMapping;
import org.springframework.web.bind.annotation.RequestParam;

import javax.servlet.http.HttpServletRequest;
import javax.servlet.http.HttpServletResponse;

@FeignClient(name = "my-sentinel-circuitbreaking-provider-8085")
public interface GetControllerClient {
```

```
    @GetMapping(value = "test1")
     public ResponseBox<String> test1(@RequestParam HttpServletRequest re-
quest,
                                      @RequestParam HttpServletResponse re-
sponse, @RequestParam boolean isUseCircuitBreaking);

    @GetMapping(value = "test2")
     public ResponseBox<String> test2(@RequestParam HttpServletRequest re-
quest,
                                      @RequestParam HttpServletResponse re-
sponse, @RequestParam int id, @RequestParam boolean isUseCircuitBreaking)
throws Exception;

    @GetMapping(value = "test3")
     public ResponseBox<String> test3(@RequestParam HttpServletRequest re-
quest,
                                      @RequestParam HttpServletResponse re-
sponse, @RequestParam int id, @RequestParam boolean isUseCircuitBreaking)
throws Exception;
}
```

服务消费者代码如下。

```
package com.ghy.www.my.sentinel.circuitbreaking.consumer.controller;

import com.ghy.www.my.sentinel.circuitbreaking.consumer.openfeignclient.Get-
ControllerClient;
import org.springframework.beans.factory.annotation.Autowired;
import org.springframework.web.bind.annotation.RequestMapping;
import org.springframework.web.bind.annotation.RestController;

import javax.servlet.http.HttpServletRequest;
import javax.servlet.http.HttpServletResponse;

@RestController
public class GetController {
    @Autowired
    private GetControllerClient getControllerClient;

    @RequestMapping("test1_1")
     public void test1(HttpServletRequest request, HttpServletResponse re-
sponse) {
        for (int i = 1; i <= 20; i++) {
            Thread newThread = new Thread() {
                @Override
                public void run() {
```

```
                try {
                    System.out.println("执行了test1_1 返回值: " + getCon-
trollerClient.test1(request, response, false));
                } catch (Exception e) {
                    System.out.println("出现异常:" + e.getMessage());
                }
            }
        };
        newThread.start();
    }
    try {
        Thread.sleep(1500);
    } catch (InterruptedException e) {
        e.printStackTrace();
    }
    System.out.println("");
}

@RequestMapping("test1_2")
public void test1_2(HttpServletRequest request, HttpServletResponse re-
sponse) {
    for (int i = 1; i <= 20; i++) {
        Thread newThread = new Thread() {
            @Override
            public void run() {
                try {
                    System.out.println("执行了test1_1 返回值: " + getCon-
trollerClient.test1(request, response, true));
                } catch (Exception e) {
                    System.out.println("出现异常:" + e.getMessage());
                }
            }
        };
        newThread.start();
    }
    try {
        Thread.sleep(6000);
    } catch (InterruptedException e) {
        e.printStackTrace();
    }
    System.out.println("");
    for (int i = 1; i <= 3; i++) {
        Thread newThread = new Thread() {
            @Override
            public void run() {
```

```
                    try {
                            System.out.println("执行了test1_1 返回值: " + getCon-
trollerClient.test1(request, response, true));
                    } catch (Exception e) {
                        System.out.println("出现异常:" + e.getMessage());
                    }
                }
            };
            newThread.start();
        }
    }

    class MyThread2 extends Thread {
        private HttpServletRequest request;
        private HttpServletResponse response;
        private GetControllerClient getControllerClient;
        private int i;
        private boolean isUseCircuitBreaking;

         public MyThread2(HttpServletRequest request, HttpServletResponse re-
sponse, GetControllerClient getControllerClient, int i, boolean isUseCircuit-
Breaking) {
            this.request = request;
            this.response = response;
            this.getControllerClient = getControllerClient;
            this.i = i;
            this.isUseCircuitBreaking = isUseCircuitBreaking;
        }

        @Override
        public void run() {
            try {
                System.out.println("执行了test2 返回值: " + getControllerClient.
test2(request, response, i, isUseCircuitBreaking));
            } catch (Exception e) {
                System.out.println(e.getMessage());
            }
        }
    }

    @RequestMapping("test2_1")
     public void test2_1(HttpServletRequest request, HttpServletResponse re-
sponse) {
        for (int i = 1; i <= 50; i++) {
            MyThread2 newThread = new MyThread2(request, response, getCon-
```

```
trollerClient, i, false);
            newThread.start();
        }
    }

    @RequestMapping("test2_2")
    public void test2_2(HttpServletRequest request, HttpServletResponse re-
sponse) {
        System.out.println("-----------下面20次请求，4次不出现异常，16次出现异常");
        for (int i = 1; i <= 20; i++) {
            MyThread2 newThread = new MyThread2(request, response, getCon-
trollerClient, i, true);
            newThread.start();
        }
        try {
            Thread.sleep(2000);
        } catch (InterruptedException e) {
            e.printStackTrace();
        }
        System.out.println("-----------下面2次请求不能成功消费，因为熔断器开启");
        for (int i = 1; i <= 2; i++) {
            MyThread2 newThread = new MyThread2(request, response, getCon-
trollerClient, 100, true);
            newThread.start();
        }
        try {
            Thread.sleep(2000);
        } catch (InterruptedException e) {
            e.printStackTrace();
        }
        System.out.println("-----------下面2次请求，其中1次可以成功消费，另外1次消费
失败，因为熔断器呈半开状态");
        for (int i = 1; i <= 2; i++) {
            MyThread2 newThread = new MyThread2(request, response, getCon-
trollerClient, 100, true);
            newThread.start();
        }
    }

    class MyThread3 extends Thread {
        private HttpServletRequest request;
        private HttpServletResponse response;
        private GetControllerClient getControllerClient;
        private int i;
        private boolean isUseCircuitBreaking;
```

```
        public MyThread3(HttpServletRequest request, HttpServletResponse re-
sponse, GetControllerClient getControllerClient, int i, boolean isUseCircuit-
Breaking) {
            this.request = request;
            this.response = response;
            this.getControllerClient = getControllerClient;
            this.i = i;
            this.isUseCircuitBreaking = isUseCircuitBreaking;
        }

        @Override
        public void run() {
            try {
                System.out.println("执行了test3 返回值: " + getControllerClient.
test3(request, response, i, isUseCircuitBreaking));
            } catch (Exception e) {
                System.out.println(e.getMessage());
            }
        }
    }

    @RequestMapping("test3_1")
     public void test3_1(HttpServletRequest request, HttpServletResponse re-
sponse) {
        for (int i = 1; i <= 50; i++) {
             MyThread3 newThread = new MyThread3(request, response, getCon-
trollerClient, i, false);
            newThread.start();
        }
    }

    @RequestMapping("test3_2")
     public void test3_2(HttpServletRequest request, HttpServletResponse re-
sponse) {
        System.out.println("-----------下面11次请求，3次不出现异常，8次出现异常");
        for (int i = 1; i <= 11; i++) {
             MyThread3 newThread = new MyThread3(request, response, getCon-
trollerClient, i, true);
            newThread.start();
        }
        try {
            Thread.sleep(2000);
        } catch (InterruptedException e) {
            e.printStackTrace();
```

```
        }
        System.out.println("-----------下面2次请求不能成功消费，因为熔断器开启");
        for (int i = 1; i <= 2; i++) {
            MyThread3 newThread = new MyThread3(request, response, getCon-
trollerClient, 100, true);
            newThread.start();
        }
        try {
            Thread.sleep(2000);
        } catch (InterruptedException e) {
            e.printStackTrace();
        }
        System.out.println("-----------下面2次请求，其中1次可以成功消费，另外1次消费
失败，因为熔断器呈半开状态");
        for (int i = 1; i <= 2; i++) {
            MyThread3 newThread = new MyThread3(request, response, getCon-
trollerClient, 100, true);
            newThread.start();
        }
    }
}
```

配置文件 application.yml 代码如下。

```
spring:
  application:
    name: my-sentinel-circuitbreaking-consumer-8091
  cloud:
    nacos:
      discovery:
        server-addr: 192.168.3.188:8848
        username: nacos
        password: nacos
    sentinel:
      transport:
        # 使用8722端口和8888端口进行运行状态数据的传输
        port: 8722
        dashboard: 192.168.3.188:8888
      eager: true

server:
  port: 8091
```

4.5.1.3 测试慢调用比例

慢调用比例 (SLOW_REQUEST_RATIO)：使用慢调用比例需要设置允许的慢调用 RT（即最大

的响应时间），请求的响应时间大于该值则统计为慢调用。当单位统计时长（statIntervalMs）内请求数目大于设置的最小请求数目，并且慢调用的比例大于阈值，则接下来的熔断时长内请求会自动被熔断。经过熔断时长后熔断器会进入探测恢复状态（HALF-OPEN 状态），若接下来的一个请求响应时间小于设置的慢调用 RT 则结束熔断，若大于设置的慢调用 RT 则会再次被熔断。

创建规则如图 4-34 所示。

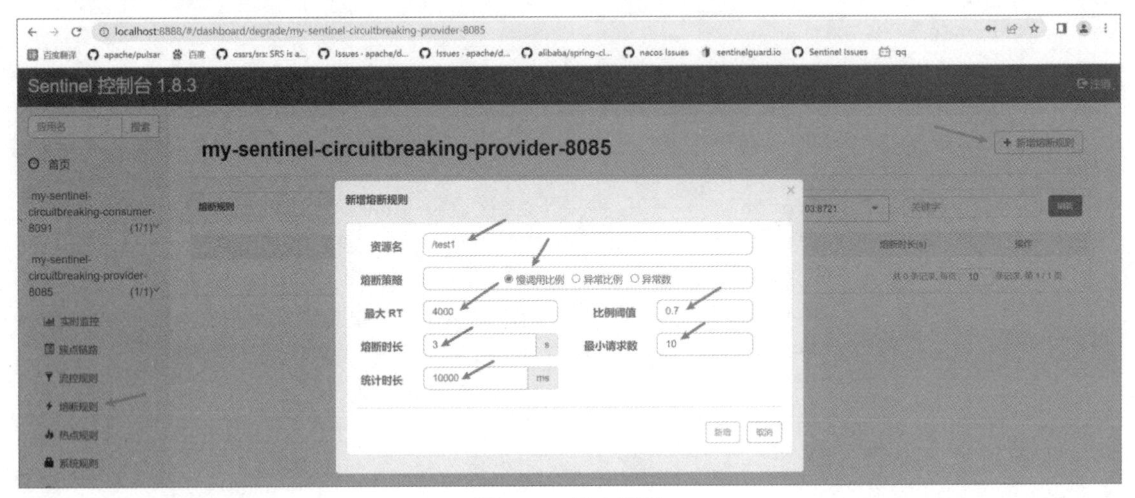

图4-34　创建规则

界面配置表示当在 10 秒内发起了大于 10 个请求，并且有 70% 的请求的响应时间超过 4 秒时就会开启熔断器，熔断 3 秒后自动恢复为半开状态。

多次执行如下网址，服务提供者和服务消费者运行结果正常的。

```
http://localhost:8091/test1_1
```

执行 1 次如下网址。

```
http://localhost:8091/test1_2
```

服务提供者控制台输出结果如下。

```
get test1 run portValue=8085
get test1 run portValue=8085
get test1 run portValue=8085
get test1 run portValue=8085
get test1 run portValue=8085
get test1 run portValue=8085
get test1 run portValue=8085
get test1 run portValue=8085
get test1 run portValue=8085
get test1 run portValue=8085
get test1 run portValue=8085
```

```
get test1 run portValue=8085
get test1 run portValue=8085
get test1 run portValue=8085
get test1 run portValue=8085
get test1 run portValue=8085
get test1 run portValue=8085
get test1 run portValue=8085
get test1 run portValue=8085
get test1 run portValue=8085
```

服务消费者控制台输出结果如下。

```
执行了test1_1 返回值: com.ghy.www.dto.ResponseBox@6ebc183a
执行了test1_1 返回值: com.ghy.www.dto.ResponseBox@4d1323b6
执行了test1_1 返回值: com.ghy.www.dto.ResponseBox@2887f2
执行了test1_1 返回值: com.ghy.www.dto.ResponseBox@78aa4225
执行了test1_1 返回值: com.ghy.www.dto.ResponseBox@324c41fc
执行了test1_1 返回值: com.ghy.www.dto.ResponseBox@246fe3df
执行了test1_1 返回值: com.ghy.www.dto.ResponseBox@bd061af
执行了test1_1 返回值: com.ghy.www.dto.ResponseBox@120ef9a4
执行了test1_1 返回值: com.ghy.www.dto.ResponseBox@59ef3443
执行了test1_1 返回值: com.ghy.www.dto.ResponseBox@7f50a0d4
执行了test1_1 返回值: com.ghy.www.dto.ResponseBox@4c83724f
执行了test1_1 返回值: com.ghy.www.dto.ResponseBox@5079b15a
执行了test1_1 返回值: com.ghy.www.dto.ResponseBox@5682073e
执行了test1_1 返回值: com.ghy.www.dto.ResponseBox@72bab94d
执行了test1_1 返回值: com.ghy.www.dto.ResponseBox@6d4e602f
执行了test1_1 返回值: com.ghy.www.dto.ResponseBox@152bdcad
执行了test1_1 返回值: com.ghy.www.dto.ResponseBox@48c15fe8
执行了test1_1 返回值: com.ghy.www.dto.ResponseBox@743df090
执行了test1_1 返回值: com.ghy.www.dto.ResponseBox@5f41d3ab
执行了test1_1 返回值: com.ghy.www.dto.ResponseBox@3af5c73c

出现异常:[429] during [GET] to [http://my-sentinel-circuitbreaking-provider-8085/test1?request=org.apache.catalina.connector.RequestFacade%4054fdbcd5&response=org.apache.catalina.connector.ResponseFacade%4026cdc8cb&isUseCircuitBreaking=true] [GetControllerClient#test1(HttpServletRequest,HttpServletResponse,boolean)]: [Blocked by Sentinel (flow limiting)]
出现异常:[429] during [GET] to [http://my-sentinel-circuitbreaking-provider-8085/test1?request=org.apache.catalina.connector.RequestFacade%4054fdbcd5&response=org.apache.catalina.connector.ResponseFacade%4026cdc8cb&isUseCircuitBreaking=true] [GetControllerClient#test1(HttpServletRequest,HttpServletResponse,boolean)]: [Blocked by Sentinel (flow limiting)]
出现异常:[429] during [GET] to [http://my-sentinel-circuitbreak-
```

```
ing-provider-8085/test1?request=org.apache.catalina.connector.Re-
questFacade%4054fdbcd5&response=org.apache.catalina.connector.
ResponseFacade%4026cdc8cb&isUseCircuitBreaking=true] [GetControllerCli-
ent#test1(HttpServletRequest,HttpServletResponse,boolean)]: [Blocked by Sen-
tinel (flow limiting)]
```

前 20 次的请求都属于“慢调用比例”，并且激活开启了熔断降级 (前 20 次负责激活开启熔断器)，6 秒钟之后再发起 3 个请求时被限流。

3 秒钟后呈半开状态，再次执行 1 次如下网址。

```
http://localhost:8091/test1_2
```

服务提供者控制台输出结果如下。

```
get test1 run portValue=8085
```

服务消费者控制台输出结果如下。

```
出现异常:[429] during [GET] to [http://my-sentinel-circuitbreak-
ing-provider-8085/test1?request=org.apache.catalina.connector.Re-
questFacade%4054fdbcd5&response=org.apache.catalina.connector.
ResponseFacade%4026cdc8cb&isUseCircuitBreaking=true] [GetControllerCli-
ent#test1(HttpServletRequest,HttpServletResponse,boolean)]: [Blocked by Sen-
tinel (flow limiting)]
出现异常:[429] during [GET] to [http://my-sentinel-circuitbreak-
ing-provider-8085/test1?request=org.apache.catalina.connector.Re-
questFacade%4054fdbcd5&response=org.apache.catalina.connector.
ResponseFacade%4026cdc8cb&isUseCircuitBreaking=true] [GetControllerCli-
ent#test1(HttpServletRequest,HttpServletResponse,boolean)]: [Blocked by Sen-
tinel (flow limiting)]
出现异常:[429] during [GET] to [http://my-sentinel-circuitbreak-
ing-provider-8085/test1?request=org.apache.catalina.connector.Re-
questFacade%4054fdbcd5&response=org.apache.catalina.connector.
ResponseFacade%4026cdc8cb&isUseCircuitBreaking=true] [GetControllerCli-
ent#test1(HttpServletRequest,HttpServletResponse,boolean)]: [Blocked by Sen-
tinel (flow limiting)]
出现异常:[429] during [GET] to [http://my-sentinel-circuitbreak-
ing-provider-8085/test1?request=org.apache.catalina.connector.Re-
questFacade%4054fdbcd5&response=org.apache.catalina.connector.
ResponseFacade%4026cdc8cb&isUseCircuitBreaking=true] [GetControllerCli-
ent#test1(HttpServletRequest,HttpServletResponse,boolean)]: [Blocked by Sen-
tinel (flow limiting)]
出现异常:[429] during [GET] to [http://my-sentinel-circuitbreak-
ing-provider-8085/test1?request=org.apache.catalina.connector.Re-
questFacade%4054fdbcd5&response=org.apache.catalina.connector.
ResponseFacade%4026cdc8cb&isUseCircuitBreaking=true] [GetControllerCli-
```

```
ent#test1(HttpServletRequest,HttpServletResponse,boolean)]: [Blocked by Sen-
tinel (flow limiting)]
出现异常:[429] during [GET] to [http://my-sentinel-circuitbreak-
ing-provider-8085/test1?request=org.apache.catalina.connector.Re-
questFacade%4054fdbcd5&response=org.apache.catalina.connector.
ResponseFacade%4026cdc8cb&isUseCircuitBreaking=true] [GetControllerCli-
ent#test1(HttpServletRequest,HttpServletResponse,boolean)]: [Blocked by Sen-
tinel (flow limiting)]
出现异常:[429] during [GET] to [http://my-sentinel-circuitbreak-
ing-provider-8085/test1?request=org.apache.catalina.connector.Re-
questFacade%4054fdbcd5&response=org.apache.catalina.connector.
ResponseFacade%4026cdc8cb&isUseCircuitBreaking=true] [GetControllerCli-
ent#test1(HttpServletRequest,HttpServletResponse,boolean)]: [Blocked by Sen-
tinel (flow limiting)]
出现异常:[429] during [GET] to [http://my-sentinel-circuitbreak-
ing-provider-8085/test1?request=org.apache.catalina.connector.Re-
questFacade%4054fdbcd5&response=org.apache.catalina.connector.
ResponseFacade%4026cdc8cb&isUseCircuitBreaking=true] [GetControllerCli-
ent#test1(HttpServletRequest,HttpServletResponse,boolean)]: [Blocked by Sen-
tinel (flow limiting)]
出现异常:[429] during [GET] to [http://my-sentinel-circuitbreak-
ing-provider-8085/test1?request=org.apache.catalina.connector.Re-
questFacade%4054fdbcd5&response=org.apache.catalina.connector.
ResponseFacade%4026cdc8cb&isUseCircuitBreaking=true] [GetControllerCli-
ent#test1(HttpServletRequest,HttpServletResponse,boolean)]: [Blocked by Sen-
tinel (flow limiting)]
出现异常:[429] during [GET] to [http://my-sentinel-circuitbreak-
ing-provider-8085/test1?request=org.apache.catalina.connector.Re-
questFacade%4054fdbcd5&response=org.apache.catalina.connector.
ResponseFacade%4026cdc8cb&isUseCircuitBreaking=true] [GetControllerCli-
ent#test1(HttpServletRequest,HttpServletResponse,boolean)]: [Blocked by Sen-
tinel (flow limiting)]
出现异常:[429] during [GET] to [http://my-sentinel-circuitbreak-
ing-provider-8085/test1?request=org.apache.catalina.connector.Re-
questFacade%4054fdbcd5&response=org.apache.catalina.connector.
ResponseFacade%4026cdc8cb&isUseCircuitBreaking=true] [GetControllerCli-
ent#test1(HttpServletRequest,HttpServletResponse,boolean)]: [Blocked by Sen-
tinel (flow limiting)]
出现异常:[429] during [GET] to [http://my-sentinel-circuitbreak-
ing-provider-8085/test1?request=org.apache.catalina.connector.Re-
questFacade%4054fdbcd5&response=org.apache.catalina.connector.
ResponseFacade%4026cdc8cb&isUseCircuitBreaking=true] [GetControllerCli-
ent#test1(HttpServletRequest,HttpServletResponse,boolean)]: [Blocked by Sen-
tinel (flow limiting)]
出现异常:[429] during [GET] to [http://my-sentinel-circuitbreak-
```

```
ing-provider-8085/test1?request=org.apache.catalina.connector.Re-
questFacade%4054fdbcd5&response=org.apache.catalina.connector.
ResponseFacade%4026cdc8cb&isUseCircuitBreaking=true] [GetControllerCli-
ent#test1(HttpServletRequest,HttpServletResponse,boolean)]: [Blocked by Sen-
tinel (flow limiting)]
出现异常:[429] during [GET] to [http://my-sentinel-circuitbreak-
ing-provider-8085/test1?request=org.apache.catalina.connector.Re-
questFacade%4054fdbcd5&response=org.apache.catalina.connector.
ResponseFacade%4026cdc8cb&isUseCircuitBreaking=true] [GetControllerCli-
ent#test1(HttpServletRequest,HttpServletResponse,boolean)]: [Blocked by Sen-
tinel (flow limiting)]
出现异常:[429] during [GET] to [http://my-sentinel-circuitbreak-
ing-provider-8085/test1?request=org.apache.catalina.connector.Re-
questFacade%4054fdbcd5&response=org.apache.catalina.connector.
ResponseFacade%4026cdc8cb&isUseCircuitBreaking=true] [GetControllerCli-
ent#test1(HttpServletRequest,HttpServletResponse,boolean)]: [Blocked by Sen-
tinel (flow limiting)]
出现异常:[429] during [GET] to [http://my-sentinel-circuitbreak-
ing-provider-8085/test1?request=org.apache.catalina.connector.Re-
questFacade%4054fdbcd5&response=org.apache.catalina.connector.
ResponseFacade%4026cdc8cb&isUseCircuitBreaking=true] [GetControllerCli-
ent#test1(HttpServletRequest,HttpServletResponse,boolean)]: [Blocked by Sen-
tinel (flow limiting)]
出现异常:[429] during [GET] to [http://my-sentinel-circuitbreak-
ing-provider-8085/test1?request=org.apache.catalina.connector.Re-
questFacade%4054fdbcd5&response=org.apache.catalina.connector.
ResponseFacade%4026cdc8cb&isUseCircuitBreaking=true] [GetControllerCli-
ent#test1(HttpServletRequest,HttpServletResponse,boolean)]: [Blocked by Sen-
tinel (flow limiting)]
出现异常:[429] during [GET] to [http://my-sentinel-circuitbreak-
ing-provider-8085/test1?request=org.apache.catalina.connector.Re-
questFacade%4054fdbcd5&response=org.apache.catalina.connector.
ResponseFacade%4026cdc8cb&isUseCircuitBreaking=true] [GetControllerCli-
ent#test1(HttpServletRequest,HttpServletResponse,boolean)]: [Blocked by Sen-
tinel (flow limiting)]
出现异常:[429] during [GET] to [http://my-sentinel-circuitbreak-
ing-provider-8085/test1?request=org.apache.catalina.connector.Re-
questFacade%4054fdbcd5&response=org.apache.catalina.connector.
ResponseFacade%4026cdc8cb&isUseCircuitBreaking=true] [GetControllerCli-
ent#test1(HttpServletRequest,HttpServletResponse,boolean)]: [Blocked by Sen-
tinel (flow limiting)]
执行了test1_1 返回值: com.ghy.www.dto.ResponseBox@7834b705

出现异常:[429] during [GET] to [http://my-sentinel-circuitbreak-
ing-provider-8085/test1?request=org.apache.catalina.connector.Re-
```

```
questFacade%4054fdbcd5&response=org.apache.catalina.connector.
ResponseFacade%4026cdc8cb&isUseCircuitBreaking=true] [GetControllerCli-
ent#test1(HttpServletRequest,HttpServletResponse,boolean)]: [Blocked by Sen-
tinel (flow limiting)]
出现异常:[429] during [GET] to [http://my-sentinel-circuitbreak-
ing-provider-8085/test1?request=org.apache.catalina.connector.Re-
questFacade%4054fdbcd5&response=org.apache.catalina.connector.
ResponseFacade%4026cdc8cb&isUseCircuitBreaking=true] [GetControllerCli-
ent#test1(HttpServletRequest,HttpServletResponse,boolean)]: [Blocked by Sen-
tinel (flow limiting)]
出现异常:[429] during [GET] to [http://my-sentinel-circuitbreak-
ing-provider-8085/test1?request=org.apache.catalina.connector.Re-
questFacade%4054fdbcd5&response=org.apache.catalina.connector.
ResponseFacade%4026cdc8cb&isUseCircuitBreaking=true] [GetControllerCli-
ent#test1(HttpServletRequest,HttpServletResponse,boolean)]: [Blocked by Sen-
tinel (flow limiting)]
```

服务消费者一共发起 23 次请求，1 次成功，22 次失败。熔断器呈半开启状态时只允许 1 次请求，其他请求全部被熔断。

这时可以多次执行如下网址实现断路器的关闭。

```
http://localhost:8091/test1_1
```

4.5.1.4　测试异常比例

异常比例 (ERROR_RATIO)：当单位统计时长（statIntervalMs）内请求数目大于设置的最小请求数目，并且异常的比例大于阈值，则接下来的熔断时长内的请求会自动被熔断。经过熔断时长后熔断器会进入探测恢复状态（HALF-OPEN 状态），若接下来的一个请求成功完成（没有错误）则结束熔断，否则会再次被熔断。异常比率的阈值范围是 [0.0~1.0]，表示 0%~100%。

创建规则如图 4-35 所示。

新增熔断规则
资源名 /test2
熔断策略 ○慢调用比例 ◉异常比例 ○异常数
比例阈值 0.7
熔断时长 3 s　最小请求数 10
统计时长 10000 ms
新增　取消

图4-35　创建规则

界面配置表示当在 10 秒内发起了大于 10 个请求，并且异常请求的比例大于 70% 时就会开启熔断器，熔断 3 秒后自动恢复为半开状态。

多次执行如下网址，服务提供者和服务消费者成功进行通信。

```
http://localhost:8091/test2_1
```

执行 1 次如下网址。

```
http://localhost:8091/test2_2
```

服务提供者控制台输出结果如下。

```
（A）成功执行get test2 run portValue=8085 id=18
（B）成功执行get test2 run portValue=8085 id=19
（C）成功执行get test2 run portValue=8085 id=17
（D）成功执行get test2 run portValue=8085 id=20
（1）ERROR 21832 --- [io-8085-exec-40] o.a.c.c.C.[.[.[/].[dispatcherServlet]
: Servlet.service() for servlet [dispatcherServlet] in context with path []
threw exception [Request processing failed; nested exception is java.lang.Ex-
ception: test2出现了异常！] with root cause
（2）ERROR 21832 --- [io-8085-exec-71] o.a.c.c.C.[.[.[/].[dispatcherServlet]
: Servlet.service() for servlet [dispatcherServlet] in context with path []
threw exception [Request processing failed; nested exception is java.lang.Ex-
ception: test2出现了异常！] with root cause
（3）ERROR 21832 --- [io-8085-exec-62] o.a.c.c.C.[.[.[/].[dispatcherServlet]
: Servlet.service() for servlet [dispatcherServlet] in context with path []
threw exception [Request processing failed; nested exception is java.lang.Ex-
ception: test2出现了异常！] with root cause
（4）ERROR 21832 --- [io-8085-exec-45] o.a.c.c.C.[.[.[/].[dispatcherServlet]
: Servlet.service() for servlet [dispatcherServlet] in context with path []
threw exception [Request processing failed; nested exception is java.lang.Ex-
ception: test2出现了异常！] with root cause
（5）ERROR 21832 --- [io-8085-exec-22] o.a.c.c.C.[.[.[/].[dispatcherServlet]
: Servlet.service() for servlet [dispatcherServlet] in context with path []
threw exception [Request processing failed; nested exception is java.lang.Ex-
ception: test2出现了异常！] with root cause
（6）ERROR 21832 --- [io-8085-exec-63] o.a.c.c.C.[.[.[/].[dispatcherServlet]
: Servlet.service() for servlet [dispatcherServlet] in context with path []
threw exception [Request processing failed; nested exception is java.lang.Ex-
ception: test2出现了异常！] with root cause
（7）ERROR 21832 --- [io-8085-exec-66] o.a.c.c.C.[.[.[/].[dispatcherServlet]
: Servlet.service() for servlet [dispatcherServlet] in context with path []
threw exception [Request processing failed; nested exception is java.lang.Ex-
ception: test2出现了异常！] with root cause
（8）ERROR 21832 --- [io-8085-exec-64] o.a.c.c.C.[.[.[/].[dispatcherServlet]
: Servlet.service() for servlet [dispatcherServlet] in context with path []
```

```
threw exception [Request processing failed; nested exception is java.lang.Ex-
ception: test2出现了异常! ] with root cause
(9)ERROR 21832 --- [io-8085-exec-12] o.a.c.c.C.[.[.[/].[dispatcherServlet]
: Servlet.service() for servlet [dispatcherServlet] in context with path []
threw exception [Request processing failed; nested exception is java.lang.Ex-
ception: test2出现了异常! ] with root cause
(10)ERROR 21832 --- [io-8085-exec-51] o.a.c.c.C.[.[.[/].[dispatcherServlet]
: Servlet.service() for servlet [dispatcherServlet] in context with path []
threw exception [Request processing failed; nested exception is java.lang.Ex-
ception: test2出现了异常! ] with root cause
(11)ERROR 21832 --- [io-8085-exec-61] o.a.c.c.C.[.[.[/].[dispatcherServlet]
: Servlet.service() for servlet [dispatcherServlet] in context with path []
threw exception [Request processing failed; nested exception is java.lang.Ex-
ception: test2出现了异常! ] with root cause
(12)ERROR 21832 --- [io-8085-exec-28] o.a.c.c.C.[.[.[/].[dispatcherServlet]
: Servlet.service() for servlet [dispatcherServlet] in context with path []
threw exception [Request processing failed; nested exception is java.lang.Ex-
ception: test2出现了异常! ] with root cause
(13)ERROR 21832 --- [io-8085-exec-68] o.a.c.c.C.[.[.[/].[dispatcherServlet]
: Servlet.service() for servlet [dispatcherServlet] in context with path []
threw exception [Request processing failed; nested exception is java.lang.Ex-
ception: test2出现了异常! ] with root cause
(14)ERROR 21832 --- [io-8085-exec-46] o.a.c.c.C.[.[.[/].[dispatcherServlet]
: Servlet.service() for servlet [dispatcherServlet] in context with path []
threw exception [Request processing failed; nested exception is java.lang.Ex-
ception: test2出现了异常! ] with root cause
(15)ERROR 21832 --- [io-8085-exec-53] o.a.c.c.C.[.[.[/].[dispatcherServlet]
: Servlet.service() for servlet [dispatcherServlet] in context with path []
threw exception [Request processing failed; nested exception is java.lang.Ex-
ception: test2出现了异常! ] with root cause
(16)ERROR 21832 --- [nio-8085-exec-6] o.a.c.c.C.[.[.[/].[dispatcherServlet]
: Servlet.service() for servlet [dispatcherServlet] in context with path []
threw exception [Request processing failed; nested exception is java.lang.Ex-
ception: test2出现了异常! ] with root cause
(Z)成功执行get test2 run portValue=8085 id=100
```

序号为 A、B、C、D 的请求成功执行 (20 个请求中的 4 个)，然后有 16 个请求出现异常。4+16=20，服务消费者前 20 次请求成功被服务提供者处理，这是服务消费者 20 个请求的运行结果。20 的 70% 是 14，现在是 16 次出现异常，16>14，所以熔断器开启了。序号为 Z 的打印是熔断器呈半开启状态下进入的请求。

服务消费者控制台输出结果如下。

```
-----------下面20次请求，4次不出现异常，16次出现异常
执行了test2 返回值：com.ghy.www.dto.ResponseBox@2748bc77
```

```
执行了test2 返回值：com.ghy.www.dto.ResponseBox@61285045
执行了test2 返回值：com.ghy.www.dto.ResponseBox@4bb5c18
执行了test2 返回值：com.ghy.www.dto.ResponseBox@3c2e5ade
[500] during [GET] to [http://my-sentinel-circuitbreaking-provider-8085/
test2?request=org.apache.catalina.connector.RequestFacade%40161496fd&re-
sponse=org.apache.catalina.connector.ResponseFacade%4059aff02a&id=3&isUseCir-
cuitBreaking=true] [GetControllerClient#test2(HttpServletRequest,HttpServ-
letResponse,int,boolean)]: [{"timestamp":"2022-04-27T07:53:06.880+00:00","
status":500,"error":"Internal Server Error","path":"/test2"}]
[500] during [GET] to [http://my-sentinel-circuitbreaking-provider-8085/
test2?request=org.apache.catalina.connector.RequestFacade%40161496fd&respon-
se=org.apache.catalina.connector.ResponseFacade%4059aff02a&id=15&isUseCir-
cuitBreaking=true] [GetControllerClient#test2(HttpServletRequest,HttpServ-
letResponse,int,boolean)]: [{"timestamp":"2022-04-27T07:53:06.880+00:00","
status":500,"error":"Internal Server Error","path":"/test2"}]
[500] during [GET] to [http://my-sentinel-circuitbreaking-provider-8085/
test2?request=org.apache.catalina.connector.RequestFacade%40161496fd&re-
sponse=org.apache.catalina.connector.ResponseFacade%4059aff02a&id=1&isUseCir-
cuitBreaking=true] [GetControllerClient#test2(HttpServletRequest,HttpServ-
letResponse,int,boolean)]: [{"timestamp":"2022-04-27T07:53:06.880+00:00","
status":500,"error":"Internal Server Error","path":"/test2"}]
[500] during [GET] to [http://my-sentinel-circuitbreaking-provider-8085/
test2?request=org.apache.catalina.connector.RequestFacade%40161496fd&respon-
se=org.apache.catalina.connector.ResponseFacade%4059aff02a&id=12&isUseCir-
cuitBreaking=true] [GetControllerClient#test2(HttpServletRequest,HttpServ-
letResponse,int,boolean)]: [{"timestamp":"2022-04-27T07:53:06.880+00:00","
status":500,"error":"Internal Server Error","path":"/test2"}]
[500] during [GET] to [http://my-sentinel-circuitbreaking-provider-8085/
test2?request=org.apache.catalina.connector.RequestFacade%40161496fd&respon-
se=org.apache.catalina.connector.ResponseFacade%4059aff02a&id=16&isUseCir-
cuitBreaking=true] [GetControllerClient#test2(HttpServletRequest,HttpServ-
letResponse,int,boolean)]: [{"timestamp":"2022-04-27T07:53:06.880+00:00","
status":500,"error":"Internal Server Error","path":"/test2"}]
[500] during [GET] to [http://my-sentinel-circuitbreaking-provider-8085/
test2?request=org.apache.catalina.connector.RequestFacade%40161496fd&respon-
se=org.apache.catalina.connector.ResponseFacade%4059aff02a&id=11&isUseCir-
cuitBreaking=true] [GetControllerClient#test2(HttpServletRequest,HttpServ-
letResponse,int,boolean)]: [{"timestamp":"2022-04-27T07:53:06.882+00:00","
status":500,"error":"Internal Server Error","path":"/test2"}]
[500] during [GET] to [http://my-sentinel-circuitbreaking-provider-8085/
test2?request=org.apache.catalina.connector.RequestFacade%40161496fd&re-
sponse=org.apache.catalina.connector.ResponseFacade%4059aff02a&id=4&isUseCir-
cuitBreaking=true] [GetControllerClient#test2(HttpServletRequest,HttpServ-
letResponse,int,boolean)]: [{"timestamp":"2022-04-27T07:53:06.880+00:00","
status":500,"error":"Internal Server Error","path":"/test2"}]
```

```
[500] during [GET] to [http://my-sentinel-circuitbreaking-provider-8085/
test2?request=org.apache.catalina.connector.RequestFacade%40161496fd&respon-
se=org.apache.catalina.connector.ResponseFacade%4059aff02a&id=14&isUseCir-
cuitBreaking=true] [GetControllerClient#test2(HttpServletRequest,HttpServ-
letResponse,int,boolean)]: [{"timestamp":"2022-04-27T07:53:06.893+00:00","
status":500,"error":"Internal Server Error","path":"/test2"}]
[500] during [GET] to [http://my-sentinel-circuitbreaking-provider-8085/
test2?request=org.apache.catalina.connector.RequestFacade%40161496fd&respon-
se=org.apache.catalina.connector.ResponseFacade%4059aff02a&id=10&isUseCir-
cuitBreaking=true] [GetControllerClient#test2(HttpServletRequest,HttpServ-
letResponse,int,boolean)]: [{"timestamp":"2022-04-27T07:53:06.886+00:00","
status":500,"error":"Internal Server Error","path":"/test2"}]
[500] during [GET] to [http://my-sentinel-circuitbreaking-provider-8085/
test2?request=org.apache.catalina.connector.RequestFacade%40161496fd&re-
sponse=org.apache.catalina.connector.ResponseFacade%4059aff02a&id=2&isUseCir-
cuitBreaking=true] [GetControllerClient#test2(HttpServletRequest,HttpServ-
letResponse,int,boolean)]: [{"timestamp":"2022-04-27T07:53:06.880+00:00","
status":500,"error":"Internal Server Error","path":"/test2"}]
[500] during [GET] to [http://my-sentinel-circuitbreaking-provider-8085/
test2?request=org.apache.catalina.connector.RequestFacade%40161496fd&respon-
se=org.apache.catalina.connector.ResponseFacade%4059aff02a&id=13&isUseCir-
cuitBreaking=true] [GetControllerClient#test2(HttpServletRequest,HttpServ-
letResponse,int,boolean)]: [{"timestamp":"2022-04-27T07:53:06.883+00:00","
status":500,"error":"Internal Server Error","path":"/test2"}]
[500] during [GET] to [http://my-sentinel-circuitbreaking-provider-8085/
test2?request=org.apache.catalina.connector.RequestFacade%40161496fd&re-
sponse=org.apache.catalina.connector.ResponseFacade%4059aff02a&id=5&isUseCir-
cuitBreaking=true] [GetControllerClient#test2(HttpServletRequest,HttpServ-
letResponse,int,boolean)]: [{"timestamp":"2022-04-27T07:53:06.880+00:00","
status":500,"error":"Internal Server Error","path":"/test2"}]
[500] during [GET] to [http://my-sentinel-circuitbreaking-provider-8085/
test2?request=org.apache.catalina.connector.RequestFacade%40161496fd&re-
sponse=org.apache.catalina.connector.ResponseFacade%4059aff02a&id=9&isUseCir-
cuitBreaking=true] [GetControllerClient#test2(HttpServletRequest,HttpServ-
letResponse,int,boolean)]: [{"timestamp":"2022-04-27T07:53:06.898+00:00","
status":500,"error":"Internal Server Error","path":"/test2"}]
[500] during [GET] to [http://my-sentinel-circuitbreaking-provider-8085/
test2?request=org.apache.catalina.connector.RequestFacade%40161496fd&re-
sponse=org.apache.catalina.connector.ResponseFacade%4059aff02a&id=7&isUseCir-
cuitBreaking=true] [GetControllerClient#test2(HttpServletRequest,HttpServ-
letResponse,int,boolean)]: [{"timestamp":"2022-04-27T07:53:06.899+00:00","
status":500,"error":"Internal Server Error","path":"/test2"}]
[500] during [GET] to [http://my-sentinel-circuitbreaking-provider-8085/
test2?request=org.apache.catalina.connector.RequestFacade%40161496fd&re-
sponse=org.apache.catalina.connector.ResponseFacade%4059aff02a&id=8&isUseCir-
```

```
cuitBreaking=true] [GetControllerClient#test2(HttpServletRequest,HttpServ-
letResponse,int,boolean)]: [{"timestamp":"2022-04-27T07:53:06.899+00:00","
status":500,"error":"Internal Server Error","path":"/test2"}]
[500] during [GET] to [http://my-sentinel-circuitbreaking-provider-8085/
test2?request=org.apache.catalina.connector.RequestFacade%40161496fd&re-
sponse=org.apache.catalina.connector.ResponseFacade%4059aff02a&id=6&isUseCir-
cuitBreaking=true] [GetControllerClient#test2(HttpServletRequest,HttpServ-
letResponse,int,boolean)]: [{"timestamp":"2022-04-27T07:53:06.900+00:00","
status":500,"error":"Internal Server Error","path":"/test2"}]
-----------下面2次请求不能成功消费，因为熔断器开启
[429] during [GET] to [http://my-sentinel-circuitbreaking-provider-8085/
test2?request=org.apache.catalina.connector.RequestFacade%40161496fd&respon-
se=org.apache.catalina.connector.ResponseFacade%4059aff02a&id=100&isUseCir-
cuitBreaking=true] [GetControllerClient#test2(HttpServletRequest,HttpServle-
tResponse,int,boolean)]: [Blocked by Sentinel (flow limiting)]
[429] during [GET] to [http://my-sentinel-circuitbreaking-provider-8085/
test2?request=org.apache.catalina.connector.RequestFacade%40161496fd&respon-
se=org.apache.catalina.connector.ResponseFacade%4059aff02a&id=100&isUseCir-
cuitBreaking=true] [GetControllerClient#test2(HttpServletRequest,HttpServle-
tResponse,int,boolean)]: [Blocked by Sentinel (flow limiting)]
-----------下面2次请求，其中1次可以成功消费，另外1次消费失败，因为熔断器呈半开启状态
[429] during [GET] to [http://my-sentinel-circuitbreaking-provider-8085/
test2?request=org.apache.catalina.connector.RequestFacade%40161496fd&respon-
se=org.apache.catalina.connector.ResponseFacade%4059aff02a&id=100&isUseCir-
cuitBreaking=true] [GetControllerClient#test2(HttpServletRequest,HttpServle-
tResponse,int,boolean)]: [Blocked by Sentinel (flow limiting)]
执行了test2 返回值: com.ghy.www.dto.ResponseBox@491b478b
```

4.5.1.5 测试异常数

当单位统计时长内的异常数目超过阈值之后会自动进行熔断。经过熔断时长后熔断器会进入探测恢复状态（HALF-OPEN 状态），若接下来的一个请求成功完成（没有错误）则结束熔断，否则会再次被熔断。

创建规则如图 4-36 所示。

新增熔断规则

资源名	/test3		
熔断策略	○ 慢调用比例 ○ 异常比例 ◉ 异常数		
异常数	7		
熔断时长	3 s	最小请求数	10
统计时长	10000 ms		

新增 取消

图4-36 创建规则

界面配置表示当在 10 秒内发起了大于 10 个请求，并且异常请求的比例大于 7 次时就会开启熔断器，熔断 3 秒后自动恢复为半开启状态。

多次执行如下网址，服务提供者

和服务消费者成功进行通信。

```
http://localhost:8091/test3_1
```

执行 1 次如下网址。

```
http://localhost:8091/test3_2
```

服务提供者控制台输出结果如下。

```
(A)成功执行get test3 run portValue=8085 id=11
(B)成功执行get test3 run portValue=8085 id=9
(C)成功执行get test3 run portValue=8085 id=10
(1)ERROR 39392 --- [io-8085-exec-30] o.a.c.c.C.[.[.[/].[dispatcherServlet]
: Servlet.service() for servlet [dispatcherServlet] in context with path []
threw exception [Request processing failed; nested exception is java.lang.Ex-
ception: test3出现了异常! ] with root cause
(2)ERROR 39392 --- [io-8085-exec-57] o.a.c.c.C.[.[.[/].[dispatcherServlet]
: Servlet.service() for servlet [dispatcherServlet] in context with path []
threw exception [Request processing failed; nested exception is java.lang.Ex-
ception: test3出现了异常! ] with root cause
(3)ERROR 39392 --- [io-8085-exec-55] o.a.c.c.C.[.[.[/].[dispatcherServlet]
: Servlet.service() for servlet [dispatcherServlet] in context with path []
threw exception [Request processing failed; nested exception is java.lang.Ex-
ception: test3出现了异常! ] with root cause
(4)ERROR 39392 --- [io-8085-exec-51] o.a.c.c.C.[.[.[/].[dispatcherServlet]
: Servlet.service() for servlet [dispatcherServlet] in context with path []
threw exception [Request processing failed; nested exception is java.lang.Ex-
ception: test3出现了异常! ] with root cause
(5)ERROR 39392 --- [io-8085-exec-27] o.a.c.c.C.[.[.[/].[dispatcherServlet]
: Servlet.service() for servlet [dispatcherServlet] in context with path []
threw exception [Request processing failed; nested exception is java.lang.Ex-
ception: test3出现了异常! ] with root cause
(6)ERROR 39392 --- [io-8085-exec-63] o.a.c.c.C.[.[.[/].[dispatcherServlet]
: Servlet.service() for servlet [dispatcherServlet] in context with path []
threw exception [Request processing failed; nested exception is java.lang.Ex-
ception: test3出现了异常! ] with root cause
(7)ERROR 39392 --- [io-8085-exec-13] o.a.c.c.C.[.[.[/].[dispatcherServlet]
: Servlet.service() for servlet [dispatcherServlet] in context with path []
threw exception [Request processing failed; nested exception is java.lang.Ex-
ception: test3出现了异常! ] with root cause
(8)ERROR 39392 --- [nio-8085-exec-6] o.a.c.c.C.[.[.[/].[dispatcherServlet]
: Servlet.service() for servlet [dispatcherServlet] in context with path []
threw exception [Request processing failed; nested exception is java.lang.Ex-
ception: test3出现了异常! ] with root cause
(Z)成功执行get test3 run portValue=8085 id=100
```

序号为A、B、C的请求成功执行(11个请求中的3个)，然后有8个请求出现异常。3+8=11，服务消费者前3次请求成功被服务提供者处理，这是服务消费者11个请求的运行结果。在11次请求中出现了8次错误，所以熔断器开启了。序号为Z的打印是熔断器呈半开启状态下进入的请求。

服务消费者控制台输出结果如下。

```
-----------下面11次请求，3次不出现异常，8次出现异常
执行了test3 返回值：com.ghy.www.dto.ResponseBox@230dc2aa
执行了test3 返回值：com.ghy.www.dto.ResponseBox@5fadf700
执行了test3 返回值：com.ghy.www.dto.ResponseBox@61e87dc9
[500] during [GET] to [http://my-sentinel-circuitbreaking-provider-8085/
test3?request=org.apache.catalina.connector.RequestFacade%4033018b4d&re-
sponse=org.apache.catalina.connector.ResponseFacade%40dcdbb&id=1&isUseCir-
cuitBreaking=true] [GetControllerClient#test3(HttpServletRequest,HttpServ-
letResponse,int,boolean)]: [{"timestamp":"2022-04-27T08:11:52.408+00:00","
status":500,"error":"Internal Server Error","path":"/test3"}]
[500] during [GET] to [http://my-sentinel-circuitbreaking-provider-8085/
test3?request=org.apache.catalina.connector.RequestFacade%4033018b4d&re-
sponse=org.apache.catalina.connector.ResponseFacade%40dcdbb&id=5&isUseCir-
cuitBreaking=true] [GetControllerClient#test3(HttpServletRequest,HttpServ-
letResponse,int,boolean)]: [{"timestamp":"2022-04-27T08:11:52.408+00:00","
status":500,"error":"Internal Server Error","path":"/test3"}]
[500] during [GET] to [http://my-sentinel-circuitbreaking-provider-8085/
test3?request=org.apache.catalina.connector.RequestFacade%4033018b4d&re-
sponse=org.apache.catalina.connector.ResponseFacade%40dcdbb&id=3&isUseCir-
cuitBreaking=true] [GetControllerClient#test3(HttpServletRequest,HttpServ-
letResponse,int,boolean)]: [{"timestamp":"2022-04-27T08:11:52.408+00:00","
status":500,"error":"Internal Server Error","path":"/test3"}]
[500] during [GET] to [http://my-sentinel-circuitbreaking-provider-8085/
test3?request=org.apache.catalina.connector.RequestFacade%4033018b4d&re-
sponse=org.apache.catalina.connector.ResponseFacade%40dcdbb&id=6&isUseCir-
cuitBreaking=true] [GetControllerClient#test3(HttpServletRequest,HttpServ-
letResponse,int,boolean)]: [{"timestamp":"2022-04-27T08:11:52.408+00:00","
status":500,"error":"Internal Server Error","path":"/test3"}]
[500] during [GET] to [http://my-sentinel-circuitbreaking-provider-8085/
test3?request=org.apache.catalina.connector.RequestFacade%4033018b4d&re-
sponse=org.apache.catalina.connector.ResponseFacade%40dcdbb&id=7&isUseCir-
cuitBreaking=true] [GetControllerClient#test3(HttpServletRequest,HttpServ-
letResponse,int,boolean)]: [{"timestamp":"2022-04-27T08:11:52.408+00:00","
status":500,"error":"Internal Server Error","path":"/test3"}]
[500] during [GET] to [http://my-sentinel-circuitbreaking-provider-8085/
test3?request=org.apache.catalina.connector.RequestFacade%4033018b4d&re-
sponse=org.apache.catalina.connector.ResponseFacade%40dcdbb&id=8&isUseCir-
cuitBreaking=true] [GetControllerClient#test3(HttpServletRequest,HttpServ-
letResponse,int,boolean)]: [{"timestamp":"2022-04-27T08:11:52.408+00:00","
status":500,"error":"Internal Server Error","path":"/test3"}]
```

```
[500] during [GET] to [http://my-sentinel-circuitbreaking-provider-8085/test3?request=org.apache.catalina.connector.RequestFacade%4033018b4d&response=org.apache.catalina.connector.ResponseFacade%40dcdbb&id=2&isUseCircuitBreaking=true] [GetControllerClient#test3(HttpServletRequest,HttpServletResponse,int,boolean)]: [{"timestamp":"2022-04-27T08:11:52.408+00:00","status":500,"error":"Internal Server Error","path":"/test3"}]
[500] during [GET] to [http://my-sentinel-circuitbreaking-provider-8085/test3?request=org.apache.catalina.connector.RequestFacade%4033018b4d&response=org.apache.catalina.connector.ResponseFacade%40dcdbb&id=4&isUseCircuitBreaking=true] [GetControllerClient#test3(HttpServletRequest,HttpServletResponse,int,boolean)]: [{"timestamp":"2022-04-27T08:11:52.408+00:00","status":500,"error":"Internal Server Error","path":"/test3"}]
-----------下面2次请求不能成功消费，因为熔断器开启
[429] during [GET] to [http://my-sentinel-circuitbreaking-provider-8085/test3?request=org.apache.catalina.connector.RequestFacade%4033018b4d&response=org.apache.catalina.connector.ResponseFacade%40dcdbb&id=100&isUseCircuitBreaking=true] [GetControllerClient#test3(HttpServletRequest,HttpServletResponse,int,boolean)]: [Blocked by Sentinel (flow limiting)]
[429] during [GET] to [http://my-sentinel-circuitbreaking-provider-8085/test3?request=org.apache.catalina.connector.RequestFacade%4033018b4d&response=org.apache.catalina.connector.ResponseFacade%40dcdbb&id=100&isUseCircuitBreaking=true] [GetControllerClient#test3(HttpServletRequest,HttpServletResponse,int,boolean)]: [Blocked by Sentinel (flow limiting)]
-----------下面2次请求，其中1次可以成功消费，另外1次消费失败，因为熔断器呈半开启状态
[429] during [GET] to [http://my-sentinel-circuitbreaking-provider-8085/test3?request=org.apache.catalina.connector.RequestFacade%4033018b4d&response=org.apache.catalina.connector.ResponseFacade%40dcdbb&id=100&isUseCircuitBreaking=true] [GetControllerClient#test3(HttpServletRequest,HttpServletResponse,int,boolean)]: [Blocked by Sentinel (flow limiting)]
执行了test3 返回值：com.ghy.www.dto.ResponseBox@2ca660fa
```

4.5.2 热点

热点是经常被访问的数据。很多时候希望统计热点数据中访问频次最高的 Top K 数据，并对其访问进行限流控制，比如：

（1）商品 ID 为参数，统计一段时间内最常购买的商品 ID 并进行限流。

（2）用户 ID 为参数，针对一段时间内频繁访问的用户 ID 进行限流。

热点参数限流会统计传入参数中的热点参数，并根据配置的限流阈值与模式，对包含热点参数的资源调用进行限流。热点参数限流可以看作是一种特殊的流量控制，仅对包含热点参数的资源调用生效。

热点参数限流的特性如图 4-37 所示。

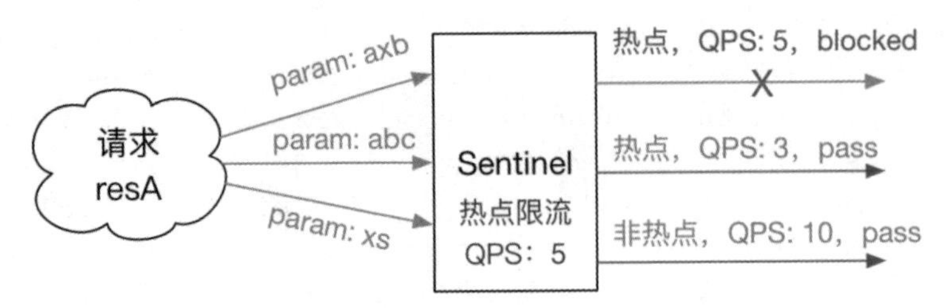

图4-37　热点特性

非热点数据不考虑阈值，直接通过。

4.5.2.1　创建服务提供者模块

创建 my-sentinel-hotspot-provider 模块。

服务提供者代码如下。

```
package com.ghy.www.my.sentinel.circuitbreaking.provider.controller;

import com.alibaba.csp.sentinel.annotation.SentinelResource;
import com.ghy.www.dto.ResponseBox;
import org.springframework.beans.factory.annotation.Value;
import org.springframework.web.bind.annotation.GetMapping;
import org.springframework.web.bind.annotation.RestController;

import javax.servlet.http.HttpServletRequest;
import javax.servlet.http.HttpServletResponse;

@RestController
public class TestController {
    @Value("${server.port}")
    private int portValue;

    @GetMapping(value = "test1_1")
    @SentinelResource("test1_1SentinelResource")
     public ResponseBox<String> test1_1(int id, HttpServletRequest request,
HttpServletResponse response) throws Exception {
         System.out.println("get test1_1 run portValue=" + portValue + " id="
+ id);
        ResponseBox box = new ResponseBox();
        box.setResponseCode(200);
        box.setData("test1_1 value");
        box.setMessage("操作成功");
        return box;
    }
```

```
    @GetMapping(value = "test1_2")
    @SentinelResource("test1_2SentinelResource")
    public ResponseBox<String> test1_2(int id, String username, HttpServletRequest request, HttpServletResponse response) throws Exception {
        System.out.println("get test1_2 run portValue=" + portValue + " id=" + id + " username=" + username);
        ResponseBox box = new ResponseBox();
        box.setResponseCode(200);
        box.setData("test1_2 value");
        box.setMessage("操作成功");
        return box;
    }

    @GetMapping(value = "test1_3")
    @SentinelResource("test1_3SentinelResource")
    public ResponseBox<String> test1_3(int id, HttpServletRequest request, HttpServletResponse response) throws Exception {
        System.out.println("get test1_3 run portValue=" + portValue + " id=" + id);
        ResponseBox box = new ResponseBox();
        box.setResponseCode(200);
        box.setData("test1_3 value");
        box.setMessage("操作成功");
        return box;
    }
}
```

配置类代码如下。

```
package com.ghy.www.my.sentinel.circuitbreaking.provider.javaconfig;

import org.springframework.cloud.client.loadbalancer.LoadBalanced;
import org.springframework.context.annotation.Bean;
import org.springframework.context.annotation.Configuration;
import org.springframework.web.client.RestTemplate;

@Configuration
public class JavaConfig {
    @Bean
    @LoadBalanced
    public RestTemplate restTemplate() {
        return new RestTemplate();
    }
}
```

配置文件 application.yml 代码如下。

```
spring:
  application:
    name: my-sentinel-hotspot-provider-8085
  cloud:
    nacos:
      discovery:
        server-addr: 192.168.3.188:8848
        username: nacos
        password: nacos
        ip: 192.168.3.188
    sentinel:
      transport:
        # 使用8721端口和8888端口进行运行状态数据的传输
        port: 8721
        dashboard: 192.168.3.188:8888
        client-ip: 192.168.3.188
      eager: true
      web-context-unify: false

server:
  port: 8085
```

4.5.2.2 创建服务消费者模块

创建 my-sentinel-hotspot-consumer 模块。

OpenFeign 接口代码如下。

```
package com.ghy.www.my.sentinel.circuitbreaking.consumer.openfeignclient;

import com.ghy.www.dto.ResponseBox;
import org.springframework.cloud.openfeign.FeignClient;
import org.springframework.web.bind.annotation.GetMapping;
import org.springframework.web.bind.annotation.RequestParam;

import javax.servlet.http.HttpServletRequest;
import javax.servlet.http.HttpServletResponse;

@FeignClient(name = "my-sentinel-hotspot-provider-8085")
public interface GetControllerClient {
    @GetMapping(value = "test1_1")
     public ResponseBox<String> test1_1(@RequestParam int id, @RequestParam
HttpServletRequest request,
                                        @RequestParam HttpServletResponse re-
```

```
sponse);

    @GetMapping(value = "test1_2")
     public ResponseBox<String> test1_2(@RequestParam int id, @RequestParam
String username, @RequestParam HttpServletRequest request,
                                          @RequestParam HttpServletResponse re-
sponse);

    @GetMapping(value = "test1_3")
     public ResponseBox<String> test1_3(@RequestParam int id, @RequestParam
HttpServletRequest request,
                                          @RequestParam HttpServletResponse re-
sponse);
}
```

服务消费者代码如下。

```
package com.ghy.www.my.sentinel.circuitbreaking.consumer.controller;

import com.ghy.www.my.sentinel.circuitbreaking.consumer.openfeignclient.Get-
ControllerClient;
import org.springframework.beans.factory.annotation.Autowired;
import org.springframework.web.bind.annotation.RequestMapping;
import org.springframework.web.bind.annotation.RestController;

import javax.servlet.http.HttpServletRequest;
import javax.servlet.http.HttpServletResponse;

@RestController
public class GetController {
    @Autowired
    private GetControllerClient getControllerClient;

    @RequestMapping("test1_1")
     public void test1_1(HttpServletRequest request, HttpServletResponse re-
sponse) {
        System.out.println("--------------下面8个请求开启了熔断器，因为运行速度较快，
很容易达到QPS是8，大于QPS是5的熔断条件");
        try {
                System.out.println(getControllerClient.test1_1(1, request, re-
sponse));
                System.out.println(getControllerClient.test1_1(1, request, re-
sponse));
                System.out.println(getControllerClient.test1_1(1, request, re-
sponse));
                System.out.println(getControllerClient.test1_1(1, request, re-
```

```
sponse));
                System.out.println(getControllerClient.test1_1(1, request, re-
sponse));
                System.out.println(getControllerClient.test1_1(1, request, re-
sponse));
                System.out.println(getControllerClient.test1_1(1, request, re-
sponse));
                System.out.println(getControllerClient.test1_1(1, request, re-
sponse));
        } catch (Exception e) {
            e.printStackTrace();
        }
        try {
            Thread.sleep(8000);
        } catch (InterruptedException e) {
            e.printStackTrace();
        }
         System.out.println("--------------8秒没有超过"统计窗口时长"的10秒，所以熔断
器还呈打开状态");
        try {
                System.out.println(getControllerClient.test1_1(1, request, re-
sponse));
                System.out.println(getControllerClient.test1_1(1, request, re-
sponse));
        } catch (Exception e) {
            e.printStackTrace();
        }
        try {
            Thread.sleep(4000);
        } catch (InterruptedException e) {
            e.printStackTrace();
        }
         System.out.println("--------------12秒超过"统计窗口时长"的10秒，所以熔断器
呈关闭状态，2个请求都成功");
        System.out.println(getControllerClient.test1_1(1, request, response));

        System.out.println(getControllerClient.test1_1(1, request, response));

    }

    @RequestMapping("test1_2")
     public void test1_2(HttpServletRequest request, HttpServletResponse re-
sponse) {
         System.out.println("--------------下面8个请求开启了熔断器，因为运行速度较快，
很容易达到QPS是8，大于QPS是5的熔断条件");
```

```
        try {
                System.out.println(getControllerClient.test1_2(1, "a", request, 
response));
                System.out.println(getControllerClient.test1_2(1, "a", request, 
response));
                System.out.println(getControllerClient.test1_2(1, "a", request, 
response));
                System.out.println(getControllerClient.test1_2(1, "a", request, 
response));
                System.out.println(getControllerClient.test1_2(1, "a", request, 
response));
                System.out.println(getControllerClient.test1_2(1, "a", request, 
response));
                System.out.println(getControllerClient.test1_2(1, "a", request, 
response));
                System.out.println(getControllerClient.test1_2(1, "a", request, 
response));
        } catch (Exception e) {
            e.printStackTrace();
        }
        try {
            Thread.sleep(8000);
        } catch (InterruptedException e) {
            e.printStackTrace();
        }
        System.out.println("--------------8秒没有超过"统计窗口时长"的10秒，所以熔断
器还呈打开状态");
        try {
                System.out.println(getControllerClient.test1_2(1, "a", request, 
response));
                System.out.println(getControllerClient.test1_2(1, "a", request, 
response));
        } catch (Exception e) {
            e.printStackTrace();
        }
        try {
            Thread.sleep(4000);
        } catch (InterruptedException e) {
            e.printStackTrace();
        }
        System.out.println("--------------12秒超过"统计窗口时长"的10秒，所以熔断器
呈关闭状态，2个请求都成功");
        System.out.println(getControllerClient.test1_2(1, "a", request, re-
sponse));
        System.out.println(getControllerClient.test1_2(1, "a", request, re-
```

```
sponse));
    }

    @RequestMapping("test1_3")
     public void test1_3(HttpServletRequest request, HttpServletResponse re-
sponse) {
        System.out.println("--------------参数0的值是1，由于运行速度较快，非常容易达
到QPS是5的熔断条件");
        try {
                System.out.println(getControllerClient.test1_3(1, request, re-
sponse));
                System.out.println(getControllerClient.test1_3(1, request, re-
sponse));
                System.out.println(getControllerClient.test1_3(1, request, re-
sponse));
                System.out.println(getControllerClient.test1_3(1, request, re-
sponse));
                System.out.println(getControllerClient.test1_3(1, request, re-
sponse));
                System.out.println(getControllerClient.test1_3(1, request, re-
sponse));
                System.out.println(getControllerClient.test1_3(1, request, re-
sponse));
                System.out.println(getControllerClient.test1_3(1, request, re-
sponse));
        } catch (Exception e) {
            e.printStackTrace();
        }
        try {
            Thread.sleep(12000);
        } catch (InterruptedException e) {
            e.printStackTrace();
        }
        System.out.println("--------------12秒之后，熔断器呈关闭状态");
        System.out.println();
        System.out.println("--------------参数0的值是2，由于运行速度较快，非常容易达
到QPS是5的熔断条件");
        try {
                System.out.println(getControllerClient.test1_3(2, request, re-
sponse));
                System.out.println(getControllerClient.test1_3(2, request, re-
sponse));
                System.out.println(getControllerClient.test1_3(2, request, re-
sponse));
                System.out.println(getControllerClient.test1_3(2, request, re-
```

```
sponse));
            System.out.println(getControllerClient.test1_3(2, request, re-
sponse));
            System.out.println(getControllerClient.test1_3(2, request, re-
sponse));
            System.out.println(getControllerClient.test1_3(2, request, re-
sponse));
            System.out.println(getControllerClient.test1_3(2, request, re-
sponse));
        } catch (Exception e) {
            e.printStackTrace();
        }
        try {
            Thread.sleep(12000);
        } catch (InterruptedException e) {
            e.printStackTrace();
        }
        System.out.println("---------------12秒之后，熔断器呈关闭状态");
        System.out.println();
        System.out.println("---------------没有对参数0的值是3设置热点规则，所以所有请
求正确消费");
        try {
            System.out.println(getControllerClient.test1_3(3, request, re-
sponse));
            System.out.println(getControllerClient.test1_3(3, request, re-
sponse));
            System.out.println(getControllerClient.test1_3(3, request, re-
sponse));
            System.out.println(getControllerClient.test1_3(3, request, re-
sponse));
            System.out.println(getControllerClient.test1_3(3, request, re-
sponse));
            System.out.println(getControllerClient.test1_3(3, request, re-
sponse));
            System.out.println(getControllerClient.test1_3(3, request, re-
sponse));
            System.out.println(getControllerClient.test1_3(3, request, re-
sponse));
        } catch (Exception e) {
            e.printStackTrace();
        }
    }

    @RequestMapping("test1_4")
    public void test1_4(HttpServletRequest request, HttpServletResponse re-
```

```
sponse) {
        System.out.println("--------------参数0的值是1，触发了熔断条件，参数0的值是2
未触发熔断条件");
        try {
                System.out.println("参数0的值是1的结果：" + getControllerClient.
test1_3(1, request, response));
                System.out.println("参数0的值是1的结果：" + getControllerClient.
test1_3(1, request, response));
                System.out.println("参数0的值是1的结果：" + getControllerClient.
test1_3(1, request, response));
                System.out.println("参数0的值是1的结果：" + getControllerClient.
test1_3(1, request, response));
                System.out.println("参数0的值是1的结果：" + getControllerClient.
test1_3(1, request, response));
                System.out.println("参数0的值是1的结果：" + getControllerClient.
test1_3(1, request, response));
                System.out.println("参数0的值是1的结果：" + getControllerClient.
test1_3(1, request, response));
                System.out.println("参数0的值是1的结果：" + getControllerClient.
test1_3(1, request, response));
        } catch (Exception e) {
            e.printStackTrace();
        }
        try {
                System.out.println("参数0的值是2的结果：" + getControllerClient.
test1_3(2, request, response));
        } catch (Exception e) {
            e.printStackTrace();
        }
    }
}
```

配置文件 application.yml 代码如下。

```
spring:
  application:
    name: my-sentinel-hotspot-consumer-8091
  cloud:
    nacos:
      discovery:
        server-addr: 192.168.3.188:8848
        username: nacos
        password: nacos
    sentinel:
      transport:
        # 使用8722端口和8888端口进行运行状态数据的传输
```

```
      port: 8722
      dashboard: 192.168.3.188:8888
    eager: true

server:
  port: 8091
```

4.5.2.3　@SentinelResource注解

注意：@SentinelResource 注解不支持 private 方法。

@SentinelResource 用于定义资源，并提供可选的异常处理和 Fallback 配置项。

@SentinelResource 注解包含以下 6 个主要属性。

（1）value ：资源名称，必需项（不能为空）。

（2）entryType ：entry 类型，入口流量或者出口流量，可选项（默认为 EntryType.OUT 出口流量）。

（3）blockHandler/blockHandlerClass ：blockHandler 对应处理 handleException 异常的方法名称，可选项。blockHandler 方法需要使用 public 修饰，返回类型需要与原方法一致，参数类型需要和原方法一致并且在方法参数列表的最后需要添加一个类型为 handleException 的参数。blockHandler 方法默认需要和原方法在同一个类中。如果希望使用其他类的方法，则可以指定 blockHandlerClass 为对应类的 Class 对象，而且对应的方法必须为 static 方法，否则无法解析。

（4）Fallback ：Fallback 方法名称，可选项，用于在抛出异常的时候提供 Fallback 处理逻辑。Fallback 方法可以针对所有类型的异常（除了 exceptionsToIgnore 里面排除掉的异常类型）进行处理。Fallback 方法签名和位置要求如下。

（A）返回值类型必须与原方法返回值类型一致。

（B）方法参数列表需要和原方法一致，或者可以额外多一个 Throwable 类型的参数用于接收发生的异常。

（C）Fallback 方法默认需要和原方法在同一个类中。如果希望使用其他类的方法，则可以指定 fallbackClass 为对应类的 Class 对象，而且对应的方法必须为 static 方法，否则无法解析。

（5）defaultFallback ：默认的 Fallback 方法名称，可选项，通常用于通用的 Fallback 逻辑（即可以用于很多服务或方法）。默认的 Fallback 方法可以针对所以类型的异常（除了 exceptionsToIgnore 里面排除掉的异常类型）进行处理。如果同时配置了 Fallback 和 defaultFallback，则只有 Fallback 会生效。defaultFallback 方法签名和位置要求如下。

（A）返回值类型必须与原方法返回值类型一致。

（B）方法参数列表需要为空，或者可以额外添加一个 Throwable 类型的参数用于接发生的异常。

（C）defaultFallback 方法默认需要和原方法在同一个类中。如果希望使用其他类的方法，则可以指定 FallbackClass 为对应类的 Class 对象，而且对应的方法必须为 static 方法，否则无法解析。

（6）exceptionsToIgnore：用于指定哪些异常被排除掉，不会计入异常统计中，也不会进入 fallback 逻辑中，而是原样抛出。

注意：Sentinel 1.6.0 之前版本的 Fallback 方法只针对降级异常（DegradeException）进行处理，不能针对业务异常进行处理。

注意：如果 blockHandler 和 Fallback 都进行了配置，则被限流降级而抛出 BlockException 时只会进入 blockHandler 处理逻辑。若未配置 blockHandler、Fallback 和 defaultFallback，则被限流降级时会将 BlockException 直接抛出。

使用示例代码如下。

```
public class TestService {
    // handleException方法需要位于ExceptionUtil类中，并且必须为static方法.
    @SentinelResource(value = "test", blockHandler = "handleException",
blockHandlerClass = {ExceptionUtil.class})
    public void test() {
        System.out.println("Test");
    }

    // 方法exceptionHandler在当前类中，方法helloFallback在当前类中
    @SentinelResource(value = "hello", blockHandler = "exceptionHandler",
fallback = "helloFallback")
    public String hello(long s) {
        return String.format("Hello at %d", s);
    }

    // Fallback方法，方法签名与原方法一致
    // 并且在参数列表的最后可以添加一个Throwable类型的参数
    public String helloFallback(long s) {
        return String.format("Halooooo %d", s);
    }

    // Block异常处理方法
    // 并且在参数列表的最后可以添加一个BlockException类型的参数
    public String exceptionHandler(long s, BlockException ex) {
        ex.printStackTrace();
        return "Oops, error occurred at " + s;
    }
}
```

4.5.2.4 运行效果

新建热点规则，如图 4-38 所示。

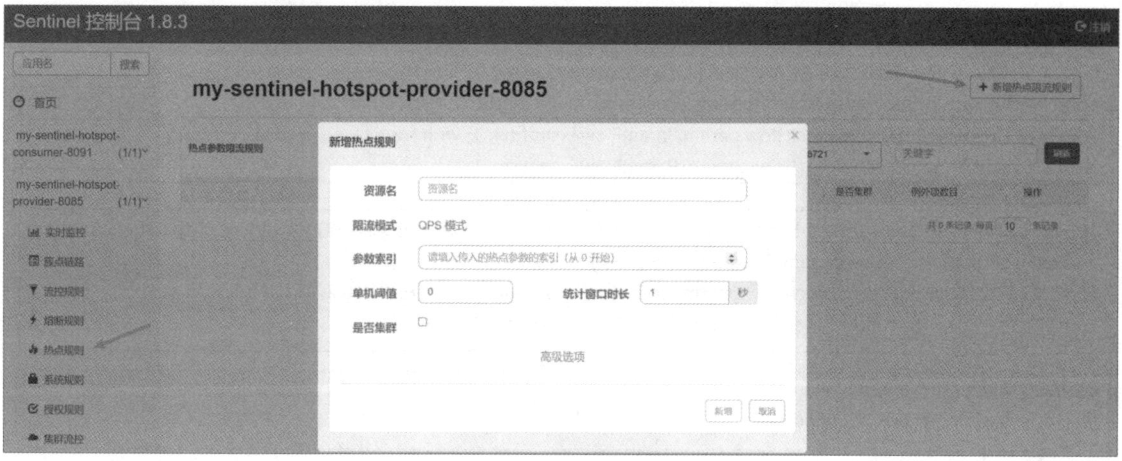

图4-38 新建热点规则

（1）对参数 0 设置热点规则，创建规则如图 4-39 所示。

图4-39 创建规则

当对第 0 个参数（第 1 个参数，位置从 0 起始）在 10 秒内的 QPS 访问次数大于 5 时熔断器开启。执行如下网址。

```
http://localhost:8091/test1_1
```

服务提供者控制台输出结果如图 4-40 所示。

```
get test1_1 run portValue=8085 id=1
get test1_1 run portValue=8085 id=1
get test1_1 run portValue=8085 id=1
get test1_1 run portValue=8085 id=1
get test1_1 run portValue=8085 id=1
ERROR 39916 --- [nio-8085-exec-4] o.a.c.c.C.[.[.[/].[dispatcherServlet]    : Servlet.service() for servlet [dispatcherServlet] in
context with path [] threw exception [Request processing failed; nested exception is
com.alibaba.csp.sentinel.slots.block.flow.param.ParamFlowException: 1] with root cause
com.alibaba.csp.sentinel.slots.block.flow.param.ParamFlowException: 1
```

前8次调用中的5次是成功的，第6次被热点限流。

```
ERROR 39916 --- [nio-8085-exec-5] o.a.c.c.C.[.[.[/].[dispatcherServlet]    : Servlet.service() for servlet [dispatcherServlet] in
context with path [] threw exception [Request processing failed; nested exception is
com.alibaba.csp.sentinel.slots.block.flow.param.ParamFlowException: 1] with root cause
com.alibaba.csp.sentinel.slots.block.flow.param.ParamFlowException: 1
```

8秒之后，熔断器还在呈打开状态，所以出现异常。

```
get test1_1 run portValue=8085 id=1
get test1_1 run portValue=8085 id=1
```

12秒之后，熔断器关闭，正常访问2次。

图4-40　服务提供者控制台输出结果

服务消费者控制台输出结果如下。

```
--------------下面8个请求开启了熔断器，因为运行速度较快，很容易达到QPS是8，大于QPS是5的
熔断条件
com.ghy.www.dto.ResponseBox@415ae8f7
com.ghy.www.dto.ResponseBox@3596dd97
com.ghy.www.dto.ResponseBox@74867f65
com.ghy.www.dto.ResponseBox@60399931
com.ghy.www.dto.ResponseBox@5d902e86
feign.FeignException$InternalServerError: [500] during [GET] to [http://
my-sentinel-hotspot-provider-8085/test1_1?id=1&request=org.apache.catalina.
connector.RequestFacade%4032851256&response=org.apache.catalina.connector.Re-
sponseFacade%4077879a62] [GetControllerClient#test1_1(int,HttpServletReques-
t,HttpServletResponse)]: [{"timestamp":"2022-04-27T09:48:43.840+00:00","sta-
tus":500,"error":"Internal Server Error","path":"/test1_1"}]
--------------8秒没有超过"统计窗口时长"的10秒，所以熔断器还呈打开状态
feign.FeignException$InternalServerError: [500] during [GET] to [http://
my-sentinel-hotspot-provider-8085/test1_1?id=1&request=org.apache.catalina.
connector.RequestFacade%4032851256&response=org.apache.catalina.connector.Re-
sponseFacade%4077879a62] [GetControllerClient#test1_1(int,HttpServletReques-
t,HttpServletResponse)]: [{"timestamp":"2022-04-27T09:48:51.847+00:00","sta-
tus":500,"error":"Internal Server Error","path":"/test1_1"}]
--------------12秒超过"统计窗口时长"的10秒，所以熔断器呈关闭状态，2个请求都成功
com.ghy.www.dto.ResponseBox@608f71e7
com.ghy.www.dto.ResponseBox@35e8d044
```

（2）对参数 1 设置热点规则，创建规则如图 4-41 所示。

图4-41　创建规则

执行如下网址。

```
http://localhost:8091/test1_2
```

服务提供者控制台输出结果如图 4-42 所示。

```
get test1_2 run portValue=8085 id=1 username=a
get test1_2 run portValue=8085 id=1 username=a
get test1_2 run portValue=8085 id=1 username=a
get test1_2 run portValue=8085 id=1 username=a
get test1_2 run portValue=8085 id=1 username=a
ERROR 39916 --- [nio-8085-exec-4] o.a.c.c.C.[.[.[/].[dispatcherServlet]    : Servlet.service() for
servlet [dispatcherServlet] in context with path [] threw exception [Request processing failed;
nested exception is com.alibaba.csp.sentinel.slots.block.flow.param.ParamFlowException: a]
with root cause
com.alibaba.csp.sentinel.slots.block.flow.param.ParamFlowException: a
```

前8次调用中的5次是成功的，第6次被热点限流。

```
ERROR 39916 --- [nio-8085-exec-5] o.a.c.c.C.[.[.[/].[dispatcherServlet]    : Servlet.service() for
servlet [dispatcherServlet] in context with path [] threw exception [Request processing failed;
nested exception is com.alibaba.csp.sentinel.slots.block.flow.param.ParamFlowException: a]
with root cause
com.alibaba.csp.sentinel.slots.block.flow.param.ParamFlowException: a
```

8秒之后，熔断器还在呈打开状态，所以出现异常。

```
get test1_2 run portValue=8085 id=1 username=a
get test1_2 run portValue=8085 id=1 username=a
```

12秒之后，熔断器关闭，正常访问2次。

图4-42　服务提供者控制台输出结果

服务消费者控制台输出结果如下。

```
-------------下面8个请求开启了熔断器，因为运行速度较快，很容易达到QPS是8，大于QPS是5的熔断条件
com.ghy.www.dto.ResponseBox@430555f8
com.ghy.www.dto.ResponseBox@4ae98c87
com.ghy.www.dto.ResponseBox@57e63163
com.ghy.www.dto.ResponseBox@16689869
```

```
com.ghy.www.dto.ResponseBox@4deb4be9
feign.FeignException$InternalServerError: [500] during [GET] to [http://
my-sentinel-hotspot-provider-8085/test1_2?id=1&username=a&request=org.
apache.catalina.connector.RequestFacade%4032851256&response=org.apache.
catalina.connector.ResponseFacade%4077879a62] [GetControllerCli-
ent#test1_2(int,String,HttpServletRequest,HttpServletResponse)]: [{"timestamp
":"2022-04-27T09:49:46.373+00:00","status":500,"error":"Internal Server Er-
ror","path":"/test1_2"}]
--------------8秒没有超过"统计窗口时长"的10秒，所以熔断器还呈打开状态
feign.FeignException$InternalServerError: [500] during [GET] to [http://
my-sentinel-hotspot-provider-8085/test1_2?id=1&username=a&request=org.
apache.catalina.connector.RequestFacade%4032851256&response=org.apache.
catalina.connector.ResponseFacade%4077879a62] [GetControllerCli-
ent#test1_2(int,String,HttpServletRequest,HttpServletResponse)]: [{"timestamp
":"2022-04-27T09:49:54.378+00:00","status":500,"error":"Internal Server Er-
ror","path":"/test1_2"}]
--------------12秒超过"统计窗口时长"的10秒，所以熔断器呈关闭状态，2个请求都成功
com.ghy.www.dto.ResponseBox@3330fed6
com.ghy.www.dto.ResponseBox@8576b8d
```

（3）对参数 0 的参数值设置热点规则，创建规则如图 4-43 所示。

图4-43　创建规则

执行如下网址。

```
http://localhost:8091/test1_3
```

服务提供者控制台输出结果如图 4-44 所示。

```
get test1_3 run portValue=8085 id=1
get test1_3 run portValue=8085 id=1
get test1_3 run portValue=8085 id=1                                参数0的参数值1被限流
get test1_3 run portValue=8085 id=1
get test1_3 run portValue=8085 id=1
ERROR 39916 --- [nio-8085-exec-6] o.a.c.c.C.[.[.[/].[dispatcherServlet]    : Servlet.service() for servlet [dispatcherServlet] in context with path [] threw
exception [Request processing failed; nested exception is com.alibaba.csp.sentinel.slots.block.flow.param.ParamFlowException: 1] with root cause
com.alibaba.csp.sentinel.slots.block.flow.param.ParamFlowException: 1
```

```
get test1_3 run portValue=8085 id=2
get test1_3 run portValue=8085 id=2
get test1_3 run portValue=8085 id=2                                参数0的参数值2被限流
get test1_3 run portValue=8085 id=2
get test1_3 run portValue=8085 id=2
ERROR 39916 --- [nio-8085-exec-2] o.a.c.c.C.[.[.[/].[dispatcherServlet]    : Servlet.service() for servlet [dispatcherServlet] in context with path [] threw
exception [Request processing failed; nested exception is com.alibaba.csp.sentinel.slots.block.flow.param.ParamFlowException: 2] with root cause
com.alibaba.csp.sentinel.slots.block.flow.param.ParamFlowException: 2
```

```
get test1_3 run portValue=8085 id=3
get test1_3 run portValue=8085 id=3
get test1_3 run portValue=8085 id=3
get test1_3 run portValue=8085 id=3                                参数0的参数值3未被限流
get test1_3 run portValue=8085 id=3
get test1_3 run portValue=8085 id=3
get test1_3 run portValue=8085 id=3
get test1_3 run portValue=8085 id=3
```

图4-44　服务提供者控制台输出结果

服务消费者控制台输出结果如下。

```
--------------参数0的值是1，由于运行速度较快，非常容易达到QPS是5的熔断条件
com.ghy.www.dto.ResponseBox@477a9e54
com.ghy.www.dto.ResponseBox@25d41a1a
com.ghy.www.dto.ResponseBox@241b892c
com.ghy.www.dto.ResponseBox@4dd2f27c
com.ghy.www.dto.ResponseBox@694ec991
feign.FeignException$InternalServerError: [500] during [GET] to [http://
my-sentinel-hotspot-provider-8085/test1_3?id=1&request=org.apache.catalina.
connector.RequestFacade%4032851256&response=org.apache.catalina.connector.Re-
sponseFacade%4077879a62] [GetControllerClient#test1_3(int,HttpServletReques-
t,HttpServletResponse)]: [{"timestamp":"2022-04-27T09:50:55.826+00:00","sta-
tus":500,"error":"Internal Server Error","path":"/test1_3"}]
--------------12秒之后，熔断器呈关闭状态

--------------参数0的值是2，由于运行速度较快，非常容易达到QPS是5的熔断条件
com.ghy.www.dto.ResponseBox@4e3b35cc
com.ghy.www.dto.ResponseBox@222ed528
com.ghy.www.dto.ResponseBox@2690801
com.ghy.www.dto.ResponseBox@4fb217a6
com.ghy.www.dto.ResponseBox@64821d06
feign.FeignException$InternalServerError: [500] during [GET] to [http://
my-sentinel-hotspot-provider-8085/test1_3?id=2&request=org.apache.catalina.
connector.RequestFacade%4032851256&response=org.apache.catalina.connector.Re-
```

```
sponseFacade%4077879a62] [GetControllerClient#test1_3(int,HttpServletReques-
t,HttpServletResponse)]: [{"timestamp":"2022-04-27T09:51:07.853+00:00","sta-
tus":500,"error":"Internal Server Error","path":"/test1_3"}]
--------------12秒之后，熔断器呈关闭状态

--------------没有对参数0的值是3设置热点规则，所以所有请求正确消费
com.ghy.www.dto.ResponseBox@1600c10d
com.ghy.www.dto.ResponseBox@3292a7e2
com.ghy.www.dto.ResponseBox@76846196
com.ghy.www.dto.ResponseBox@2c8f2160
com.ghy.www.dto.ResponseBox@4a9d1d7b
com.ghy.www.dto.ResponseBox@1feefa13
com.ghy.www.dto.ResponseBox@7ca2ed64
com.ghy.www.dto.ResponseBox@317d657
```

（4）测试热点规则的隔离级别是参数值。

执行如下网址。

```
http://localhost:8091/test1_4
```

服务提供者控制台输出结果如下。

```
get test1_3 run portValue=8085 id=1
get test1_3 run portValue=8085 id=1
get test1_3 run portValue=8085 id=1
get test1_3 run portValue=8085 id=1
get test1_3 run portValue=8085 id=1
ERROR 39916 --- [nio-8085-exec-7] o.a.c.c.C.[.[.[/].[dispatcherServlet]      :
Servlet.service() for servlet [dispatcherServlet] in context with path []
threw exception [Request processing failed; nested exception is com.alibaba.
csp.sentinel.slots.block.flow.param.ParamFlowException: 1] with root cause
com.alibaba.csp.sentinel.slots.block.flow.param.ParamFlowException: 1

get test1_3 run portValue=8085 id=2
```

服务消费者控制台输出结果如下。

```
--------------参数0的值是1，触发了熔断条件，参数0的值是2未触发熔断条件
参数0的值是1的结果: com.ghy.www.dto.ResponseBox@5490bcda
参数0的值是1的结果: com.ghy.www.dto.ResponseBox@5bab61f8
参数0的值是1的结果: com.ghy.www.dto.ResponseBox@494a2a1b
参数0的值是1的结果: com.ghy.www.dto.ResponseBox@11006f2d
参数0的值是1的结果: com.ghy.www.dto.ResponseBox@1d152b67
feign.FeignException$InternalServerError: [500] during [GET] to [http://
my-sentinel-hotspot-provider-8085/test1_3?id=1&request=org.apache.catalina.
connector.RequestFacade%4041957c3e&response=org.apache.catalina.connector.Re-
```

```
sponseFacade%4060f351b4] [GetControllerClient#test1_3(int,HttpServletReques-
t,HttpServletResponse)]: [{"timestamp":"2022-04-27T10:07:14.633+00:00","sta-
tus":500,"error":"Internal Server Error","path":"/test1_3"}]

参数0的值是2的结果: com.ghy.www.dto.ResponseBox@36141216
```

4.5.3 授权规则

很多时候，需要根据调用方来限制资源是否通过，这时候可以使用 Sentinel 的黑白名单控制的功能。黑白名单会根据资源的请求来源（origin）限制资源是否通过，若配置白名单则只有请求来源位于白名单内时才可通过；若配置黑名单则请求来源位于黑名单时不通过，其余的请求通过。

4.5.3.1 创建服务提供者模块

创建 my-sentinel-originauthoritycontrol-provider 模块。

服务提供者代码如下。

```
package com.ghy.www.my.sentinel.originauthoritycontrol.provider.controller;

import com.ghy.www.dto.ResponseBox;
import org.springframework.beans.factory.annotation.Value;
import org.springframework.web.bind.annotation.GetMapping;
import org.springframework.web.bind.annotation.RestController;

import javax.servlet.http.HttpServletRequest;
import javax.servlet.http.HttpServletResponse;

@RestController
public class TestController {
    @Value("${server.port}")
    private int portValue;

    @GetMapping(value = "test1")
     public ResponseBox<String> test1(HttpServletRequest request, HttpServle-
tResponse response) {
        System.out.println("get test1 run portValue=" + portValue);
        ResponseBox box = new ResponseBox();
        box.setResponseCode(200);
        box.setData("test1 value");
        box.setMessage("操作成功");
        return box;
    }
}
```

配置类代码如下。

```
package com.ghy.www.my.sentinel.originauthoritycontrol.provider.javaconfig;

import org.springframework.cloud.client.loadbalancer.LoadBalanced;
import org.springframework.context.annotation.Bean;
import org.springframework.context.annotation.Configuration;
import org.springframework.web.client.RestTemplate;

@Configuration
public class JavaConfig {
    @Bean
    @LoadBalanced
    public RestTemplate restTemplate() {
        return new RestTemplate();
    }
}
```

自定义 RequestOriginParser 实现类代码如下。

```
package com.ghy.www.my.sentinel.originauthoritycontrol.provider.requestorig-
inparser;

import com.alibaba.csp.sentinel.adapter.spring.webmvc.callback.RequestOrigin-
Parser;
import org.springframework.stereotype.Component;

import javax.servlet.http.HttpServletRequest;

@Component
public class MyRequestOriginParser implements RequestOriginParser {
    public String parseOrigin(HttpServletRequest request) {
        System.out.println("执行了MyRequestOriginParser类中的parseOrigin方法");
        //从request header中获取source属性
        String sourceValue = request.getHeader("source");
        System.out.println("sourceValue=" + sourceValue);
        return sourceValue;
    }
}
```

配置文件 application.yml 代码如下。

```
spring:
  application:
    name: my-sentinel-originauthoritycontrol-provider-8085
  cloud:
    nacos:
```

```
      discovery:
        server-addr: 192.168.3.188:8848
        username: nacos
        password: nacos
        ip: 192.168.3.188
    sentinel:
      transport:
        # 使用8721端口和8888端口进行运行状态数据的传输
        port: 8721
        dashboard: 192.168.3.188:8888
        client-ip: 192.168.3.188
      eager: true
      web-context-unify: false

server:
  port: 8085
```

4.5.3.2　创建服务消费者模块

创建 my-sentinel-originauthoritycontrol-consumer 模块。

OpenFeign 接口代码如下。

```
package com.ghy.www.my.sentinel.originauthoritycontrol.consumer.openfeigncli-
ent;

import com.ghy.www.dto.ResponseBox;
import org.springframework.cloud.openfeign.FeignClient;
import org.springframework.web.bind.annotation.GetMapping;
import org.springframework.web.bind.annotation.RequestParam;

import javax.servlet.http.HttpServletRequest;
import javax.servlet.http.HttpServletResponse;

@FeignClient(name = "my-sentinel-originauthoritycontrol-provider-8085")
public interface GetControllerClient {
    @GetMapping(value = "test1")
      public ResponseBox<String> test1(@RequestParam HttpServletRequest re-
quest,
                                        @RequestParam HttpServletResponse re-
sponse);
}
```

服务消费者代码如下。

```
package com.ghy.www.my.sentinel.originauthoritycontrol.consumer.controller;
```

```
import com.ghy.www.my.sentinel.originauthoritycontrol.consumer.openfeigncli-
ent.GetControllerClient;
import org.springframework.beans.factory.annotation.Autowired;
import org.springframework.web.bind.annotation.RequestMapping;
import org.springframework.web.bind.annotation.RestController;

import javax.servlet.http.HttpServletRequest;
import javax.servlet.http.HttpServletResponse;

@RestController
public class GetController {
    @Autowired
    private GetControllerClient getControllerClient;

    @RequestMapping("test1")
     public void test1(HttpServletRequest request, HttpServletResponse re-
sponse) {
        System.out.println(getControllerClient.test1(request, response));
    }
}
```

自定义 RequestInterceptor 实现类代码如下。

```
package com.ghy.www.my.sentinel.originauthoritycontrol.consumer.requestinter-
ceptor;

import feign.RequestInterceptor;
import feign.RequestTemplate;
import org.springframework.stereotype.Component;

@Component
public class MyRequestInterceptor implements RequestInterceptor {
    public void apply(RequestTemplate requestTemplate) {
        //统一设置请求头source属性值
            requestTemplate.header("source", "my-sentinel-originauthoritycon-
trol-consumer-8091");
    }
}
```

配置文件 application.yml 代码如下。

```
spring:
  application:
    name: my-sentinel-originauthoritycontrol-consumer-8091
  cloud:
```

```
    nacos:
      discovery:
        server-addr: 192.168.3.188:8848
        username: nacos
        password: nacos
    sentinel:
      transport:
        # 使用8722端口和8888端口进行运行状态数据的传输
        port: 8722
        dashboard: 192.168.3.188:8888
      eager: true

server:
  port: 8091
```

4.5.3.3　运行效果

执行如下网址，服务提供者和服务消费者成功通信。

```
http://localhost:8091/test1
```

服务提供者控制台输出信息如下。

```
执行了MyRequestOriginParser类中的parseOrigin方法
sourceValue=my-sentinel-originauthoritycontrol-consumer-8091
get test1 run portValue=8085
```

服务消费者控制台输出信息如下。

```
com.ghy.www.dto.ResponseBox@650c4c0
```

创建规则如图 4-45 所示。

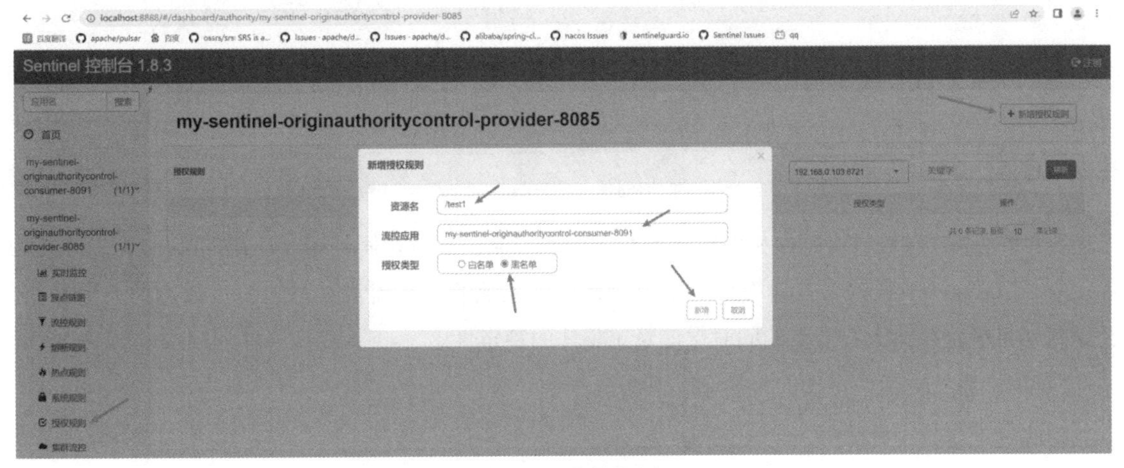

图4-45　创建规则

当服务消费者执行服务提供者的“/test1”路径时，服务提供者从 request header 中获得 name 为 source 的属性值，再把该属性值和授权规则中的“流控应用”属性值进行匹配，如果成功，则实现黑白名单的效果。

流控应用值“my-sentinel-originauthoritycontrol-consumer-8091”来自于服务消费者 application.yml 文件中的属性 spring.application.name。

再执行如下网址。

```
http://localhost:8091/test1
```

服务提供者控制台输出信息如下。

```
执行了MyRequestOriginParser类中的parseOrigin方法
sourceValue=my-sentinel-originauthoritycontrol-consumer-8091
```

没有执行服务提供者的控制层。

服务消费者控制台输出信息如下。

```
ERROR 20492 --- [nio-8091-exec-4] o.a.c.c.C.[.[.[/].[dispatcherServlet]     :
Servlet.service() for servlet [dispatcherServlet] in context with path []
threw exception [Request processing failed; nested exception is feign.Feign-
Exception$TooManyRequests: [429] during [GET] to [http://my-sentinel-origin-
authoritycontrol-provider-8085/test1?request=org.apache.catalina.connector.
RequestFacade%4019089a5&response=org.apache.catalina.connector.ResponseFa-
cade%403f8fb9e5] [GetControllerClient#test1(HttpServletRequest,HttpServletRe-
sponse)]: [Blocked by Sentinel (flow limiting)]] with root cause

feign.FeignException$TooManyRequests: [429] during [GET] to [http://my-sen-
tinel-originauthoritycontrol-provider-8085/test1?request=org.apache.catali-
na.connector.RequestFacade%4019089a5&response=org.apache.catalina.connector.
ResponseFacade%403f8fb9e5] [GetControllerClient#test1(HttpServletRe-
quest,HttpServletResponse)]: [Blocked by Sentinel (flow limiting)]
```

成功实现黑名单的效果。

4.5.4 系统规则

Sentinel 系统自适应保护会从整体维度对应用入口流量进行控制，结合应用的 Load、总体平均 RT、入口 QPS 和线程数等几个维度的监控指标，让系统的入口流量和系统的负载达到一个平衡，让系统尽可能跑在最大吞吐量的同时保证系统整体的稳定性。

Sentinel 系统自适应保护的目的有以下两个。

（1）保证系统不被拖垮。

（2）在系统稳定的前提下，保持系统的吞吐量。

系统保护规则是从应用级别的入口流量进行控制，从单台机器的总体 Load、RT、入口 QPS 和线程数四个维度监控应用数据，让系统尽可能跑在最大吞吐量的同时保证系统整体的稳定性。

系统保护规则是应用整体维度的，而不是资源维度的，并且仅对入口流量生效。入口流量指的是进入应用的流量，比如 Web 服务或 Dubbo 服务端接收的请求，都属于入口流量。

系统规则支持以下的阈值类型。

（1）Load（仅对 Linux/Unix-like 机器生效）：当系统 Load 超过阈值，并且系统当前的并发线程数超过系统容量时才会触发系统保护。系统容量由系统的 maxQPS * minRT 计算得出。设定参考值一般是 CPU cores*2.5。

（2）CPU 使用率：当系统 CPU 使用率超过阈值即触发系统保护（取值范围 0~100%）。

（3）RT：当单台机器上所有入口流量的平均 RT 达到阈值即触发系统保护，单位是毫秒。

（4）线程数：当单台机器上所有入口流量的并发线程数达到阈值即触发系统保护。

（5）入口 QPS：当单台机器上所有入口流量的 QPS 达到阈值即触发系统保护。

本小节只测试 CPU 使用率。

4.5.4.1　创建服务提供者模块

创建 my-sentinel-systemadaptiveprotection-provider 模块。

服务提供者代码如下。

```
package com.ghy.www.my.sentinel.systemadaptiveprotection.provider.controller;

import com.ghy.www.dto.ResponseBox;
import org.springframework.beans.factory.annotation.Value;
import org.springframework.web.bind.annotation.GetMapping;
import org.springframework.web.bind.annotation.RestController;

import javax.servlet.http.HttpServletRequest;
import javax.servlet.http.HttpServletResponse;

@RestController
public class TestController {
    @Value("${server.port}")
    private int portValue;

    @GetMapping(value = "test1")
     public ResponseBox<String> test1(HttpServletRequest request, HttpServle-
tResponse response) {
        System.out.println("get test1 run portValue=" + portValue);
        ResponseBox box = new ResponseBox();
        box.setResponseCode(200);
        box.setData("test1 value");
```

```
        box.setMessage("操作成功");
        return box;
    }
}
```

配置类代码如下。

```
package com.ghy.www.my.sentinel.systemadaptiveprotection.provider.javaconfig;

import org.springframework.cloud.client.loadbalancer.LoadBalanced;
import org.springframework.context.annotation.Bean;
import org.springframework.context.annotation.Configuration;
import org.springframework.web.client.RestTemplate;

@Configuration
public class JavaConfig {
    @Bean
    @LoadBalanced
    public RestTemplate restTemplate() {
        return new RestTemplate();
    }
}
```

配置文件 application.yml 代码如下。

```
spring:
  application:
    name: my-sentinel-systemadaptiveprotection-provider-8085
  cloud:
    nacos:
      discovery:
        server-addr: 192.168.3.188:8848
        username: nacos
        password: nacos
        ip: 192.168.3.188
    sentinel:
      transport:
        # 使用8721端口和8888端口进行运行状态数据的传输
        port: 8721
        dashboard: 192.168.3.188:8888
        client-ip: 192.168.3.188
      eager: true
      web-context-unify: false

server:
  port: 8085
```

4.5.4.2　创建服务消费者模块

创建 my-sentinel-systemadaptiveprotection-consumer 模块。

OpenFeign 接口代码如下。

```
package com.ghy.www.my.sentinel.systemadaptiveprotection.consumer.openfeign-
client;

import com.ghy.www.dto.ResponseBox;
import org.springframework.cloud.openfeign.FeignClient;
import org.springframework.web.bind.annotation.GetMapping;
import org.springframework.web.bind.annotation.RequestParam;

import javax.servlet.http.HttpServletRequest;
import javax.servlet.http.HttpServletResponse;

@FeignClient(name = "my-sentinel-systemadaptiveprotection-provider-8085")
public interface GetControllerClient {
    @GetMapping(value = "test1")
      public ResponseBox<String> test1(@RequestParam HttpServletRequest re-
quest,
                                       @RequestParam HttpServletResponse re-
sponse);
}
```

服务消费者代码如下。

```
package com.ghy.www.my.sentinel.systemadaptiveprotection.consumer.controller;

import com.ghy.www.my.sentinel.systemadaptiveprotection.consumer.openfeign-
client.GetControllerClient;
import org.springframework.beans.factory.annotation.Autowired;
import org.springframework.web.bind.annotation.RequestMapping;
import org.springframework.web.bind.annotation.RestController;

import javax.servlet.http.HttpServletRequest;
import javax.servlet.http.HttpServletResponse;

@RestController
public class GetController {
    @Autowired
    private GetControllerClient getControllerClient;
```

```
    @RequestMapping("test1")
     public void test1(HttpServletRequest request, HttpServletResponse re-
sponse) {
        System.out.println(getControllerClient.test1(request, response));
    }
}
```

配置文件 application.yml 代码如下。

```
spring:
  application:
    name: my-sentinel-systemadaptiveprotection-consumer-8091
  cloud:
    nacos:
      discovery:
        server-addr: 192.168.3.188:8848
        username: nacos
        password: nacos
    sentinel:
      transport:
        # 使用8722端口和8888端口进行运行状态数据的传输
        port: 8722
        dashboard: 192.168.3.188:8888
      eager: true

server:
  port: 8091
```

4.5.4.3 运行效果

执行如下网址，服务提供者和服务消费者成功通信。

```
http://localhost:8091/test1
```

服务提供者控制台输出信息如下。

```
get test1 run portValue=8085
```

服务消费者控制台输出信息如下。

```
com.ghy.www.dto.ResponseBox@184c9ccf
```

当前 CPU 使用率如图 4-46 所示。

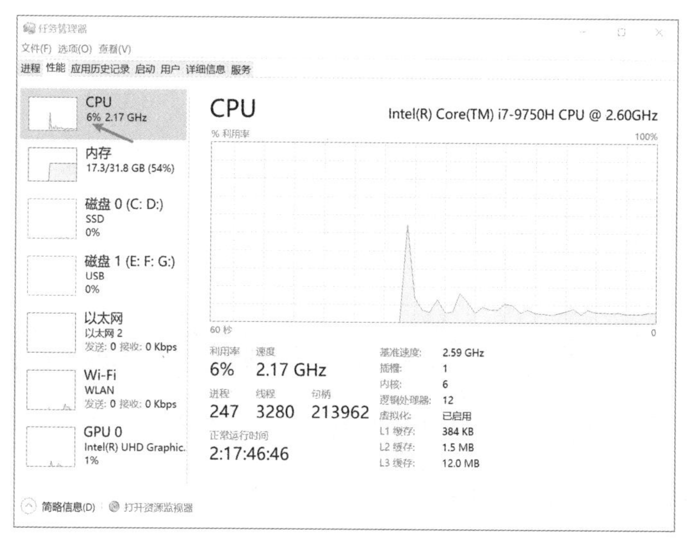

图4-46　当前CPU使用率

创建规则如图 4-47 所示。

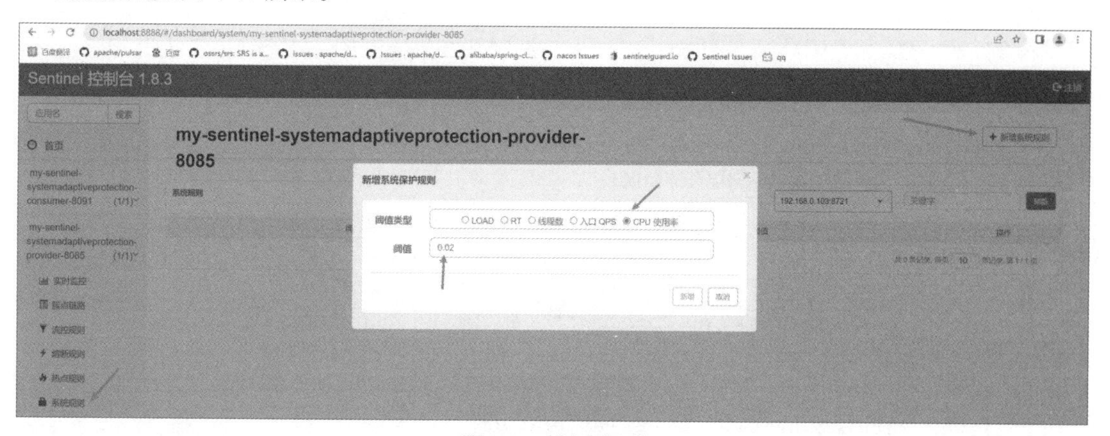

图4-47　创建规则

执行如下网址。

```
http://localhost:8091/test1
```

服务提供者控制台没有输出任何信息。

服务消费者控制台输出信息如下。

```
ERROR 39920 --- [nio-8091-exec-4] o.a.c.c.C.[.[.[/].[dispatcherServlet]    :
Servlet.service() for servlet [dispatcherServlet] in context with path []
threw exception [Request processing failed; nested exception is feign.Feign-
Exception$TooManyRequests: [429] during [GET] to [http://my-sentinel-system-
adaptiveprotection-provider-8085/test1?request=org.apache.catalina.connector.
RequestFacade%407211da2&response=org.apache.catalina.connector.ResponseFa-
cade%401149315e] [GetControllerClient#test1(HttpServletRequest,HttpServletRe-
```

```
sponse)]: [Blocked by Sentinel (flow limiting)]] with root cause

feign.FeignException$TooManyRequests: [429] during [GET] to [http://my-sen-
tinel-systemadaptiveprotection-provider-8085/test1?request=org.apache.
catalina.connector.RequestFacade%407211da2&response=org.apache.catalina.
connector.ResponseFacade%401149315e] [GetControllerClient#test1(HttpServle-
tRequest,HttpServletResponse)]: [Blocked by Sentinel (flow limiting)]
```

4.5.5 流控异常处理

在 Sentinel 中使用 @SentinelResource 注解实现流控异常处理。

4.5.5.1 创建服务提供者模块

创建 my-sentinel-flowcontrolexception-provider 模块。

服务提供者代码如下。

```
package com.ghy.www.my.sentinel.flowcontrolexception.provider.controller;

import com.alibaba.csp.sentinel.annotation.SentinelResource;
import com.alibaba.csp.sentinel.slots.block.BlockException;
import com.ghy.www.dto.ResponseBox;
import com.ghy.www.my.sentinel.flowcontrolexception.provider.sentinelhandler.
SentinelHandler;
import org.springframework.beans.factory.annotation.Value;
import org.springframework.web.bind.annotation.GetMapping;
import org.springframework.web.bind.annotation.RestController;

import javax.servlet.http.HttpServletRequest;
import javax.servlet.http.HttpServletResponse;

@RestController
public class TestController {
    @Value("${server.port}")
    private int portValue;

    @GetMapping(value = "test1")
    @SentinelResource(value = "test1SentinelResource", blockHandler = "test-
1FallBackMethod")
    public ResponseBox<String> test1(String username, HttpServletRequest re-
quest, HttpServletResponse response) {
        System.out.println("get test1 run portValue=" + portValue + " user-
name=" + username);
        ResponseBox box = new ResponseBox();
```

```
        box.setResponseCode(200);
        box.setData("test1 value");
        box.setMessage("操作成功");
        return box;
    }

    public ResponseBox<String> test1FallBackMethod(String username, HttpServ-
letRequest request, HttpServletResponse response, BlockException blockExcep-
tion) {
        System.out.println("发生控流，进入了test1FallBackMethod方法，异常类名："
+ blockException.getClass().getName() + " throwable.getMessage()=" + block-
Exception.getMessage() + " BlockException.isBlockException(Throwable t)=" +
BlockException.isBlockException(blockException));
        ResponseBox box = new ResponseBox();
        box.setResponseCode(500);
        box.setData("test1 value");
        box.setMessage("发生控流，进入了test1FallBackMethod方法，异常类名：" +
blockException.getClass().getName() + " throwable.getMessage()=" + blockEx-
ception.getMessage() + " BlockException.isBlockException(Throwable t)=" +
BlockException.isBlockException(blockException));
        return box;
    }

    ////////////////////////////////////
    @GetMapping(value = "test2")
    @SentinelResource(value = "test2SentinelResource", blockHandler = "han-
dleFlowControl", //限流处理方法
            blockHandlerClass = SentinelHandler.class//限流处理类
    )
    public ResponseBox<String> test2(String username, HttpServletRequest re-
quest, HttpServletResponse response) {
        System.out.println("get test2 run portValue=" + portValue + " user-
name=" + username);
        ResponseBox box = new ResponseBox();
        box.setResponseCode(200);
        box.setData("test2 value");
        box.setMessage("操作成功");
        return box;
    }
}
```

自定义 blockHandlerClass 代码如下。

```
package com.ghy.www.my.sentinel.flowcontrolexception.provider.sentinelhandler;

import com.alibaba.csp.sentinel.slots.block.BlockException;
```

```
import com.ghy.www.dto.ResponseBox;

import javax.servlet.http.HttpServletRequest;
import javax.servlet.http.HttpServletResponse;

public class SentinelHandler {
    //限流处理
    public static ResponseBox<String> handleFlowControl(String username, HttpServletRequest request, HttpServletResponse response, BlockException blockException) {
        System.out.println("发生控流，进入了SentinelHandler.handleFlowControl方法，异常类名：" + blockException.getClass().getName() + " throwable.getMessage()=" + blockException.getMessage() + " BlockException.isBlockException(Throwable t)=" + BlockException.isBlockException(blockException));
        ResponseBox box = new ResponseBox();
        box.setResponseCode(500);
        box.setMessage("发生控流，进入了SentinelHandler.handleFlowControl方法，异常类名：" + blockException.getClass().getName() + " throwable.getMessage()=" + blockException.getMessage() + " BlockException.isBlockException(Throwable t)=" + BlockException.isBlockException(blockException));
        return box;
    }
}
```

配置类代码如下。

```
package com.ghy.www.my.sentinel.flowcontrolexception.provider.javaconfig;

import org.springframework.cloud.client.loadbalancer.LoadBalanced;
import org.springframework.context.annotation.Bean;
import org.springframework.context.annotation.Configuration;
import org.springframework.web.client.RestTemplate;

@Configuration
public class JavaConfig {
    @Bean
    @LoadBalanced
    public RestTemplate restTemplate() {
        return new RestTemplate();
    }
}
```

配置文件 application.yml 代码如下。

```
spring:
  application:
```

```
    name: my-sentinel-flowcontrolexception-provider-8085
  cloud:
    nacos:
      discovery:
        server-addr: 192.168.3.188:8848
        username: nacos
        password: nacos
        ip: 192.168.3.188
    sentinel:
      transport:
        # 使用8721端口和8888端口进行运行状态数据的传输
        port: 8721
        dashboard: 192.168.3.188:8888
        client-ip: 192.168.3.188
      eager: true
      web-context-unify: false

server:
  port: 8085
```

4.5.5.2　创建服务消费者模块

创建 my-sentinel-flowcontrolexception-consumer 模块。

OpenFeign 接口代码如下。

```
package com.ghy.www.my.sentinel.flowcontrolexception.consumer.openfeignclient;

import com.ghy.www.dto.ResponseBox;
import org.springframework.cloud.openfeign.FeignClient;
import org.springframework.web.bind.annotation.GetMapping;
import org.springframework.web.bind.annotation.RequestParam;

import javax.servlet.http.HttpServletRequest;
import javax.servlet.http.HttpServletResponse;

@FeignClient(name = "my-sentinel-flowcontrolexception-provider-8085")
public interface GetControllerClient {
    @GetMapping(value = "test1")
    public ResponseBox<String> test1(@RequestParam String username, @Request-
Param HttpServletRequest request,
                                     @RequestParam HttpServletResponse re-
sponse);

    @GetMapping(value = "test2")
    public ResponseBox<String> test2(@RequestParam String username, @Request-
```

```
Param HttpServletRequest request,
                                        @RequestParam HttpServletResponse re-
sponse);
}
```

服务消费者代码如下。

```
package com.ghy.www.my.sentinel.flowcontrolexception.consumer.controller;

import com.ghy.www.dto.ResponseBox;
import com.ghy.www.my.sentinel.flowcontrolexception.consumer.openfeignclient.
GetControllerClient;
import org.springframework.beans.factory.annotation.Autowired;
import org.springframework.web.bind.annotation.RequestMapping;
import org.springframework.web.bind.annotation.RestController;

import javax.servlet.http.HttpServletRequest;
import javax.servlet.http.HttpServletResponse;

@RestController
public class GetController {
    @Autowired
    private GetControllerClient getControllerClient;

    @RequestMapping("test1")
     public ResponseBox<String> test1(String username, HttpServletRequest re-
quest, HttpServletResponse response) {
        return getControllerClient.test1("账号", request, response);
    }

    @RequestMapping("test2")
     public ResponseBox<String> test2(String username, HttpServletRequest re-
quest, HttpServletResponse response) {
        return getControllerClient.test2("账号", request, response);
    }
}
```

配置文件 application.yml 代码如下。

```
spring:
  application:
    name: my-sentinel-flowcontrolexception-consumer-8091
  cloud:
    nacos:
      discovery:
        server-addr: 192.168.3.188:8848
```

```
        username: nacos
        password: nacos
    sentinel:
      transport:
        # 使用8722端口和8888端口进行运行状态数据的传输
        port: 8722
        dashboard: 192.168.3.188:8888
      eager: true

server:
  port: 8091
```

4.5.5.3　运行效果

创建规则如图 4-48 所示。

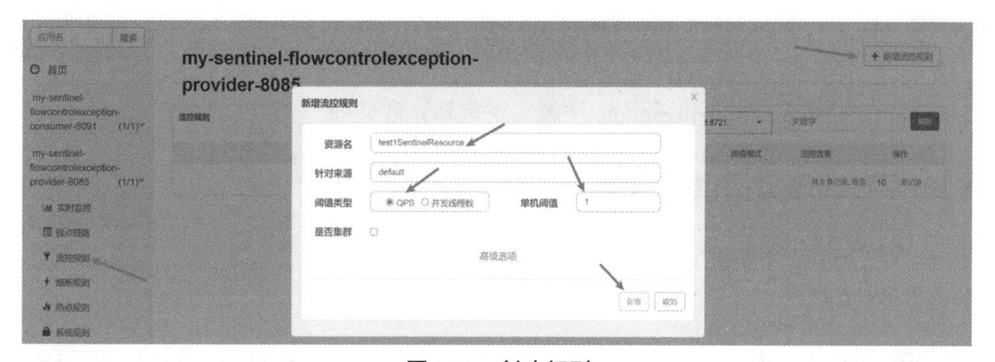

图4-48　创建规则

创建规则如图 4-49 所示。

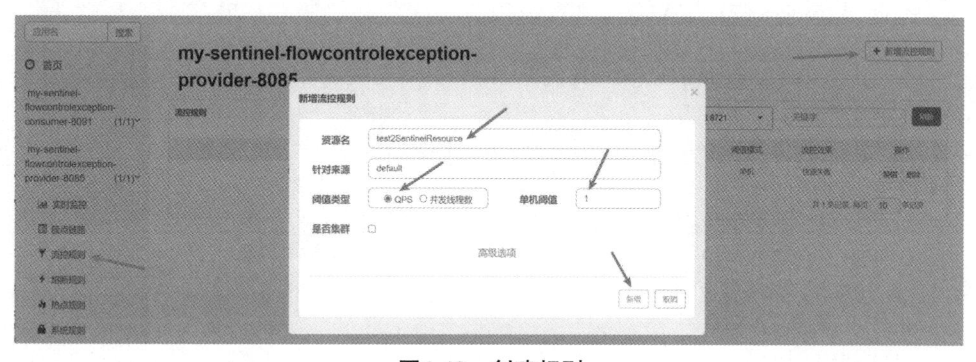

图4-49　创建规则

快速多次的执行如下网址。

```
http://localhost:8091/test1
```

浏览器显示限流信息如下。

```
{"responseCode":500,"data":"test1 value","message":"发生控流，进入了test1Fall-
BackMethod方法，异常类名：com.alibaba.csp.sentinel.slots.block.flow.FlowExcep-
tion throwable.getMessage()=null BlockException.isBlockException(Throwable
t)=true"}
```

快速多次的执行如下网址。

```
http://localhost:8091/test2
```

浏览器显示限流信息如下。

```
{"responseCode":500,"data":null,"message":"发生控流，进入了SentinelHandler.
handleFlowControl方法，异常类名：com.alibaba.csp.sentinel.slots.block.flow.Flow-
Exception throwable.getMessage()=null BlockException.isBlockException(Throw-
able t)=true"}
```

4.5.6 熔断异常处理

在 Sentinel 中使用 @SentinelResource 注解实现熔断异常处理。

4.5.6.1 创建服务提供者模块

创建 my-sentinel-circuitbreakingexception-provider 模块。

服务提供者代码如下。

```
package com.ghy.www.my.sentinel.circuitbreakingexception.provider.controller;

import com.alibaba.csp.sentinel.annotation.SentinelResource;
import com.alibaba.csp.sentinel.slots.block.BlockException;
import com.ghy.www.dto.ResponseBox;
import com.ghy.www.my.sentinel.circuitbreakingexception.provider.sentinelhan-
dler.SentinelHandler1;
import com.ghy.www.my.sentinel.circuitbreakingexception.provider.sentinelhan-
dler.SentinelHandler2;
import org.springframework.beans.factory.annotation.Value;
import org.springframework.web.bind.annotation.GetMapping;
import org.springframework.web.bind.annotation.RestController;

import javax.servlet.http.HttpServletRequest;
import javax.servlet.http.HttpServletResponse;

@RestController
public class TestController {
    @Value("${server.port}")
    private int portValue;
```

```
    @GetMapping(value = "test1")
    @SentinelResource(value = "test1SentinelResource", fallback = "test1Fall-
BackMethod")
    public ResponseBox<String> test1(String username, HttpServletRequest re-
quest, HttpServletResponse response) throws Exception {
        System.out.println("get test1 run portValue=" + portValue + " user-
name=" + username);
        int i = 0;
        if (i == 0) {
            throw new Exception("我是异常信息！");
        }
        ResponseBox box = new ResponseBox();
        box.setResponseCode(200);
        box.setData("test1 value");
        box.setMessage("操作成功");
        return box;
    }

    public ResponseBox<String> test1FallBackMethod(String username, HttpServ-
letRequest request, HttpServletResponse response, Throwable throwable) {
        System.out.println("发生控流，进入了test1FallBackMethod方法，异常类名："
+ throwable.getClass().getName() + " throwable.getMessage()=" + throwable.
getMessage() + " BlockException.isBlockException(Throwable t)=" + BlockExcep-
tion.isBlockException(throwable));
        ResponseBox box = new ResponseBox();
        box.setResponseCode(500);
        box.setData("test1 value");
        box.setMessage("发生控流，进入了test1FallBackMethod方法，异常类名：" +
throwable.getClass().getName() + " throwable.getMessage()=" + throwable.get-
Message() + " BlockException.isBlockException(Throwable t)=" + BlockExcep-
tion.isBlockException(throwable));
        return box;
    }

    @GetMapping(value = "test2")
    @SentinelResource(value = "test2SentinelResource",
            fallback = "handleError", //异常调用方法
            fallbackClass = SentinelHandler1.class //异常处理类
    )
    public ResponseBox<String> test2(String username, HttpServletRequest re-
quest, HttpServletResponse response) throws Exception {
        System.out.println("get test2 run portValue=" + portValue + " user-
name=" + username);
        int i = 0;
```

```
        if (i == 0) {
            throw new Exception("我是异常信息! ");
        }
        ResponseBox box = new ResponseBox();
        box.setResponseCode(200);
        box.setData("test2 value");
        box.setMessage("操作成功");
        return box;
    }

    @GetMapping(value = "test3")
    @SentinelResource(value = "test3SentinelResource",
            fallback = "handleError", //异常调用方法
            fallbackClass = SentinelHandler2.class //异常处理类
    )
     public ResponseBox<String> test3(HttpServletRequest request, HttpServle-
tResponse response, boolean isUseCircuitBreaking) {
        System.out.println("get test3 run portValue=" + portValue);
        try {
            if (isUseCircuitBreaking == true) {
                Thread.sleep(5000);
            }
        } catch (InterruptedException e) {
            e.printStackTrace();
        }
        ResponseBox box = new ResponseBox();
        box.setResponseCode(200);
        box.setData("test3 value");
        box.setMessage("操作成功");
        return box;
    }

}
```

配置类代码如下。

```
package com.ghy.www.my.sentinel.circuitbreakingexception.provider.javaconfig;

import org.springframework.cloud.client.loadbalancer.LoadBalanced;
import org.springframework.context.annotation.Bean;
import org.springframework.context.annotation.Configuration;
import org.springframework.web.client.RestTemplate;

@Configuration
public class JavaConfig {
    @Bean
```

```
    @LoadBalanced
    public RestTemplate restTemplate() {
        return new RestTemplate();
    }
}
```

自定义 blockHandlerClass 代码如下。

```
package com.ghy.www.my.sentinel.circuitbreakingexception.provider.sentinel-
handler;

import com.alibaba.csp.sentinel.slots.block.BlockException;
import com.ghy.www.dto.ResponseBox;

import javax.servlet.http.HttpServletRequest;
import javax.servlet.http.HttpServletResponse;

public class SentinelHandler1 {
    //异常处理
    public static ResponseBox<String> handleError(String username, HttpServ-
letRequest request, HttpServletResponse response, Throwable throwable) {
        System.out.println("发生控流，进入了SentinelHandler1.handleError方法，异常
类名：" + throwable.getClass().getName() + " throwable.getMessage()=" + throw-
able.getMessage() + " BlockException.isBlockException(Throwable t)=" + Block-
Exception.isBlockException(throwable));
        ResponseBox box = new ResponseBox();
        box.setResponseCode(500);
        box.setMessage("发生控流，进入了SentinelHandler1.handleError方法，异常类名：
" + throwable.getClass().getName() + " throwable.getMessage()=" + throwable.
getMessage() + " BlockException.isBlockException(Throwable t)=" + BlockExcep-
tion.isBlockException(throwable));
        return box;
    }
}
```

自定义 blockHandlerClass 代码如下。

```
package com.ghy.www.my.sentinel.circuitbreakingexception.provider.sentinel-
handler;

import com.alibaba.csp.sentinel.slots.block.BlockException;
import com.ghy.www.dto.ResponseBox;

import javax.servlet.http.HttpServletRequest;
import javax.servlet.http.HttpServletResponse;
```

```
public class SentinelHandler2 {
    //异常处理
    public static ResponseBox<String> handleError(HttpServletRequest request,
HttpServletResponse response, boolean isUseCircuitBreaking, Throwable throw-
able) {
            System.out.println("发生控流，进入了SentinelHandler2.handleError方法，异
常类名: " + throwable.getClass().getName() + " BlockException.isBlockExcep-
tion(Throwable t)=" + BlockException.isBlockException(throwable));
        ResponseBox box = new ResponseBox();
        box.setResponseCode(500);
        box.setMessage("发生控流，进入了SentinelHandler2.handleError方法，异常类名:
" + throwable.getClass().getName() + " BlockException.isBlockException(Throw-
able t)=" + BlockException.isBlockException(throwable));
        return box;
    }
}
```

配置文件 application.yml 代码如下。

```
spring:
  application:
    name: my-sentinel-circuitbreakingexception-provider-8085
  cloud:
    nacos:
      discovery:
        server-addr: 192.168.3.188:8848
        username: nacos
        password: nacos
        ip: 192.168.3.188
    sentinel:
      transport:
        # 使用8721端口和8888端口进行运行状态数据的传输
        port: 8721
        dashboard: 192.168.3.188:8888
        client-ip: 192.168.3.188
      eager: true
      web-context-unify: false

server:
  port: 8085
```

4.5.6.2　创建服务消费者模块

创建 my-sentinel-circuitbreakingexception-consumer 模块。

OpenFeign 接口代码如下。

```
package com.ghy.www.my.sentinel.circuitbreakingexception.consumer.openfeign-
client;

import com.ghy.www.dto.ResponseBox;
import org.springframework.cloud.openfeign.FeignClient;
import org.springframework.web.bind.annotation.GetMapping;
import org.springframework.web.bind.annotation.RequestParam;

import javax.servlet.http.HttpServletRequest;
import javax.servlet.http.HttpServletResponse;

@FeignClient(name = "my-sentinel-circuitbreakingexception-provider-8085")
public interface GetControllerClient {
    @GetMapping(value = "test1")
    public ResponseBox<String> test1(@RequestParam String username, @Request-
Param HttpServletRequest request,
                                    @RequestParam HttpServletResponse re-
sponse);

    @GetMapping(value = "test2")
    public ResponseBox<String> test2(@RequestParam String username, @Request-
Param HttpServletRequest request,
                                    @RequestParam HttpServletResponse re-
sponse);

    @GetMapping(value = "test3")
     public ResponseBox<String> test3(@RequestParam HttpServletRequest re-
quest,
                                    @RequestParam HttpServletResponse re-
sponse, @RequestParam boolean isUseCircuitBreaking);
}
```

服务消费者代码如下。

```
package com.ghy.www.my.sentinel.circuitbreakingexception.consumer.controller;

import com.ghy.www.my.sentinel.circuitbreakingexception.consumer.openfeign-
client.GetControllerClient;
import org.springframework.beans.factory.annotation.Autowired;
import org.springframework.web.bind.annotation.RequestMapping;
import org.springframework.web.bind.annotation.RestController;

import javax.servlet.http.HttpServletRequest;
import javax.servlet.http.HttpServletResponse;

@RestController
```

```
public class GetController {
    @Autowired
    private GetControllerClient getControllerClient;

    @RequestMapping("test1")
    public String test1(String username, HttpServletRequest request, HttpServ-
letResponse response) {
        return getControllerClient.test1("账号", request, response).getMes-
sage();
    }

    @RequestMapping("test2")
    public String test2(String username, HttpServletRequest request, HttpServ-
letResponse response) {
        return getControllerClient.test2("账号", request, response).getMes-
sage();
    }

    @RequestMapping("test3_1")
    public void test3_1(HttpServletRequest request, HttpServletResponse re-
sponse) {
        for (int i = 1; i <= 20; i++) {
            Thread newThread = new Thread() {
                @Override
                public void run() {
                    try {
                        System.out.println("执行了test3_1 返回值: " + getCon-
trollerClient.test3(request, response, false).getMessage());
                    } catch (Exception e) {
                        System.out.println("出现异常:" + e.getMessage());
                    }
                }
            };
            newThread.start();
        }
    }

    @RequestMapping("test3_2")
    public void test3_2(HttpServletRequest request, HttpServletResponse re-
sponse) {
        System.out.println("快速发起20次请求，熔断器打开");
        for (int i = 1; i <= 20; i++) {
            Thread newThread = new Thread() {
                @Override
                public void run() {
```

```
                    try {
                            System.out.println("执行了test3_2 返回值: " + getCon-
trollerClient.test3(request, response, true).getMessage());
                    } catch (Exception e) {
                        System.out.println("出现异常:" + e.getMessage());
                    }
                }
            };
            newThread.start();
        }
        try {
            Thread.sleep(6000);
        } catch (InterruptedException e) {
            e.printStackTrace();
        }
        System.out.println("");
        System.out.println("6秒之后熔断器关闭");
        System.out.println("");
        System.out.println("成功访问: ");
        try {
             System.out.println("执行了test3_2 返回值: " + getControllerClient.
test3(request, response, true).getMessage());
        } catch (Exception e) {
            System.out.println("出现异常:" + e.getMessage());
        }
    }
}
```

配置文件 application.yml 代码如下。

```
spring:
  application:
    name: my-sentinel-circuitbreakingexception-consumer-8091
  cloud:
    nacos:
      discovery:
        server-addr: 192.168.3.188:8848
        username: nacos
        password: nacos
    sentinel:
      transport:
        # 使用8722端口和8888端口进行运行状态数据的传输
        port: 8722
        dashboard: 192.168.3.188:8888
      eager: true
```

```
server:
  port: 8091
```

4.5.6.3 运行效果

执行如下网址。

```
http://localhost:8091/test1
```

浏览器显示限流信息如下。

发生控流，进入了 test1FallBackMethod 方法，异常类名：java.lang.Exception throwable.getMessage()= 我是异常信息！ BlockException.isBlockException(Throwable t)=false。

执行如下网址。

```
http://localhost:8091/test2
```

浏览器显示限流信息如下。

发生控流，进入了 SentinelHandler1.handleError 方法，异常类名：java.lang.Exception throwable.getMessage()= 我是异常信息！ BlockException.isBlockException(Throwable t)=false。

创建规则如图 4-50 所示。

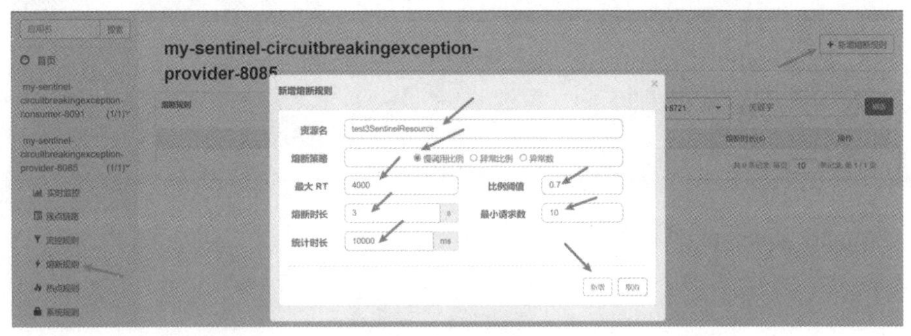

图4-50 创建规则

执行如下网址，服务提供者和服务消费者成功通信。

```
http://localhost:8091/test3_1
```

执行如下网址。

```
http://localhost:8091/test3_2
```

服务提供者打印如下信息。

```
get test3 run portValue=8085
get test3 run portValue=8085
get test3 run portValue=8085
```

```
get test3 run portValue=8085
get test3 run portValue=8085
get test3 run portValue=8085
get test3 run portValue=8085
get test3 run portValue=8085
get test3 run portValue=8085
get test3 run portValue=8085
get test3 run portValue=8085
get test3 run portValue=8085
get test3 run portValue=8085
get test3 run portValue=8085
get test3 run portValue=8085
get test3 run portValue=8085
get test3 run portValue=8085
get test3 run portValue=8085
get test3 run portValue=8085
get test3 run portValue=8085
发生控流，进入了SentinelHandler2.handleError方法，异常类名：com.alibaba.csp.
sentinel.slots.block.degrade.DegradeException BlockException.isBlockExcep-
tion(Throwable t)=true
```

服务消费者打印如下信息。

```
快速发起20次请求，熔断器打开
执行了test3_2 返回值：操作成功
执行了test3_2 返回值：操作成功
执行了test3_2 返回值：操作成功
执行了test3_2 返回值：操作成功
执行了test3_2 返回值：操作成功
执行了test3_2 返回值：操作成功
执行了test3_2 返回值：操作成功
执行了test3_2 返回值：操作成功
执行了test3_2 返回值：操作成功
执行了test3_2 返回值：操作成功
执行了test3_2 返回值：操作成功
执行了test3_2 返回值：操作成功
执行了test3_2 返回值：操作成功
执行了test3_2 返回值：操作成功
执行了test3_2 返回值：操作成功
执行了test3_2 返回值：操作成功
执行了test3_2 返回值：操作成功
执行了test3_2 返回值：操作成功
执行了test3_2 返回值：操作成功
执行了test3_2 返回值：操作成功

6秒之后熔断器关闭
```

成功访问。

```
执行了test3_2 返回值：发生控流，进入了SentinelHandler2.handleError方法，异常类名：com.alibaba.csp.sentinel.slots.block.degrade.DegradeException BlockException.isBlockException(Throwable t)=true
```

4.6 规则持久化

默认情况下，在 Sentinel 创建的规则存储在内存中，当服务提供者和服务消费者微服务重启时，这些规则会被清除，而 Sentinel 支持对规则进行持久化，存储在文件、数据库或者配置中心中，实现长久保存。

DataSource 接口提供了对接任意配置源的能力，也就是使用此接口可以对规则进行保存和读取。

使用 DataSource 常见的实现方式如下。

（1）拉模式：客户端主动向某个规则管理中心定期“轮询拉取”规则配置 (占用更多的 CPU 资源)，这个规则中心可以是 RDBMS、文件，甚至是 VCS 等。这样做的优点是操作简单，缺点是无法及时获取变更。

（2）推模式：规则中心统一推送，客户端通过注册监听器的方式时刻监听变化，比如使用 Nacos、Zookeeper 等配置中心。这种方式有更好的实时性和一致性保证。

Sentinel 目前支持以下数据源扩展。

（1）拉 Pull-based：动态文件数据源、Consul、Eureka。实现拉模式的数据源最简单的方式是继承 AutoRefreshDataSource 抽象类，然后实现 readSource() 方法，在该方法里从指定数据源读取字符串格式的配置数据，比如基于文件的数据源。

（2）推 Push-based：ZooKeeper、Redis、Nacos、Apollo、etcd。实现推模式的数据源最简单的方式是继承 AbstractDataSource 抽象类，在其构造方法中添加监听器，并实现 readSource() 从指定数据源读取字符串格式的配置数据，比如基于 Nacos 的数据源。

4.6.1 拉模式：使用文件

本节测试使用“拉模式 + 文件”实现规则持久化。

4.6.1.1 创建服务提供者模块

创建 my-sentinel-datasourceextensionpull-provider 模块。

服务提供者代码如下。

```
package com.ghy.www.my.sentinel.datasourceextensionpull.provider.controller;

import com.ghy.www.dto.ResponseBox;
import org.springframework.beans.factory.annotation.Value;
import org.springframework.web.bind.annotation.GetMapping;
import org.springframework.web.bind.annotation.RestController;

import javax.servlet.http.HttpServletRequest;
import javax.servlet.http.HttpServletResponse;

@RestController
public class TestController {
    @Value("${server.port}")
    private int portValue;

    @GetMapping(value = "test1")
     public ResponseBox<String> test1(HttpServletRequest request, HttpServle-
tResponse response) {
        System.out.println("get test1 run portValue=" + portValue);
        ResponseBox box = new ResponseBox();
        box.setResponseCode(200);
        box.setData("test1 value");
        box.setMessage("操作成功");
        return box;
    }
}
```

配置类代码如下。

```
package com.ghy.www.my.sentinel.datasourceextensionpull.provider.javaconfig;

import org.springframework.cloud.client.loadbalancer.LoadBalanced;
import org.springframework.context.annotation.Bean;
import org.springframework.context.annotation.Configuration;
import org.springframework.web.client.RestTemplate;

@Configuration
public class JavaConfig {
    @Bean
    @LoadBalanced
    public RestTemplate restTemplate() {
        return new RestTemplate();
    }
}
```

接口 InitFunc 实现类代码如下。

```
package com.ghy.www.my.sentinel.datasourceextensionpull.provider.datasource;

import com.alibaba.csp.sentinel.command.handler.ModifyParamFlowRulesCommand-
Handler;
import com.alibaba.csp.sentinel.datasource.*;
import com.alibaba.csp.sentinel.init.InitFunc;
import com.alibaba.csp.sentinel.slots.block.authority.AuthorityRule;
import com.alibaba.csp.sentinel.slots.block.authority.AuthorityRuleManager;
import com.alibaba.csp.sentinel.slots.block.degrade.DegradeRule;
import com.alibaba.csp.sentinel.slots.block.degrade.DegradeRuleManager;
import com.alibaba.csp.sentinel.slots.block.flow.FlowRule;
import com.alibaba.csp.sentinel.slots.block.flow.FlowRuleManager;
import com.alibaba.csp.sentinel.slots.block.flow.param.ParamFlowRule;
import com.alibaba.csp.sentinel.slots.block.flow.param.ParamFlowRuleManager;
import com.alibaba.csp.sentinel.slots.system.SystemRule;
import com.alibaba.csp.sentinel.slots.system.SystemRuleManager;
import com.alibaba.csp.sentinel.transport.util.WritableDataSourceRegistry;
import com.alibaba.fastjson.JSON;
import com.alibaba.fastjson.TypeReference;

import java.io.File;
import java.io.IOException;
import java.util.List;

//FileRefreshableDataSource会周期性的读取文件以获取规则，
//当文件有更新时会及时发现，并将规则更新到内存中。
public class MyFileDataSourceInitFunc implements InitFunc {
    @Override
    public void init() throws Exception {
            System.out.println("----------------------MyFileDataSourceInit-
Func----------------------");
        // 可以自定义路径
        String ruleDir = "c:/abc/sentinel/rules";
        String flowRulePath = ruleDir + "/flow-rule.json";
        String degradeRulePath = ruleDir + "/degrade-rule.json";
        String systemRulePath = ruleDir + "/system-rule.json";
        String authorityRulePath = ruleDir + "/authority-rule.json";
        String paramFlowRulePath = ruleDir + "/param-flow-rule.json";

        this.mkdirIfNotExits(ruleDir);
        this.createFileIfNotExits(flowRulePath);
        this.createFileIfNotExits(degradeRulePath);
        this.createFileIfNotExits(systemRulePath);
        this.createFileIfNotExits(authorityRulePath);
```

```
        this.createFileIfNotExits(paramFlowRulePath);

        // 流控规则
        ReadableDataSource<String, List<FlowRule>> flowRuleRDS = new FileRe-
freshableDataSource<>(
                flowRulePath,
                flowRuleListParser
        );
        // 将可读数据源注册至FlowRuleManager
        // 这样当规则文件发生变化时，就会更新规则到内存
        FlowRuleManager.register2Property(flowRuleRDS.getProperty());
        WritableDataSource<List<FlowRule>> flowRuleWDS = new FileWritableData-
Source<>(
                flowRulePath,
                this::encodeJson
        );
        // 将可写数据源注册至transport模块的WritableDataSourceRegistry中
        // 这样收到控制台推送的规则时，Sentinel会先更新到内存，然后将规则写入到文件中
        WritableDataSourceRegistry.registerFlowDataSource(flowRuleWDS);

        // 降级规则
        ReadableDataSource<String, List<DegradeRule>> degradeRuleRDS = new
FileRefreshableDataSource<>(
                degradeRulePath,
                degradeRuleListParser
        );
        DegradeRuleManager.register2Property(degradeRuleRDS.getProperty());
        WritableDataSource<List<DegradeRule>> degradeRuleWDS = new FileWrita-
bleDataSource<>(
                degradeRulePath,
                this::encodeJson
        );
        WritableDataSourceRegistry.registerDegradeDataSource(degradeRuleWDS);

        // 系统规则
        ReadableDataSource<String, List<SystemRule>> systemRuleRDS = new Fil-
eRefreshableDataSource<>(
                systemRulePath,
                systemRuleListParser
        );
        SystemRuleManager.register2Property(systemRuleRDS.getProperty());
        WritableDataSource<List<SystemRule>> systemRuleWDS = new FileWrita-
bleDataSource<>(
                systemRulePath,
                this::encodeJson
```

```
        );
        WritableDataSourceRegistry.registerSystemDataSource(systemRuleWDS);

        // 授权规则
        ReadableDataSource<String, List<AuthorityRule>> authorityRuleRDS =
new FileRefreshableDataSource<>(
                authorityRulePath,
                authorityRuleListParser
        );
        AuthorityRuleManager.register2Property(authorityRuleRDS.getProper-
ty());
        WritableDataSource<List<AuthorityRule>> authorityRuleWDS = new File-
WritableDataSource<>(
                authorityRulePath,
                this::encodeJson
        );
        WritableDataSourceRegistry.registerAuthorityDataSource(authori-
tyRuleWDS);

        // 热点参数规则
        ReadableDataSource<String, List<ParamFlowRule>> paramFlowRuleRDS =
new FileRefreshableDataSource<>(
                paramFlowRulePath,
                paramFlowRuleListParser
        );
        ParamFlowRuleManager.register2Property(paramFlowRuleRDS.getProper-
ty());
        WritableDataSource<List<ParamFlowRule>> paramFlowRuleWDS = new File-
WritableDataSource<>(
                paramFlowRulePath,
                this::encodeJson
        );
        ModifyParamFlowRulesCommandHandler.setWritableDataSource(paramFlow-
RuleWDS);
    }

    private Converter<String, List<FlowRule>> flowRuleListParser = source ->
JSON.parseObject(
            source,
            new TypeReference<List<FlowRule>>() {
            }
    );
    private Converter<String, List<DegradeRule>> degradeRuleListParser =
source -> JSON.parseObject(
            source,
```

```
            new TypeReference<List<DegradeRule>>() {
            }
    );
    private Converter<String, List<SystemRule>> systemRuleListParser = source
-> JSON.parseObject(
            source,
            new TypeReference<List<SystemRule>>() {
            }
    );

    private Converter<String, List<AuthorityRule>> authorityRuleListParser =
source -> JSON.parseObject(
            source,
            new TypeReference<List<AuthorityRule>>() {
            }
    );

    private Converter<String, List<ParamFlowRule>> paramFlowRuleListParser =
source -> JSON.parseObject(
            source,
            new TypeReference<List<ParamFlowRule>>() {
            }
    );

    private void mkdirIfNotExits(String filePath) throws IOException {
        File file = new File(filePath);
        if (!file.exists()) {
            file.mkdirs();
        }
    }

    private void createFileIfNotExits(String filePath) throws IOException {
        File file = new File(filePath);
        if (!file.exists()) {
            file.createNewFile();
        }
    }

    private <T> String encodeJson(T t) {
        return JSON.toJSONString(t);
    }
}
```

配置文件 application.yml 代码如下。

```
spring:
```

```
  application:
    name: my-sentinel-datasourceextensionpull-provider-8085
  cloud:
    nacos:
      discovery:
        server-addr: 192.168.3.188:8848
        username: nacos
        password: nacos
        ip: 192.168.3.188
    sentinel:
      transport:
        # 使用8721端口和8888端口进行运行状态数据的传输
        port: 8721
        dashboard: 192.168.3.188:8888
        client-ip: 192.168.3.188
      eager: true
      web-context-unify: false

server:
  port: 8085
```

在文件夹 resources 中创建子文件夹 META-INF，再创建子孙文件夹 services，再创建文件 com.alibaba.csp.sentinel.init.InitFunc，内容如下。

```
com.ghy.www.my.sentinel.datasourceextensionpull.provider.datasource.MyFile-
DataSourceInitFunc
```

项目结构如图 4-51 所示。

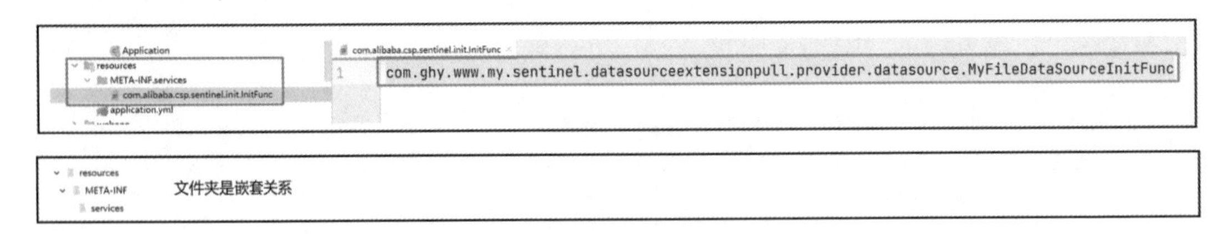

图4-51　项目结构

4.6.1.2　创建服务消费者模块

创建 my-sentinel-datasourceextensionpull-consumer 模块。

OpenFeign 接口代码如下。

```
package com.ghy.www.my.sentinel.datasourceextensionpull.consumer.openfeign-
client;
```

```
import com.ghy.www.dto.ResponseBox;
import org.springframework.cloud.openfeign.FeignClient;
import org.springframework.web.bind.annotation.GetMapping;
import org.springframework.web.bind.annotation.RequestParam;

import javax.servlet.http.HttpServletRequest;
import javax.servlet.http.HttpServletResponse;

@FeignClient(name = "my-sentinel-datasourceextensionpull-provider-8085")
public interface GetControllerClient {
    @GetMapping(value = "test1")
     public ResponseBox<String> test1(@RequestParam HttpServletRequest re-
quest,
                                      @RequestParam HttpServletResponse re-
sponse);
}
```

服务消费者代码如下。

```
package com.ghy.www.my.sentinel.datasourceextensionpull.consumer.controller;

import com.ghy.www.my.sentinel.datasourceextensionpull.consumer.openfeigncli-
ent.GetControllerClient;
import org.springframework.beans.factory.annotation.Autowired;
import org.springframework.web.bind.annotation.RequestMapping;
import org.springframework.web.bind.annotation.RestController;

import javax.servlet.http.HttpServletRequest;
import javax.servlet.http.HttpServletResponse;

@RestController
public class GetController {
    @Autowired
    private GetControllerClient getControllerClient;

    @RequestMapping("test1")
     public void test1(HttpServletRequest request, HttpServletResponse re-
sponse) {
        for (int i = 1; i <= 10; i++) {
            getControllerClient.test1(request, response);
            System.out.println("test1消费了: " + (i) + "次");
        }
    }
}
```

配置文件 application.yml 代码如下。

```yaml
spring:
  application:
    name: my-sentinel-datasourceextensionpull-consumer-8091
  cloud:
    nacos:
      discovery:
        server-addr: 192.168.3.188:8848
        username: nacos
        password: nacos
    sentinel:
      transport:
        # 使用8722端口和8888端口进行运行状态数据的传输
        port: 8722
        dashboard: 192.168.3.188:8888
      eager: true

server:
  port: 8091
```

4.6.1.3 运行效果

手动创建 C:\abc 文件夹。

启动服务提供者和服务消费者项目，在文件夹 c:\abc 中创建了子文件夹 sentinel，在 sentinel 中创建 rules 子文件夹，但保存流控规则相关的 json 文件大小为 0，如图 4-52 所示。

创建规则如图 4-53 所示。

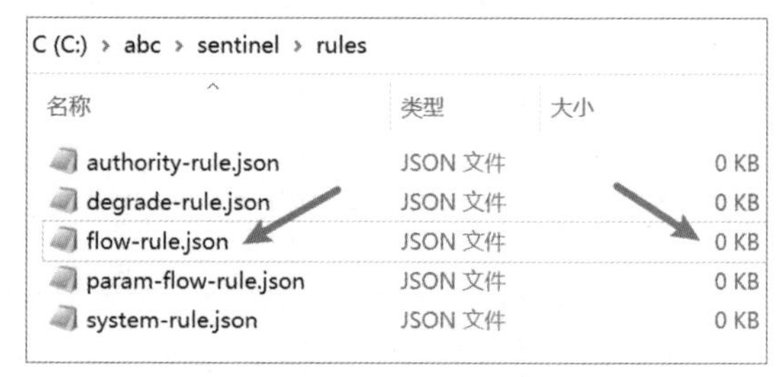

图4-52 json文件

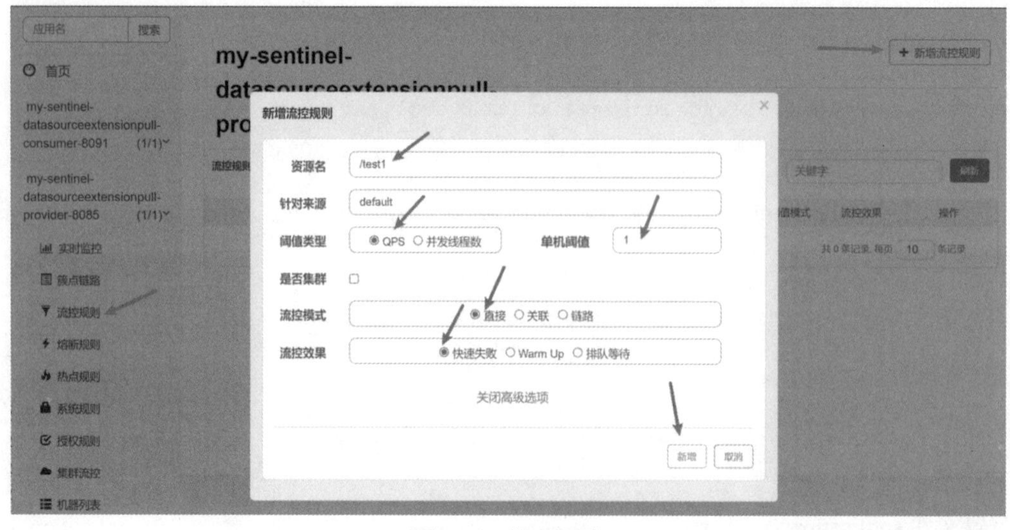

图4-53 创建规则

flow-rule.json 文件大小为 1kb，如图 4-54 所示。

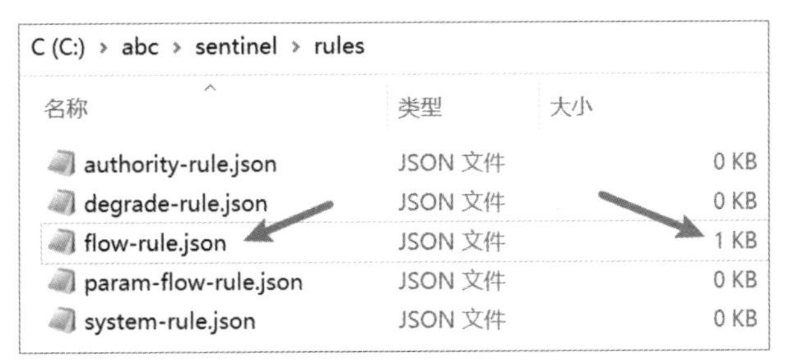

图4-54　创建规则

执行如下网址成功实现流控。

```
http://localhost:8091/test1
```

服务消费者只有 1 次请求成功进行消费。

重启服务提供者后，流控规则还存在，如图 4-55 所示。

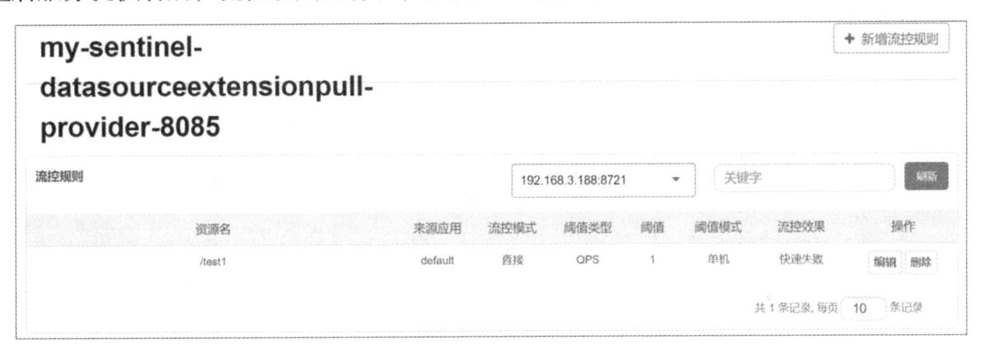

图4-55　规则被持久化

4.6.2　推模式：使用 Nacos

本小节测试使用“推模式 +Nacos”实现规则持久化。

4.6.2.1　创建服务提供者模块

创建 my-sentinel-datasourceextensionpush-provider 模块。

服务提供者代码如下。

```
package com.ghy.www.my.sentinel.datasourceextensionpush.provider.controller;

import com.ghy.www.dto.ResponseBox;
import org.springframework.beans.factory.annotation.Value;
import org.springframework.web.bind.annotation.GetMapping;
import org.springframework.web.bind.annotation.RestController;
```

```
import javax.servlet.http.HttpServletRequest;
import javax.servlet.http.HttpServletResponse;

@RestController
public class TestController {
    @Value("${server.port}")
    private int portValue;

    @GetMapping(value = "test1")
     public ResponseBox<String> test1(HttpServletRequest request, HttpServle-
tResponse response) {
        System.out.println("get test1 run portValue=" + portValue);
        ResponseBox box = new ResponseBox();
        box.setResponseCode(200);
        box.setData("test1 value");
        box.setMessage("操作成功");
        return box;
    }
}
```

配置类代码如下。

```
package com.ghy.www.my.sentinel.datasourceextensionpush.provider.javaconfig;

import org.springframework.cloud.client.loadbalancer.LoadBalanced;
import org.springframework.context.annotation.Bean;
import org.springframework.context.annotation.Configuration;
import org.springframework.web.client.RestTemplate;

@Configuration
public class JavaConfig {
    @Bean
    @LoadBalanced
    public RestTemplate restTemplate() {
        return new RestTemplate();
    }
}
```

接口 InitFunc 实现类代码如下。

```
package com.ghy.www.my.sentinel.datasourceextensionpush.provider.datasource;

import com.alibaba.csp.sentinel.datasource.ReadableDataSource;
import com.alibaba.csp.sentinel.datasource.nacos.NacosDataSource;
import com.alibaba.csp.sentinel.init.InitFunc;
```

```
import com.alibaba.csp.sentinel.slots.block.authority.AuthorityRule;
import com.alibaba.csp.sentinel.slots.block.authority.AuthorityRuleManager;
import com.alibaba.csp.sentinel.slots.block.degrade.DegradeRule;
import com.alibaba.csp.sentinel.slots.block.degrade.DegradeRuleManager;
import com.alibaba.csp.sentinel.slots.block.flow.FlowRule;
import com.alibaba.csp.sentinel.slots.block.flow.FlowRuleManager;
import com.alibaba.csp.sentinel.slots.block.flow.param.ParamFlowRule;
import com.alibaba.csp.sentinel.slots.block.flow.param.ParamFlowRuleManager;
import com.alibaba.csp.sentinel.slots.system.SystemRule;
import com.alibaba.csp.sentinel.slots.system.SystemRuleManager;
import com.alibaba.fastjson.JSON;
import com.alibaba.fastjson.TypeReference;
import com.alibaba.nacos.api.PropertyKeyConst;

import java.util.List;
import java.util.Properties;

public class MyNacosDataSourceInitFunc implements InitFunc {
    private static final String remoteAddress = "192.168.3.188:8848";
    private static final String NACOS_NAMESPACE_ID = "sentinelNamespace";
    private static final String groupId = "flowRuleDataIdGroup";
    private static final String flowRuleDataId = "flowRuleDataId";
    private static final String authorityRuleDataId = "authorityRuleDataId";
    private static final String degradeRuleDataId = "degradeRuleDataId";
    private static final String paramFlowRuleDataId = "paramFlowRuleDataId";
    private static final String systemRuleDataId = "systemRuleDataId";

    @Override
    public void init() throws Exception {
           System.out.println("----------------------MyNacosDataSourceInit-
Func----------------------");
        Properties properties = new Properties();
        properties.put(PropertyKeyConst.SERVER_ADDR, remoteAddress);
        properties.put(PropertyKeyConst.NAMESPACE, NACOS_NAMESPACE_ID);

          ReadableDataSource<String, List<FlowRule>> flowRuleDataSource = new
NacosDataSource<>(properties, groupId, flowRuleDataId,
                source -> JSON.parseObject(source, new TypeReference<List<-
FlowRule>>() {
                }));
          ReadableDataSource<String, List<AuthorityRule>> authorityRuleData-
Source = new NacosDataSource<>(properties, groupId, authorityRuleDataId,
                source -> JSON.parseObject(source, new TypeReference<List<Au-
thorityRule>>() {
                }));
```

```
        ReadableDataSource<String, List<DegradeRule>> degradeRuleDataSource =
new NacosDataSource<>(properties, groupId, degradeRuleDataId,
                source -> JSON.parseObject(source, new TypeReference<List<De-
gradeRule>>() {
                }));
          ReadableDataSource<String, List<ParamFlowRule>> paramFlowRuleData-
Source = new NacosDataSource<>(properties, groupId, paramFlowRuleDataId,
                    source -> JSON.parseObject(source, new TypeRefer-
ence<List<ParamFlowRule>>() {
                }));
          ReadableDataSource<String, List<SystemRule>> systemRuleDataSource =
new NacosDataSource<>(properties, groupId, systemRuleDataId,
                source -> JSON.parseObject(source, new TypeReference<List<Sys-
temRule>>() {
                }));

        FlowRuleManager.register2Property(flowRuleDataSource.getProperty());
          AuthorityRuleManager.register2Property(authorityRuleDataSource.get-
Property());
         DegradeRuleManager.register2Property(degradeRuleDataSource.getProper-
ty());
          ParamFlowRuleManager.register2Property(paramFlowRuleDataSource.get-
Property());
          SystemRuleManager.register2Property(systemRuleDataSource.getProper-
ty());
    }
}
```

注意，根据情况，需要更改 IP 地址：

```
private static final String remoteAddress = "192.168.3.188:8848"
```

配置文件 application.yml 代码如下。

```
spring:
  application:
    name: my-sentinel-datasourceextensionpush-provider-8085
  cloud:
    nacos:
      discovery:
        server-addr: 192.168.3.188:8848
        username: nacos
        password: nacos
        ip: 192.168.3.188
    sentinel:
      transport:
```

```
        # 使用8721端口和8888端口进行运行状态数据的传输
        port: 8721
        dashboard: 192.168.3.188:8888
        client-ip: 192.168.3.188
      eager: true
      web-context-unify: false

server:
  port: 8085
```

在文件夹 resources 中创建子文件夹 META-INF，再创建子孙文件夹 services，再创建文件 com.alibaba.csp.sentinel.init.InitFunc，内容如下。

```
com.ghy.www.my.sentinel.datasourceextensionpush.provider.datasource.MyNacos-
DataSourceInitFunc
```

项目结构如图 4-56 所示。

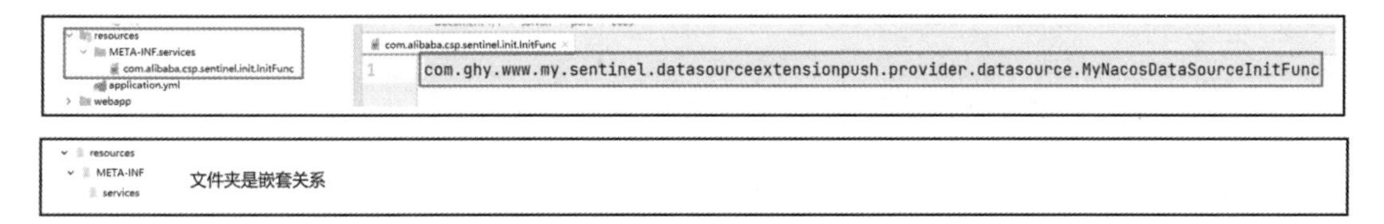

图4-56　项目结构

4.6.2.2　创建服务消费者模块

创建 my-sentinel-datasourceextensionpush-consumer 模块。

OpenFeign 接口代码如下。

```
package com.ghy.www.my.sentinel.datasourceextensionpush.consumer.openfeign-
client;

import com.ghy.www.dto.ResponseBox;
import org.springframework.cloud.openfeign.FeignClient;
import org.springframework.web.bind.annotation.GetMapping;
import org.springframework.web.bind.annotation.RequestParam;

import javax.servlet.http.HttpServletRequest;
import javax.servlet.http.HttpServletResponse;

@FeignClient(name = "my-sentinel-datasourceextensionpush-provider-8085")
public interface GetControllerClient {
    @GetMapping(value = "test1")
     public ResponseBox<String> test1(@RequestParam HttpServletRequest re-
```

```
quest,
                                        @RequestParam HttpServletResponse re-
sponse);
}
```

服务消费者代码如下。

```
package com.ghy.www.my.sentinel.datasourceextensionpush.consumer.controller;

import com.ghy.www.my.sentinel.datasourceextensionpush.consumer.openfeigncli-
ent.GetControllerClient;
import org.springframework.beans.factory.annotation.Autowired;
import org.springframework.web.bind.annotation.RequestMapping;
import org.springframework.web.bind.annotation.RestController;

import javax.servlet.http.HttpServletRequest;
import javax.servlet.http.HttpServletResponse;

@RestController
public class GetController {
    @Autowired
    private GetControllerClient getControllerClient;

    @RequestMapping("test1")
     public void test1(HttpServletRequest request, HttpServletResponse re-
sponse) {
        getControllerClient.test1(request, response);
    }
}
```

配置文件 application.yml 代码如下。

```
spring:
  application:
    name: my-sentinel-datasourceextensionpush-consumer-8091
  cloud:
    nacos:
      discovery:
        server-addr: 192.168.3.188:8848
        username: nacos
        password: nacos
    sentinel:
      transport:
        # 使用8722端口和8888端口进行运行状态数据的传输
        port: 8722
        dashboard: 192.168.3.188:8888
```

```
      eager: true

server:
  port: 8091
```

4.6.2.3 运行效果

创建名称为 sentinelNamespace 的命名空间如图 4-57 所示。

新建命名空间

命名空间ID(不填则自动生成): sentinelNamespace

* 命名空间名: sentinelNamespace

* 描述: sentinelNamespace

确定 取消

图4-57 新建命名空间

添加配置如图 4-58 所示。

图4-58 添加配置

新建配置如图 4-59 所示。

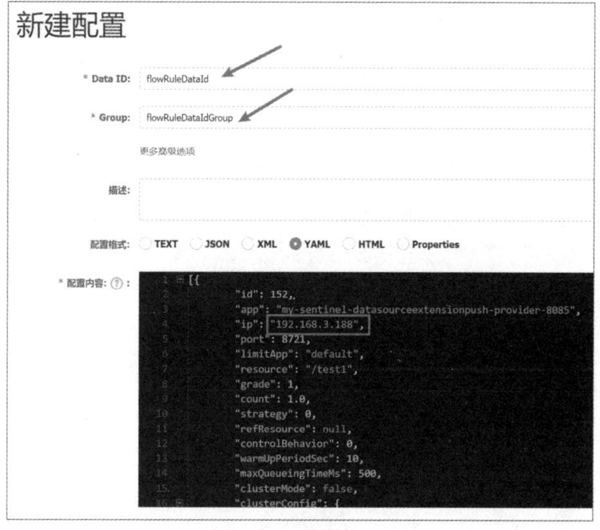

图4-59 新建配置

配置内容如下。

```
[
  {
    "id": 152,
    "app": "my-sentinel-datasourceextensionpush-provider-8085",
    "ip": "192.168.3.188",
    "port": 8721,
    "limitApp": "default",
    "resource": "/test1",
    "grade": 1,
    "count": 1.0,
    "strategy": 0,
    "refResource": null,
    "controlBehavior": 0,
    "warmUpPeriodSec": 10,
    "maxQueueingTimeMs": 500,
    "clusterMode": false,
    "clusterConfig": {
      "flowId": null,
      "thresholdType": 0,
      "fallbackToLocalWhenFail": true,
      "strategy": 0,
      "sampleCount": 10,
      "windowIntervalMs": 1000,
      "resourceTimeout": 2000,
      "resourceTimeoutStrategy": 0,
      "acquireRefuseStrategy": 0,
      "clientOfflineTime": 2000
    },
    "gmtCreate": null,
    "gmtModified": null
  }
]
```

规则列表如图 4-60 所示。

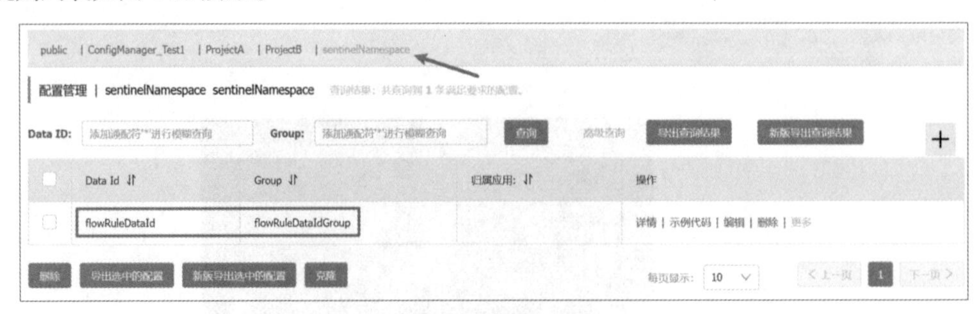

图4-60　规则列表

服务服务提供者和服务消费者。

Sentinel 和 Nacos 中的内容对照关系如图 4-61 所示。

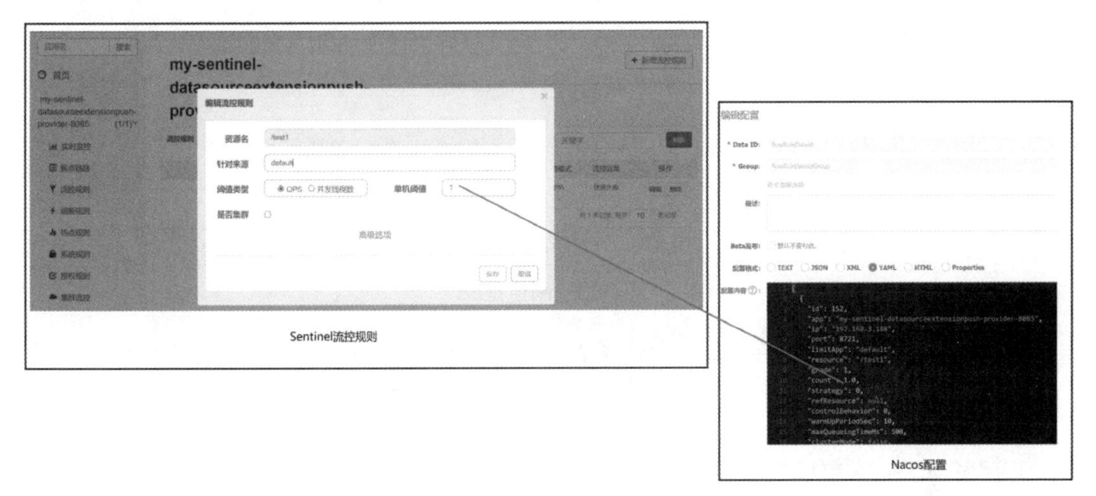

图4-61　对照关系

在 Nacos 中编辑流控规则，count 值改成 88.0，如图 4-62 所示。

图4-62　编辑流控规则

在 Nacos 中保存最新的配置后在 Sentinel 中的阈值同步更新为 88，如图 4-63 所示。

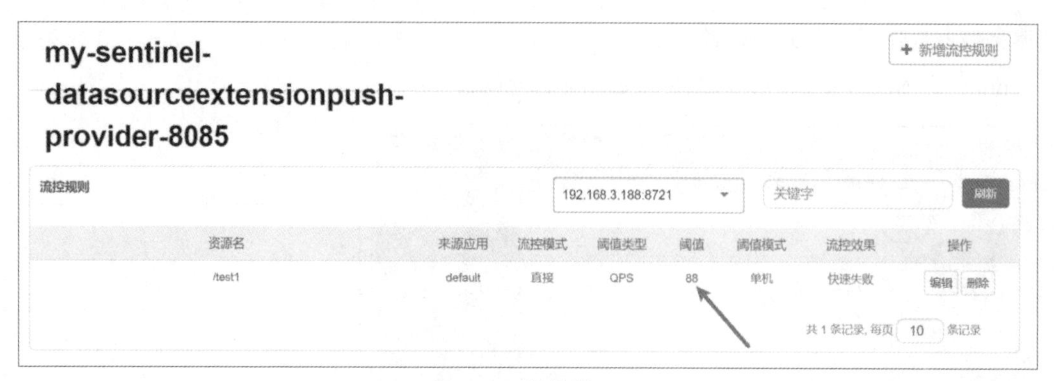

图4-63　阈值是88

最后测试一下流控，需要在Nacos中将阈值由88.0改回为1.0，Sentinel中的效果如图4-64所示。

图4-64　修改阈值

快速执行如下网址。

```
http://localhost:8091/test1
```

服务消费者打印如下信息，出现限流。

```
ERROR 12436 --- [nio-8091-exec-1] o.a.c.c.C.[.[.[/].[dispatcherServlet]       :
Servlet.service() for servlet [dispatcherServlet] in context with path []
threw exception [Request processing failed; nested exception is feign.FeignEx-
ception$TooManyRequests: [429] during [GET] to [http://my-sentinel-datasource-
extensionpush-provider-8085/test1?request=org.apache.catalina.connector.
RequestFacade%404123db47&response=org.apache.catalina.connector.ResponseFa-
cade%4023408531] [GetControllerClient#test1(HttpServletRequest,HttpServletRe-
sponse)]: [Blocked by Sentinel (flow limiting)]] with root cause

feign.FeignException$TooManyRequests: [429] during [GET] to [http://my-senti-
nel-datasourceextensionpush-provider-8085/test1?request=org.apache.catalina.
connector.RequestFacade%404123db47&response=org.apache.catalina.connector.
ResponseFacade%4023408531] [GetControllerClient#test1(HttpServletRe-
quest,HttpServletResponse)]: [Blocked by Sentinel (flow limiting)]
```

第 5 章 网关 Gateway

一夫当关，万夫莫开，就是描述网关 Gateway 组件最恰当的解释，在真实的软件项目中，网关的作用常用于权限检测、限流、集中处理 request 请求头和 response 响应头 (比如 token)。网关也是隐藏内部服务器具体信息的手段，以统一的地址向外暴露服务，便于管理分布式系统中的多个 ip 和 port。

5.1 网关的介绍和作用

通常情况下，App 应用需要知道所有服务的地址，如图 5-1 所示。

所有的 App 需要自行维护服务的 ip 和 port 等信息，属于紧耦合关系。如果使用 Gateway 网关，则 App 应用将和服务进行解耦，如图 5-2 所示。

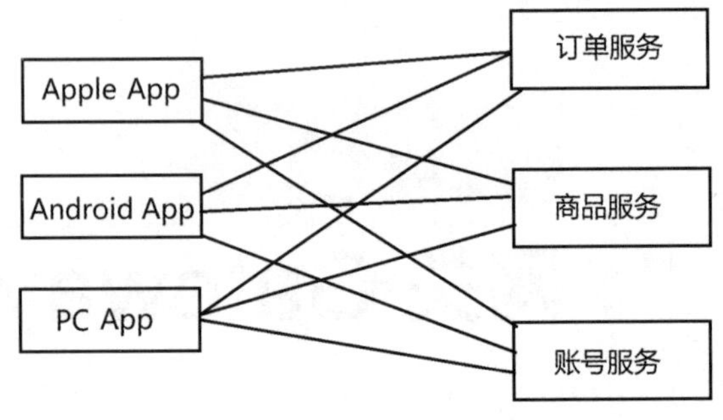

图5-1　App和服务呈紧耦合状态

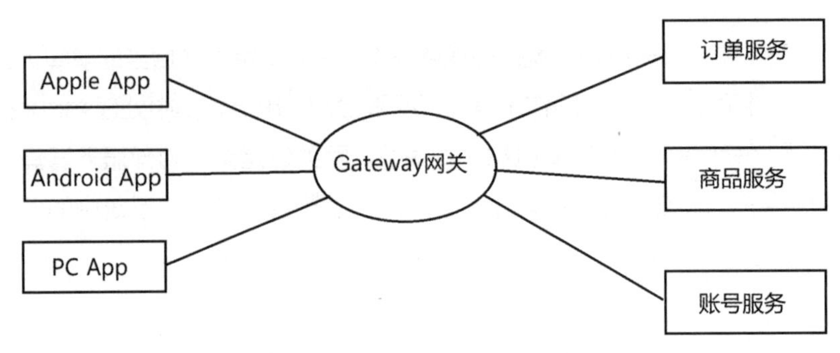

图5-2　App和服务呈解耦状态

由原来 App 负责维护 ip 和 port 等信息，现在这个任务由网关进行处理，解放了 App 的工作量，增加了代码的灵活度。

网关是所有请求的第一入口，由于网关所在的位置在软件系统中具有特殊性，所以网关主要有如下几个作用。

（1）路由：在调用服务时所有的请求都会由网关服务进行转发，如果不通过网关，则会粗暴的使用 ip:port 的形式直连接访问服务，随着服务化进程愈演愈烈，更多的新生服务开始部署，这时如果粗暴地使用 ip:port 的形式会让服务的管理变得更加复杂。

（2）负载均衡：微服务架构下，所有的应用都不应该是单点的，同一个应用多个实例组成的集群体系才是关键，网关此时也可以担任负载均衡的能力。

（3）聚合：因为服务的区分更加细微，导致单个服务提供的能力有限，针对复杂业务，外部调用可能需要多个接口才能返回一个业务对象，这时使用网关可以实现接口的聚合，将多个请求结果合并返回，这样外部调用只需要调用指定接口就可以得到业务数据，降低外部使用复杂性。

（4）鉴权：微服务中，每个单独的服务都会有权限检查的需求，而单独部署在每个服务中的鉴权代码会高度重复，难以管理，且重复鉴权会给授权服务带来更大的压力。请求通过网关可以标识出当前访问者的身份和部分权限，合理解耦大部分重复代码，业务中有具体复杂的权限需求可以在应用中再次通过身份标识获取权限。

（5）断路限流黑白名单：可以在网关层面实现断路器，即超过了指定的阈值，API 网关就会停止发送数据到那些失败的模块。这样可以防止服务之间的调用延时造成的服务雪崩，又有足够的时间来分析日志、修复问题。同样可以对流量进行限制，实现限流的能力，缓解下游服务的压力。还可以通过黑白名单设置，直接禁止某些请求到达下游应用，防止恶意访问等情况。

（6）监控日志：网关作为第一层入口，可以监控各个应用的基础指标，可以记录聚合业务日志，标记异常堆栈，方便追踪排查。

（7）金丝雀发布：通过网关的流量控制，可以实现新和旧的服务同时”服役”，通过实际流量检验服务情况，并实现服务的平滑升级。

（8）隔离：划清边界，因为外部服务只对接网关，从而解放了内部服务，内部服务可以不再使用 RESTful 的形式暴露接口，而可以通过 RPC 的形式实现内部服务的调用，提高内部服务的传输效率，从而带动整体性能的提高。

（9）解耦：使得内部繁多的鉴权业务得以统一，提高了内部服务编码的便捷性和安全性。

（10）脚手架：网关支撑着整体对外的流量，比如，想要知道最活跃的聊天群等信息，都可以通过这个脚手架。不过这里要注意业务的轻量，避免对网关造成压力而导致整体的吞吐量下降，得不偿失。

5.2 网关谓词工厂

网关谓词的主要作用是通过不同的策略来决定 request 请求是否可以通过网关到达目标服务，Spring Cloud Gateway 网关组件提供了如图 5-3 所示的谓词。

RoutePredicateFactory (org.springframework.cloud.gateway.handler.predicate)
DefaultValue in OnEnabledPredicate (org.springframework.cloud.gateway.config.conditional)
AbstractRoutePredicateFactory (org.springframework.cloud.gateway.handler.predicate)
HeaderRoutePredicateFactory (org.springframework.cloud.gateway.handler.predicate)
PathRoutePredicateFactory (org.springframework.cloud.gateway.handler.predicate)
ReadBodyRoutePredicateFactory (org.springframework.cloud.gateway.handler.predicate)
BeforeRoutePredicateFactory (org.springframework.cloud.gateway.handler.predicate)
CloudFoundryRouteServiceRoutePredicateFactory (org.springframework.cloud.gateway.handler.predicate)
QueryRoutePredicateFactory (org.springframework.cloud.gateway.handler.predicate)
RemoteAddrRoutePredicateFactory (org.springframework.cloud.gateway.handler.predicate)
MethodRoutePredicateFactory (org.springframework.cloud.gateway.handler.predicate)
WeightRoutePredicateFactory (org.springframework.cloud.gateway.handler.predicate)
CookieRoutePredicateFactory (org.springframework.cloud.gateway.handler.predicate)
AfterRoutePredicateFactory (org.springframework.cloud.gateway.handler.predicate)
BetweenRoutePredicateFactory (org.springframework.cloud.gateway.handler.predicate)
HostRoutePredicateFactory (org.springframework.cloud.gateway.handler.predicate)
XForwardedRemoteAddrRoutePredicateFactory (org.springframework.cloud.gateway.handler.predicate)

图5-3　网关谓词

5.3 网关谓词

本节将测试 Spring Cloud Gateway 模块中网关谓词提供的功能。

5.3.1 谓词 Path：实现路由转发

谓词 Path 作用：当访问路径符合正则表达式时，才会转发用户微服务。

5.3.1.1 创建网关模块

创建 my-gateway-predicates-path-begintest 模块。

配置文件代码如下。

```
spring:
  application:
    name: my-gateway-predicates-path-begintest-8085
  cloud:
    nacos:
      discovery:
        server-addr: 192.168.3.188:8848
        username: nacos
        password: nacos
        ip: 192.168.3.188
    gateway:
      routes:
        - id: go_baidu
          uri: http://www.baidu.com/
          predicates:
            - Path=/**

server:
  port: 8085
```

5.3.1.2 运行效果

运行如下网址：

```
http://localhost:8085
```

会重定向到 http://www.baidu.com，效果如图 5-4 所示。

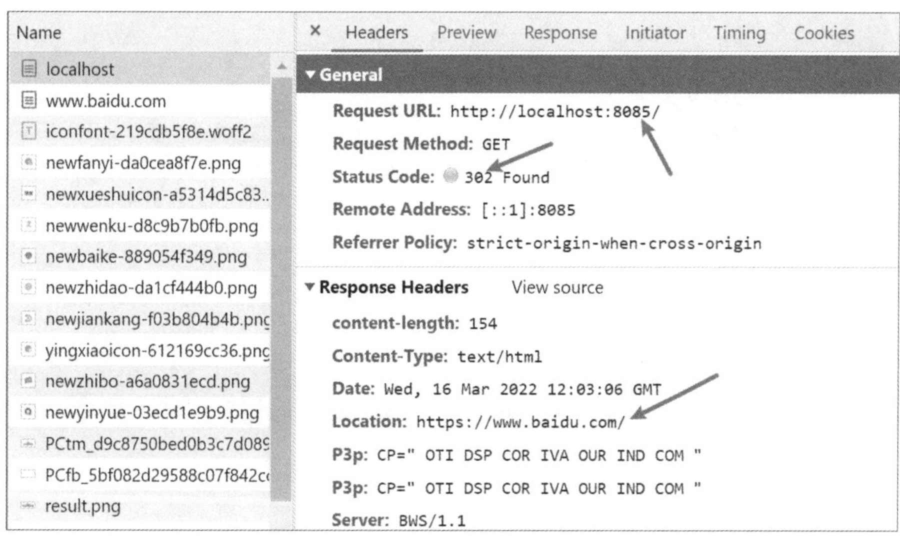

图5-4 成功转发

5.3.2 谓词 Path：根据 ip:port 和 serviceName 转发到服务

本节测试根据 ip:port 和 serviceName 转发到目标服务。

在真实的软件项目中，谓词 Path 的 uri 属性配置的都是目标服务的地址来实现路由转发。

5.3.2.1 创建网关模块

创建 my-gateway-predicates-path-providercluster 模块。

配置文件代码如下。

```
spring:
  application:
    name: my-gateway-predicates-path-providercluster-8088
  cloud:
    nacos:
      discovery:
        server-addr: 192.168.3.188:8848
        username: nacos
        password: nacos
        ip: 192.168.3.188
    gateway:
      routes:
        #不建议使用，ip和port硬编码
        - id: test1
          uri: http://localhost:8087/
          predicates:
            - Path=/test1/**
```

```
          filters:
            - StripPrefix=1
        #建议使用，通过服务名称
        - id: test2
          uri: lb://my-nacos-provider-cluster/
          predicates:
            - Path=/test2/**
          filters:
            - StripPrefix=1

server:
  port: 8088
```

5.3.2.2 运行效果

以集群模式启动 my-nacos-provider-standalone-cluster 模块。

运行如下网址，网关采用直连接的方式成功转发到端口为 8087 的服务提供者。

```
http://localhost:8088/test1/get/test1
```

运行如下网址，网关采用负载均衡的方式成功转发到服务提供者集群。

```
http://localhost:8088/test2/get/test1
```

使用网关进行转发可以隐藏目标服务地址。

配置文件 application.yml 中的属性 StripPrefix 值是 1 表示什么含义呢？比如，使用如下地址可以正确访问服务提供者。

```
http://localhost:8087/get/test1
```

结合本示例的谓词 Path 属性值（test1 或者 test2），当使用如下地址访问网关：

```
http://localhost:8088/test1/get/test1
```

则网关在转发前会转化成如下 URL 访问服务提供者。

```
http://localhost:8087/test1/get/test1
```

而正确访问服务提供者的网址却是如下网址。

```
http://localhost:8087/get/test1
```

并不是如下网址。

```
http://localhost:8087/test1/get/test1
```

URL 中多了 1 级 test1 路径，所以需要将 URL 中的 test1 去掉，这时属性 StripPrefix 就起到了作用，它会缩减 x 级路径，本示例值是 1，会删除 1 级路径，网关最终转化成如下正确的地址。

```
http://localhost:8087/get/test1
```

网关使用这个地址就可以正常的转发访问服务提供者了。

5.3.3 谓词 Path：实现网关跨域

本节实现网关跨域。

5.3.3.1 创建网关模块

创建 my-gateway-crossdomain-frontend 模块。

配置文件代码如下。

```
spring:
  application:
    name: my-gateway-crossdomain-frontend-8087

server:
  port: 8087
```

视图文件 index.html 代码如下。

```
<!DOCTYPE html>
<html lang="en">
    <head>
        <meta charset="UTF-8">
        <title>Title</title>
        <script src="jquery-3.6.0.js"></script>
        <script>
            $(function () {
                $("#sendAjax").click(function () {
                        $.get("http://www.ghy2.com:8088/get/test1", function
(data) {
                            alert(data.responseCode + " " + data.data + " " +
data.message);
                    });
                });
            })
        </script>
    </head>
    <body>
        <input type="button" id="sendAjax" value="发起请求"/>
    </body>
```

```
</html>
```

创建 my-gateway-predicates-path-crossdomain 模块。

配置文件代码如下。

```
spring:
  application:
    name: my-gateway-predicates-path-crossdomain-8088
  cloud:
    nacos:
      discovery:
        server-addr: 192.168.3.188:8848
        username: nacos
        password: nacos
        ip: 192.168.3.188
    gateway:
      routes:
        - id: go_otherServer
          uri: http://ghy2.com:8085
          predicates:
            - Path=/**

server:
  port: 8088
```

5.3.3.2 运行效果

编辑配置文件 hosts 实现域名和 IP 的映射，如图 5-5 所示。

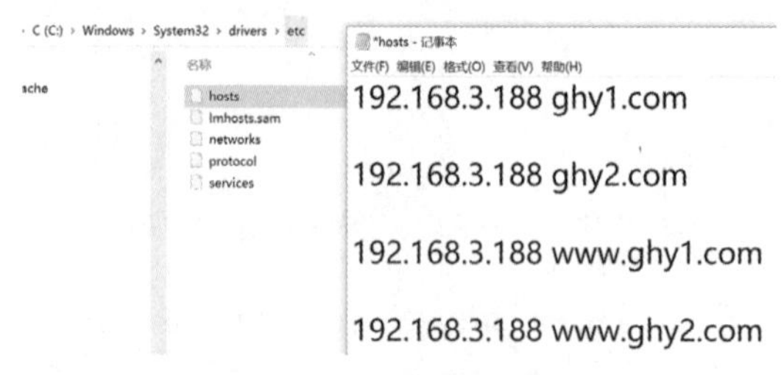

图5-5　配置两个映射

在 CMD 中执行命令刷新 DNS 列表。

```
C:\Users\Administrator>ipconfig /flushdns
```

已成功刷新 DNS 解析缓存。

```
C:\Users\Administrator>
```

启动 my-gateway-crossdomain-frontend 前端模块。

以单机模式启动 my-nacos-provider-standalone-cluster 后端模块。

启动 my-gateway-predicates-path-crossdomain 网关模块。

执行如下网址。

```
http://www.ghy1.com:8087/index.html
```

单击“发起请求”按钮后在 F12 控制台中出现跨域异常，如图 5-6 所示。

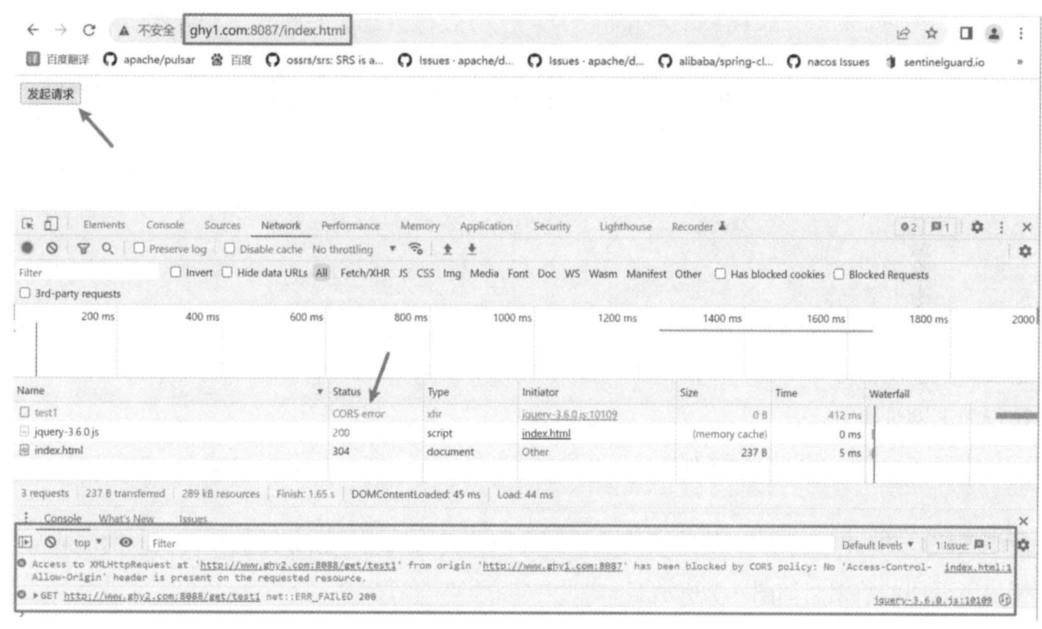

图5-6　出现跨域异常

在前端模块地址 http://www.ghy1.com 中使用 ajax 技术访问网关模块地址 http://ghy2.com，出现了跨域异常问题。

更新 my-gateway-predicates-path-crossdomain 网关模块的配置文件，代码如下。

```
spring:
  application:
    name: my-gateway-predicates-path-crossdomain-8088
  cloud:
    nacos:
      discovery:
        server-addr: 192.168.3.188:8848
        username: nacos
        password: nacos
        ip: 192.168.3.188
    gateway:
      routes:
```

```
        - id: go_otherServer
          uri: http://ghy2.com:8085
          predicates:
            - Path=/**
      # gateway的全局跨域请求配置
      globalcors:
        corsConfigurations:
          '[/**]' :
            allowedHeaders: "*"
            allowedOriginPatterns: "*"
            allowCredentials: true
            allowedMethods: "*"
      default-filters:
        - DedupeResponseHeader=Access-Control-Allow-Origin Access-Control-Al-
low-Credentials Vary, RETAIN_UNIQUE

server:
  port: 8088
```

重启网关模块。

执行如下网址。

```
http://www.ghy1.com:8087/index.html
```

前端模块成功和网关模块实现跨域请求，并由网关模块调用了服务提供者模块，前端成功取得服务提供者返回的数据，如图 5-7 所示。

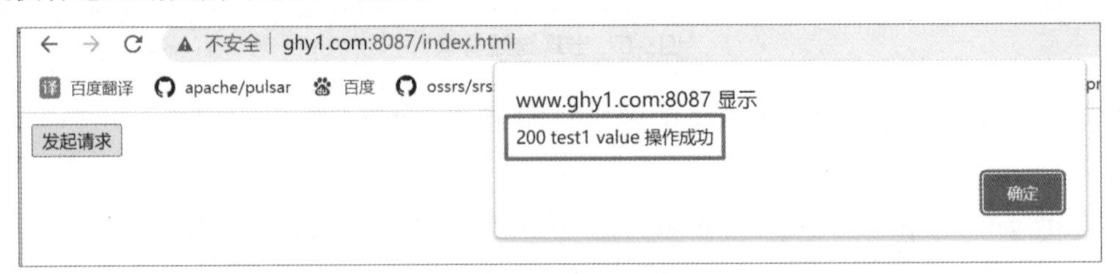

图5-7　成功跨域

5.3.4 谓词 After

谓词 After 作用：当请求的时间晚于配置的时间，才会转发到用户微服务。

5.3.4.1　创建网关模块

创建 my-gateway-predicates-after 模块。

配置文件代码如下。

```
spring:
  application:
    name: my-gateway-predicates-after-8085
  cloud:
    nacos:
      discovery:
        server-addr: 192.168.3.188:8848
        username: nacos
        password: nacos
        ip: 192.168.3.188
    gateway:
      routes:
        - id: go_baidu
          uri: http://www.baidu.com/
          predicates:
            - Path=/**
            - After=1949-10-01T10:00:00.000+08:00[Asia/Shanghai]

server:
  port: 8085

#输出网关日志
logging:
  level:
    org.springframework.cloud.gateway: trace
    org.springframework.cloud.loadbalancer: trace
    org.springframework.web.reactive: trace
```

5.3.4.2　运行效果

执行如下网址。

```
http://localhost:8085/
```

当前时间是 2022 年，晚于 1949 年，所以可以正常转发到百度。

当配置修改如下：

```
gateway:
  routes:
    - id: go_baidu
      uri: http://www.baidu.com/
      predicates:
        - Path=/**
        - After=2050-10-01T10:00:00.000+08:00[Asia/Shanghai]
```

重启模块。

执行如下网址。

```
http://localhost:8085/
```

不会转发到百度。

5.3.5 谓词 Before

谓词 Before 作用：当请求的时间早于配置的时间，才会转发到用户微服务。

5.3.5.1 创建网关模块

创建 my-gateway-predicates-before 模块。

配置文件代码如下。

```
spring:
  application:
    name: my-gateway-predicates-before-8085
  cloud:
    nacos:
      discovery:
        server-addr: 192.168.3.188:8848
        username: nacos
        password: nacos
        ip: 192.168.3.188
    gateway:
      routes:
        - id: go_baidu
          uri: http://www.baidu.com/
          predicates:
            - Path=/**
            - Before=2050-10-01T10:00:00.000+08:00[Asia/Shanghai]

server:
  port: 8085
```

5.3.5.2 运行效果

执行如下网址。

```
http://localhost:8085/
```

当前时间是 2022 年，早于 2050 年，所以可以正常转发到百度。

当配置修改如下：

```
gateway:
  routes:
    - id: go_baidu
      uri: http://www.baidu.com/
      predicates:
        - Path=/**
        - After=1949-10-01T10:00:00.000+08:00[Asia/Shanghai]
```

重启模块。

执行如下网址。

```
http://localhost:8085/
```

不会转发到百度。

5.3.6 谓词 Between

谓词 Between 作用：当请求的时间在配置的时间区间之时，才会转发到用户微服务

5.3.6.1 创建网关模块

创建 my-gateway-predicates-between 模块。

配置文件代码如下。

```
spring:
  application:
    name: my-gateway-predicates-between-8085
  cloud:
    nacos:
      discovery:
        server-addr: 192.168.3.188:8848
        username: nacos
        password: nacos
        ip: 192.168.3.188
    gateway:
      routes:
        - id: go_baidu
          uri: http://www.baidu.com/
          predicates:
            - Path=/**
              - Between=1949-10-01T10:10:10.000+08:00[Asia/Shanghai],2050-10-0
1T10:00:00.000+08:00[Asia/Shanghai]

server:
  port: 8085
```

5.3.6.2 运行效果

执行如下网址。

```
http://localhost:8085/
```

当前时间是 2022 年，在 1949 年和 2050 年之间，所以可以正常转发到百度。

当配置修改如下：

```
gateway:
  routes:
    - id: go_baidu
      uri: http://www.baidu.com/
      predicates:
        - Path=/**
           - Between=1949-10-01T10:10:10.000+08:00[Asia/Shanghai],2000-10-0
1T10:00:00.000+08:00[Asia/Shanghai]
```

重启模块。

执行如下网址。

```
http://localhost:8085/
```

不会转发到百度。

5.3.7 谓词 Cookie

谓词 Cookie 作用：当带有指定 Cookie 名称，并且 Cookie 值符合正则表达式时，才会转发到用户微服务。

5.3.7.1 创建网关模块

创建 my-gateway-predicates-cookie 模块。

配置文件代码如下。

```
spring:
  application:
    name: my-gateway-predicates-cookie-8085
  cloud:
    nacos:
      discovery:
        server-addr: 192.168.3.188:8848
        username: nacos
        password: nacos
```

```
        ip: 192.168.3.188
    gateway:
      routes:
        - id: go_baidu
          uri: http://www.baidu.com/
          predicates:
            - Path=/**
            - Cookie=mykey,myvalue

server:
  port: 8085
```

5.3.7.2　运行效果

使用 postman 发起 request 请求。

未配置 Cookie，运行结果如图 5-8 所示。

图5-8　未配置Cookie

单击 Cookies 链接添加 Cookie，如图 5-9 所示。

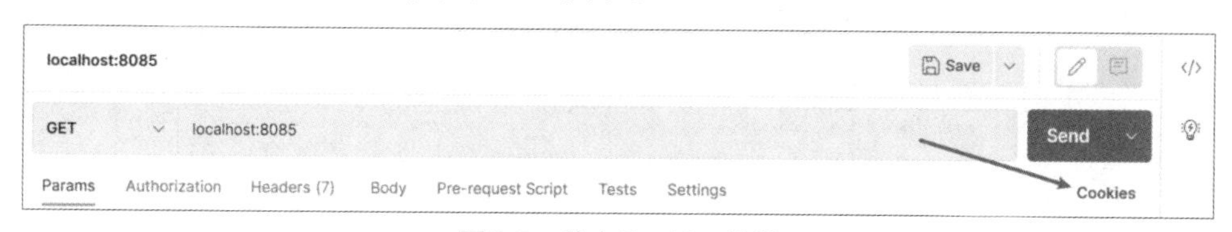

图5-9　单击Cookies链接

单击 Add Cookie 按钮添加 Cookie，如图 5-10 所示。

图5-10 单击Add Cookie按钮

编辑 Cookie，如图 5-11 所示。

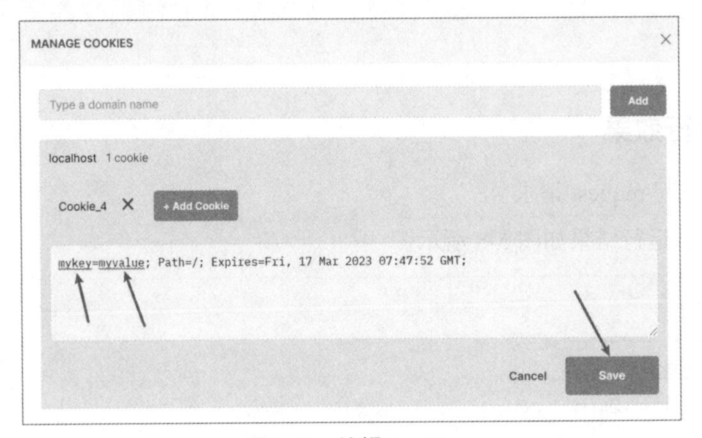

图5-11 编辑Cookie

单击 Send 按钮发送 request 请求，如图 5-12 所示。

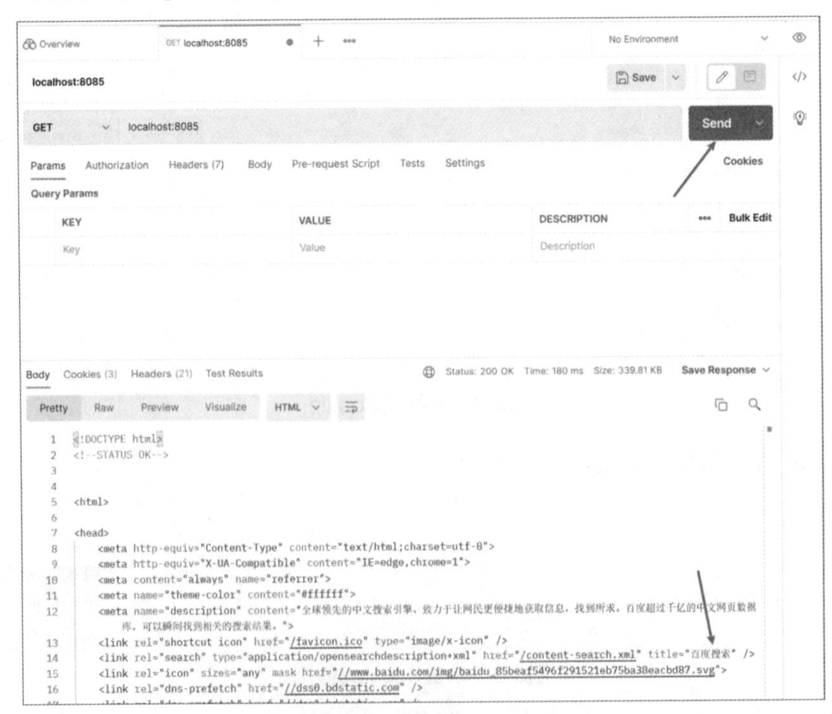

图5-12 已配置Cookie

成功转发到百度。

5.3.8 谓词 Header

谓词 Header 作用：当带有指定 Header 名称，并且 Header 值符合正则表达式时，才会转发到用户微服务。

5.3.8.1　创建网关模块

创建 my-gateway-predicates-header 模块。

配置文件代码如下。

```
spring:
  application:
    name: my-gateway-predicates-header-8085
  cloud:
    nacos:
      discovery:
        server-addr: 192.168.3.188:8848
        username: nacos
        password: nacos
        ip: 192.168.3.188
    gateway:
      routes:
        - id: go_baidu
          uri: http://www.baidu.com/
          predicates:
            - Path=/**
            - Header=myheaderkey,myheadervalue

server:
  port: 8085
```

5.3.8.2　运行效果

发起不包含 request header 的请求，如图 5-13 所示。

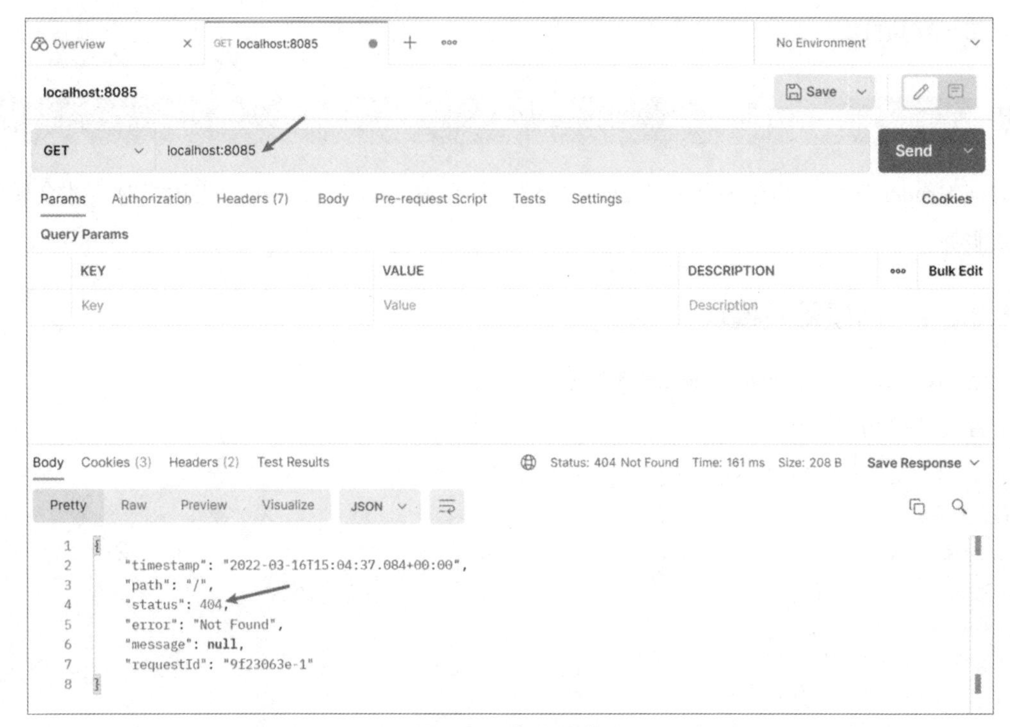

图5-13　出现异常

添加 request header，然后发起包含 request header 的请求，如图 5-14 所示。

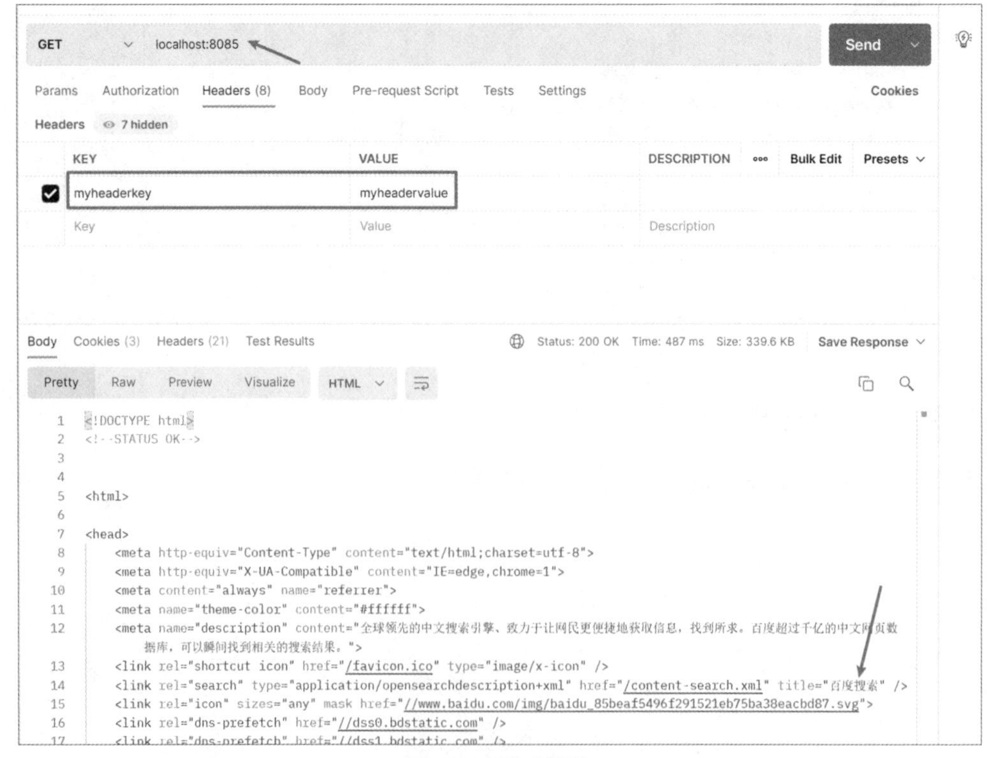

图5-14　成功转发

5.3.9 谓词 Query

谓词 Query 作用：当请求带有指定的参数或匹配正则表达式指定的参数值时，才会转发到用户微服务。

5.3.9.1　创建网关模块

创建 my-gateway-predicates-query 模块。

配置文件代码如下。

```
spring:
  application:
    name: my-gateway-predicates-query-8085
  cloud:
    nacos:
      discovery:
        server-addr: 192.168.3.188:8848
        username: nacos
        password: nacos
        ip: 192.168.3.188
    gateway:
      routes:
        - id: go_baidu
          uri: http://www.baidu.com/
          predicates:
            - Path=/**
            - Query=username
#          predicates:
#            - Path=/**
#            - Query=username,ghy

server:
  port: 8085
```

5.3.9.2　运行效果

执行如下网址。

```
http://localhost:8085?username=xxxxxxxxxx
```

成功转发到百度，因为 URL 中具有 username 的参数名。

更改配置如下。

```
gateway:
```

```
      routes:
        - id: go_baidu
          uri: http://www.baidu.com/
#          predicates:
#            - Path=/**
#            - Query=username
          predicates:
            - Path=/**
            - Query=username,ghy
```

重启模块。

执行如下网址。

```
http://localhost:8085?username=xxxxxxxxxx
```

未成功转发到百度，因为 username 参数值不是 ghy。

执行如下网址。

```
http://localhost:8085?username=ghy
```

成功转发到百度，因为 username 参数值是 ghy。

5.3.10 谓词 Host

谓词 Host 作用：当请求从指定的 Host 中发起时，才会转发用户微服务。

5.3.10.1 创建网关模块

创建 my-gateway-predicates-host 模块。

配置文件代码如下。

```
spring:
  application:
    name: my-gateway-predicates-host-8088
  cloud:
    nacos:
      discovery:
        server-addr: 192.168.3.188:8848
        username: nacos
        password: nacos
        ip: 192.168.3.188
    gateway:
      routes:
        - id: go_myserver
```

```
          uri: http://192.168.3.188:8085
          predicates:
            - Path=/**
            - Host=**.ghy1.com:8088,www.ghy1.com:8088

server:
  port: 8088

#输出网关日志
logging:
  level:
    org.springframework.cloud.gateway: trace
    org.springframework.cloud.loadbalancer: trace
    org.springframework.web.reactive: trace
```

5.3.10.2　运行效果

编辑配置文件 hosts 实现域名和 IP 的映射，如图 5-15 所示。

图5-15　配置两个映射

在 CMD 中执行命令刷新 DNS 列表。

```
C:\Users\Administrator>ipconfig /flushdns
```

已成功刷新 DNS 解析缓存。

```
C:\Users\Administrator>
```

以单机模式启动 my-nacos-provider-standalone-cluster 模块。

执行如下网址。

```
http://www.ghy1.com:8088/get/test1
http://ghy1.com:8088/get/test1
```

网关成功转发调用服务提供者。

执行如下网址。

```
http://www.ghy2.com:8088/get/test1
```

```
http://ghy2.com:8088/get/test1
```

网关控制台分别输出如下两种信息。

```
No RouteDefinition found for [Exchange: GET http://www.ghy2.com:8088/get/
test1]
No RouteDefinition found for [Exchange: GET http://ghy2.com:8088/get/test1]
```

说明访问的 URL 和谓词配置 Host=**.ghy1.com:8088,www.ghy1.com:8088 不匹配。

5.3.11 谓词 Method

谓词 Method 作用：当 HTTP 请求的 method 方法是指定的 method 方法时，才会转发用户微服务。

5.3.11.1 创建网关模块

创建 my-gateway-predicates-method 模块。

配置文件代码如下。

```
spring:
  application:
    name: my-gateway-predicates-method-8085
  cloud:
    nacos:
      discovery:
        server-addr: 192.168.3.188:8848
        username: nacos
        password: nacos
        ip: 192.168.3.188
    gateway:
      routes:
        - id: go_baidu
          uri: http://www.baidu.com/
          predicates:
            - Path=/**
            - Method=get

server:
  port: 8085
```

5.3.11.2 运行效果

使用 get 提交方式成功，如图 5-16 所示。

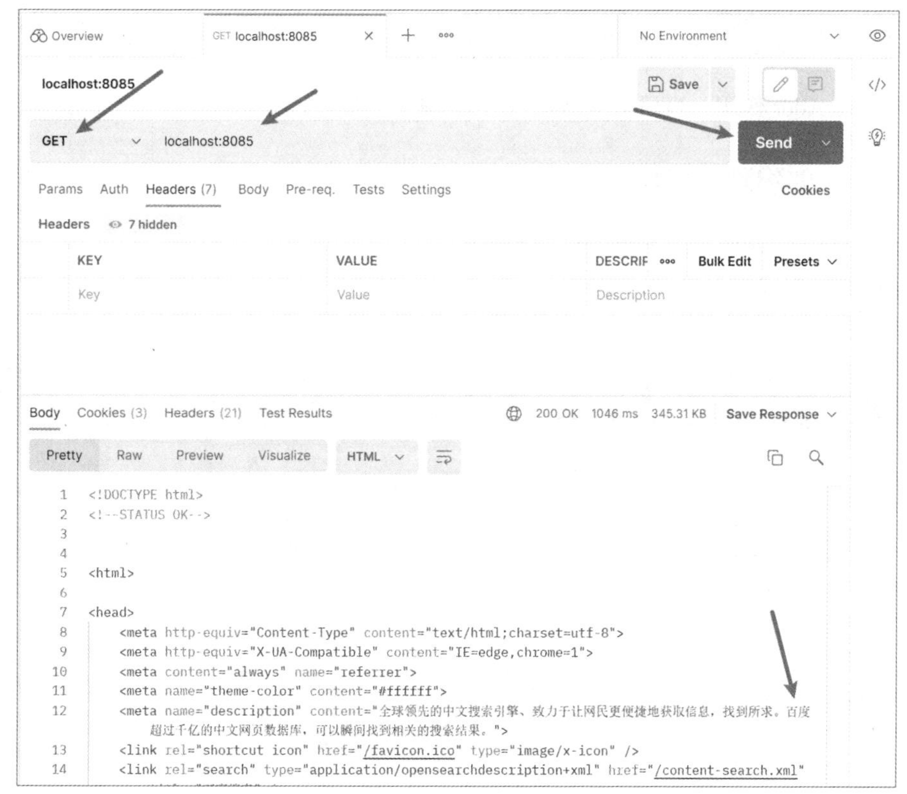

图5-16　访问成功

使用 post 提交方式失败，如图 5-17 所示。

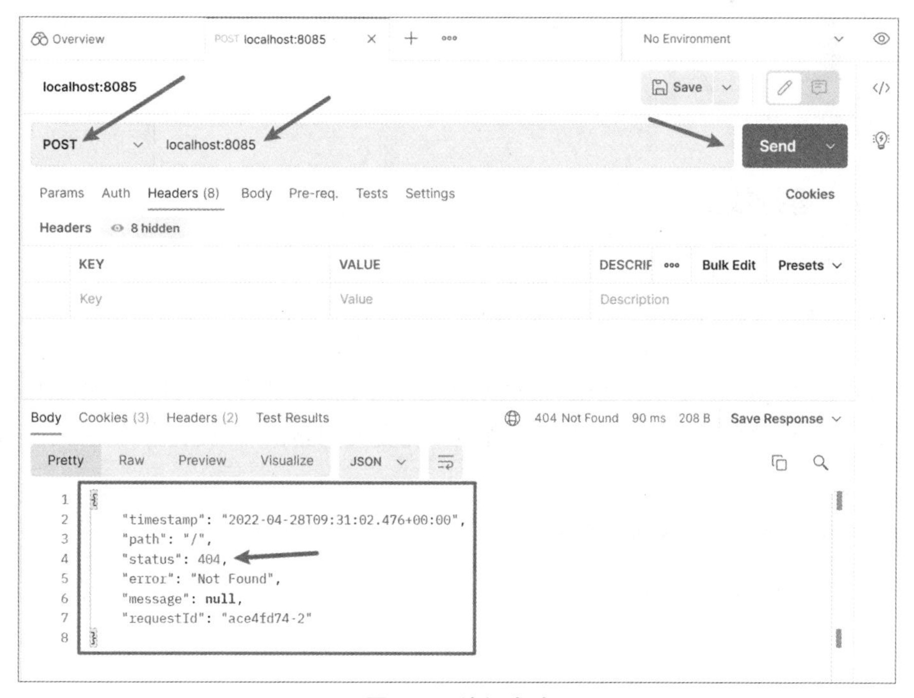

图5-17　访问失败

5.3.12 谓词 RemoteAddr

谓词 RemoteAddr 作用：当请求从指定的 IP 范围中发起时，才会转发到用户微服务。

5.3.12.1 创建网关模块

创建 my-gateway-predicates-remoteaddr 模块。

配置文件代码如下。

```
spring:
  application:
    name: my-gateway-predicates-remoteaddr-8088
  cloud:
    nacos:
      discovery:
        server-addr: 192.168.3.188:8848
        username: nacos
        password: nacos
        ip: 192.168.3.188
    gateway:
      routes:
        - id: go_baidu
          uri: http://www.baidu.com
          predicates:
            - Path=/**
            - RemoteAddr=192.168.3.1/24

server:
  port: 8088
```

5.3.12.2 运行效果

执行如下网址。

```
http://192.168.3.188:8088
```

成功转发到百度，因为如果把网关做为服务器，则浏览器客户端的 IP 地址是 192.168.3.188。

属性 RemoteAddr 的值是 CIDR，中文全称是“无类域间路由”，英文全称是“Classless Inter-Domain Routing”。

进入如下 URL，计算 CIDR 地址范围。

```
https://web.woobx.cn/app/cidr-calculator
```

示例如图 5-18 所示。

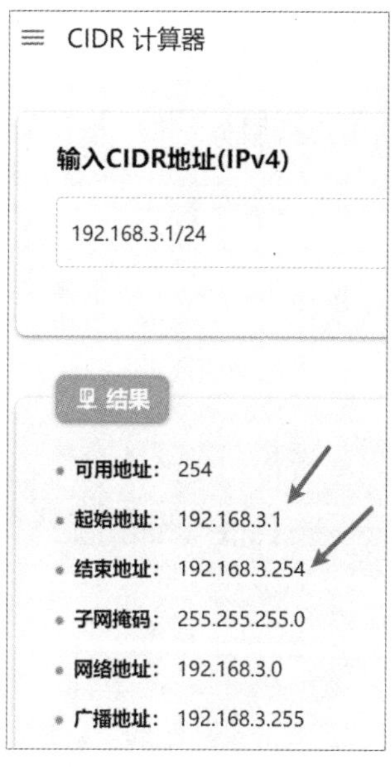

图5-18　匹配的IP范围

只要远程 IP 在 192.168.3.1 到 192.168.3.254 范围之间的都可以匹配谓词 RemoteAddr=192.168.3.1/24，然后转发到百度。

如果执行如下网址：

```
http://127.0.0.1:8088/
```

则不能成功转发到百度，因为 IP 地址 127.0.0.1 不符合 RemoteAddr=192.168.3.1/24 匹配规则。

更改配置如下。

```
gateway:
  routes:
    - id: go_baidu
      uri: http://www.baidu.com
      predicates:
        - Path=/**
        - RemoteAddr=192.168.4.1/24
```

重启模块。

执行如下网址。

```
http://192.168.3.188:8088
```

未成功转发到百度，因为 IP 地址 192.168.3.188 不符合 RemoteAddr=192.168.4.1/24 匹配规则。

5.3.13 谓词 Weight

谓词 Weight 作用：按权重转发到用户微服务。

5.3.13.1 创建网关模块

创建 my-gateway-predicates-weight 模块。

配置文件代码如下。

```
spring:
  application:
    name: my-gateway-predicates-weight-8088
  cloud:
    nacos:
      discovery:
        server-addr: 192.168.3.188:8848
        username: nacos
        password: nacos
        ip: 192.168.3.188
    gateway:
      routes:
        - id: go_baidu1
          uri: http://192.168.3.188:8085
          predicates:
            - Path=/**
            - Weight=mygroup1,3
        - id: go_baidu2
          uri: http://192.168.3.188:8086
          predicates:
            - Path=/**
            - Weight=mygroup1,7

server:
  port: 8088
```

5.3.13.2 运行效果

以集群模式启动 my-nacos-provider-standalone-cluster 模块中端口为 8085 和 8086 的服务节点。

执行如下网址。

```
http://localhost:8088/get/test1
```

网关会把 30% 的请求交给端口为 8085 的服务，把 70% 的请求交给端口为 8086 的服务。

5.3.14 自定义谓词

用户可以自定义谓词，实现定制化功能。

5.3.14.1　创建网关模块

创建 my-gateway-predicates-custompredicates 模块。

封装谓词信息实体类代码如下。

```
package com.ghy.www.my.gateway.predicates.custompredicates.mypredicates;

public class MyHeaderRoutePredicateConfig {
    private String key;
    private String value;

    public MyHeaderRoutePredicateConfig() {
    }

    public MyHeaderRoutePredicateConfig(String key, String value) {
        this.key = key;
        this.value = value;
    }

    public String getKey() {
        return key;
    }

    public void setKey(String key) {
        this.key = key;
    }

    public String getValue() {
        return value;
    }

    public void setValue(String value) {
        this.value = value;
    }
}
```

自定义谓词工厂代码如下。

```
package com.ghy.www.my.gateway.predicates.custompredicates.mypredicates;

import org.springframework.cloud.gateway.handler.predicate.AbstractRoutePred-
```

```
icateFactory;
import org.springframework.stereotype.Component;
import org.springframework.web.server.ServerWebExchange;

import java.util.ArrayList;
import java.util.List;
import java.util.function.Predicate;

//自定义RoutePredicateFactory类命名规则:
//自定义名称+"RoutePredicateFactory"
@Component
public class MyHeaderRoutePredicateFactory extends AbstractRoutePredicateFac-
tory<MyHeaderRoutePredicateConfig> {
    public MyHeaderRoutePredicateFactory() {
        super(MyHeaderRoutePredicateConfig.class);
    }

    @Override
     public Predicate<ServerWebExchange> apply(MyHeaderRoutePredicateConfig
config) {
        return new Predicate<ServerWebExchange>() {
            @Override
            public boolean test(ServerWebExchange serverWebExchange) {
                System.out.println("config.getKey()=" + config.getKey());
                System.out.println("config.getValue()=" + config.getValue());
                //header中name属性的值
                  String value = serverWebExchange.getRequest().getHeaders().
getFirst(config.getKey());
                System.out.println("getFirst(config.getKey())=" + value);
                if (value == null) {
                    return false;
                } else {
                    if (value.equals(config.getValue())) {
                        return true;
                    } else {
                        return false;
                    }
                }
            }
        };
    }

    @Override
    public List<String> shortcutFieldOrder() {
        List<String> list = new ArrayList<>();
```

```
        list.add("key");//关联MyHeaderRoutePredicateConfig类的key属性
        list.add("value");//关联MyHeaderRoutePredicateConfig类的value属性
        return list;
    }
}
```

配置文件代码如下。

```
spring:
  application:
    name: my-gateway-predicates-custompredicates-8085
  cloud:
    nacos:
      discovery:
        server-addr: 192.168.3.188:8848
        username: nacos
        password: nacos
        ip: 192.168.3.188
    gateway:
      routes:
        - id: go_baidu
          uri: http://www.baidu.com/
          predicates:
            - Path=/**
            - MyHeader=ghy,123

server:
  port: 8085

logging:
  level:
    org.springframework.cloud.gateway: trace
    org.springframework.cloud.loadbalancer: trace
    org.springframework.web.reactive: trace
```

5.3.14.2　运行效果

配置代码“MyHeader=ghy,123”的作用是，request header 中必须具有 name 为 ghy 和 value 为 123 的信息，不然在运行时会出现谓词匹配失败异常的情况。

成功的请求如图 5-19 所示。

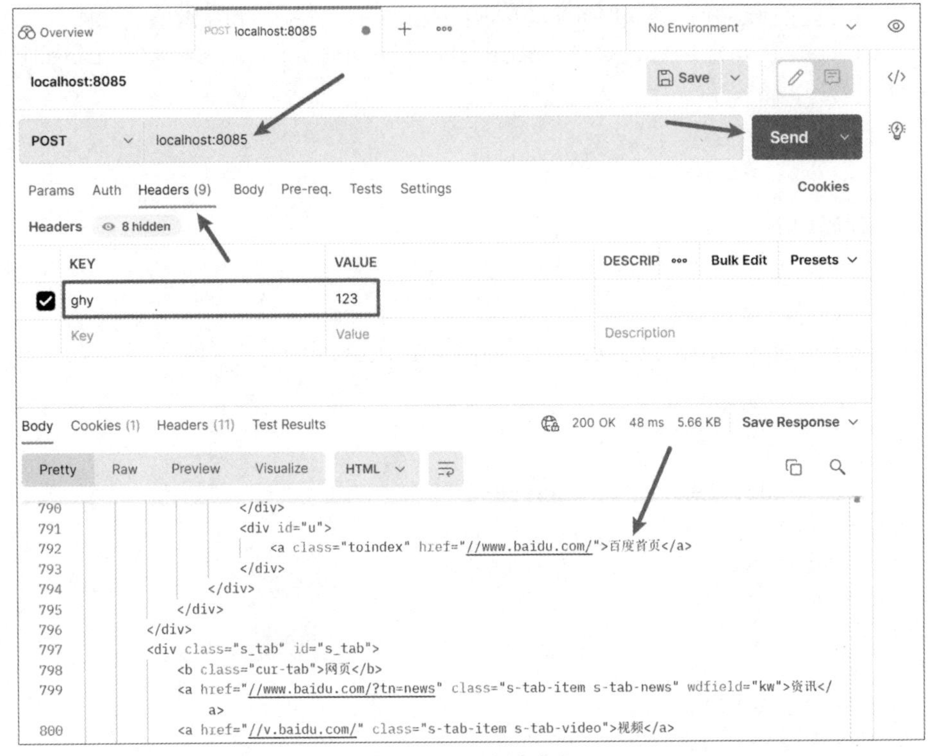

图5-19　成功的请求

失败的请求如图 5-20 所示。

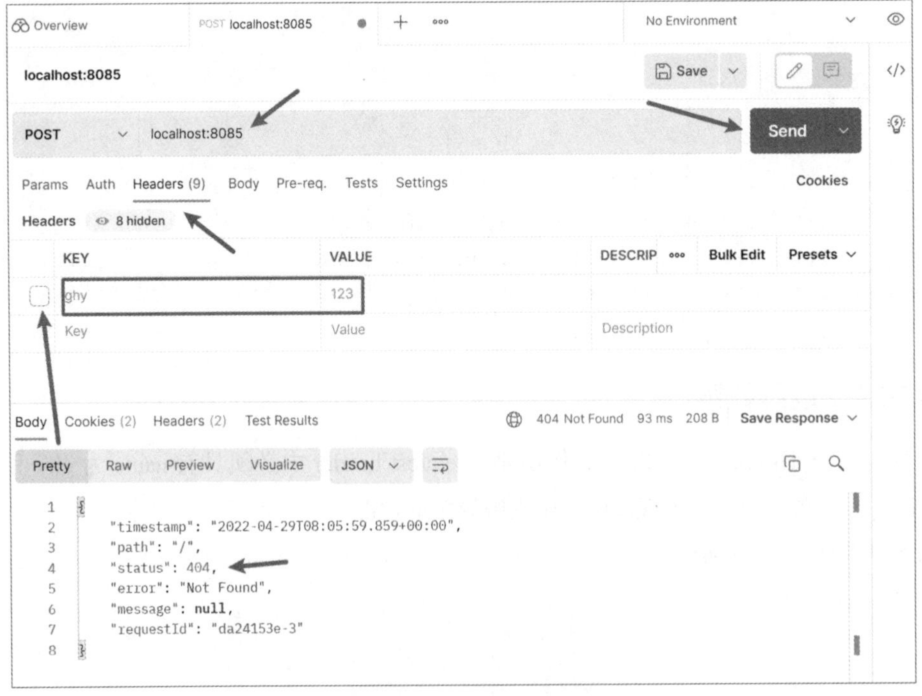

图5-20　失败的请求

5.4 路由过滤器

本节将测试 Spring Cloud Gateway 模块中网关路由过滤器提供的功能。

5.4.1 自带路由过滤器

组件 gateway 提供了很多自带的路由过滤器，本小节只测试最常用的 AddRequestHeader 过滤器，该过滤器的作用是向 request header 中添加信息。

5.4.1.1　创建网关模块

创建 my-gateway-gatewayfilter-addrequestheader 模块。

配置文件代码如下。

```
spring:
  application:
    name: my-gateway-gatewayfilter-addrequestheader-8088
  cloud:
    nacos:
      discovery:
        server-addr: 192.168.3.188:8848
        username: nacos
        password: nacos
        ip: 192.168.3.188
    gateway:
      routes:
        - id: go_baidu
          uri: http://192.168.3.188:8085/
          predicates:
            - Path=/**
          filters:
            - AddRequestHeader=xxxx,yyyy

server:
  port: 8088

logging:
  level:
    org.springframework.cloud.gateway.filter: trace
    org.springframework.cloud.gateway: trace
    org.springframework.cloud.loadbalancer: trace
    org.springframework.web.reactive: trace
```

此 filter 的配置写法只适用于当前的路由，属于私有过滤器。

5.4.1.2 运行效果

以 debug 和单机模式启动 my-nacos-provider-standalone-cluster 模块，并在第 21 行设置断点，关注控制层方法 request 参数中的信息，如图 5-21 所示。

```
13  @RestController
14  @RequestMapping("get")
15  public class GetController {
16      @Value("${server.port}")
17      private int portValue;
18
19      @GetMapping(value = "test1")
20      public ResponseBox<String> test1(HttpServletRequest request, HttpSe
21          System.out.println("get test1 run portValue=" + portValue);
22          ResponseBox box = new ResponseBox();
23          box.setResponseCode(200);
24          box.setData("test1 value");
```

图5-21 设置断点

执行如下网址。

```
http://localhost:8088/get/test1
```

request header 中信息如图 5-22 所示。

```
∨ request = {org.apache.catalina.connector.RequestFacade@7592}
  ∨ request = {org.apache.catalina.connector.Request@7618}
    ∨ coyoteRequest = {org.apache.coyote.Request@7619} ... toString()
        serverPort = 8085
      > serverNameMB = {org.apache.tomcat.util.buf.MessageBytes@7637} ... toString()
        remotePort = 0
        localPort = 0
      > schemeMB = {org.apache.tomcat.util.buf.MessageBytes@7638} ... toString()
      > methodMB = {org.apache.tomcat.util.buf.MessageBytes@7639} ... toString()
      > uriMB = {org.apache.tomcat.util.buf.MessageBytes@7640} ... toString()
      > decodedUriMB = {org.apache.tomcat.util.buf.MessageBytes@7641} ... toString()
      > queryMB = {org.apache.tomcat.util.buf.MessageBytes@7642} ... toString()
      > protoMB = {org.apache.tomcat.util.buf.MessageBytes@7643} ... toString()
      > remoteAddrMB = {org.apache.tomcat.util.buf.MessageBytes@7644} ... toString()
      > peerAddrMB = {org.apache.tomcat.util.buf.MessageBytes@7645} ... toString()
      > localNameMB = {org.apache.tomcat.util.buf.MessageBytes@7646} ... toString()
      > remoteHostMB = {org.apache.tomcat.util.buf.MessageBytes@7647} ... toString()
      > localAddrMB = {org.apache.tomcat.util.buf.MessageBytes@7648} ... toString()
      ∨ headers = {org.apache.tomcat.util.http.MimeHeaders@7649} ... toString()
        ∨ headers = {org.apache.tomcat.util.http.MimeHeaderField[32]@7666}
            Not showing null elements
          > 0 = {org.apache.tomcat.util.http.MimeHeaderField@7668} "cache-control: max-age=0"
          > 1 = {org.apache.tomcat.util.http.MimeHeaderField@7669} "sec-ch-ua: " Not A;Brand";v="99", "Chromiu
          > 2 = {org.apache.tomcat.util.http.MimeHeaderField@7670} "sec-ch-ua-mobile: ?0"
          > 3 = {org.apache.tomcat.util.http.MimeHeaderField@7671} "sec-ch-ua-platform: "Windows""
          > 4 = {org.apache.tomcat.util.http.MimeHeaderField@7672} "upgrade-insecure-requests: 1"
          > 5 = {org.apache.tomcat.util.http.MimeHeaderField@7673} "user-agent: Mozilla/5.0 (Windows NT 10.0; V
          > 6 = {org.apache.tomcat.util.http.MimeHeaderField@7674} "accept: text/html,application/xhtml+xml,ap
          > 7 = {org.apache.tomcat.util.http.MimeHeaderField@7675} "sec-fetch-site: none"
          > 8 = {org.apache.tomcat.util.http.MimeHeaderField@7676} "sec-fetch-mode: navigate"
          > 9 = {org.apache.tomcat.util.http.MimeHeaderField@7677} "sec-fetch-user: ?1"
          > 10 = {org.apache.tomcat.util.http.MimeHeaderField@7678} "sec-fetch-dest: document"
          > 11 = {org.apache.tomcat.util.http.MimeHeaderField@7679} "accept-encoding: gzip, deflate, br"
          > 12 = {org.apache.tomcat.util.http.MimeHeaderField@7680} "accept-language: zh-CN,zh;q=0.9,en-US;q=
          > 13 = {org.apache.tomcat.util.http.MimeHeaderField@7681} "xxxx: yyyy"
          > 14 = {org.apache.tomcat.util.http.MimeHeaderField@7682} "forwarded: proto=http;host="localhost:808
```

图5-22 自动添加请求头信息

5.4.2 自定义路由过滤器

可以自定义路由过滤器。

5.4.2.1 创建网关模块

创建 my-gateway-gatewayfilter-customfilter 模块。

本小节采用自定义过滤器的方式统计 request-response 耗时信息。

封装自定义过滤器配置信息实体类代码如下。

```
package com.ghy.www.my.gateway.gatewayfilter.customfilter.myfilter;

public class MyRunTimeGatewayFilterConfig {
    private String key;
    private String value;

    public MyRunTimeGatewayFilterConfig() {
    }

    public MyRunTimeGatewayFilterConfig(String key, String value) {
        this.key = key;
        this.value = value;
    }

    public String getKey() {
        return key;
    }

    public void setKey(String key) {
        this.key = key;
    }

    public String getValue() {
        return value;
    }

    public void setValue(String value) {
        this.value = value;
    }
}
```

自定义过滤器工厂代码如下。

```
package com.ghy.www.my.gateway.gatewayfilter.customfilter.myfilter;
```

```
import org.springframework.cloud.gateway.filter.GatewayFilter;
import org.springframework.cloud.gateway.filter.GatewayFilterChain;
import org.springframework.cloud.gateway.filter.factory.AbstractGatewayFilter-
Factory;
import org.springframework.stereotype.Component;
import org.springframework.web.server.ServerWebExchange;
import reactor.core.publisher.Mono;

import java.util.ArrayList;
import java.util.List;

//自定义GatewayFilterFactory类命名规则:
//自定义名称+"GatewayFilterFactory"
@Component
public class MyRunTimeGatewayFilterFactory extends AbstractGatewayFilterFac-
tory<MyRunTimeGatewayFilterConfig> {
    public MyRunTimeGatewayFilterFactory() {
        super(MyRunTimeGatewayFilterConfig.class);
    }

    @Override
    public GatewayFilter apply(MyRunTimeGatewayFilterConfig config) {
        System.out.println("config.getKey()=" + config.getKey());
        System.out.println("config.getValue()=" + config.getValue());
        return new GatewayFilter() {
            @Override
            public Mono<Void> filter(ServerWebExchange exchange, GatewayFil-
terChain chain) {
                long beginTime = System.currentTimeMillis();
                return chain.filter(exchange).then(Mono.fromRunnable(new Run-
nable() {
                    @Override
                    public void run() {
                        long endTime = System.currentTimeMillis();
                        System.out.println("耗时: " + (endTime - beginTime));
                    }
                }));
            }
        };
    }

    @Override
    public List<String> shortcutFieldOrder() {
        List<String> list = new ArrayList<>();
        list.add("key");//关联MyRunTimeGatewayFilterConfig类的key属性
```

```
        list.add("value");//关联MyRunTimeGatewayFilterConfig类的value属性
        return list;
    }
}
```

配置文件代码如下。

```
spring:
  application:
    name: my-gateway-gatewayfilter-customfilter-8085
  cloud:
    nacos:
      discovery:
        server-addr: 192.168.3.188:8848
        username: nacos
        password: nacos
        ip: 192.168.3.188
    gateway:
      routes:
        - id: go_baidu
          uri: https://www.baidu.com
          predicates:
            - Path=/**
          filters:
            - MyRunTime=anyKey,anyValue

server:
  port: 8085

logging:
  level:
    org.springframework.cloud.gateway.filter: trace
    org.springframework.cloud.gateway: trace
    org.springframework.cloud.loadbalancer: trace
    org.springframework.web.reactive: trace
```

5.4.2.2　运行效果

执行如下网址。

```
http://localhost:8085/
```

输出耗时如图 5-23 所示。

```
耗时：39
```

图5-23　耗时统计

5.5 全局过滤器

本节将测试 Spring Cloud Gateway 模块中全局过滤器的功能。

5.5.1 自定义全局过滤器

创建 my-gateway-globalfilter-customfilter 模块。

全局过滤器代码如下。

```
package com.ghy.www.my.gateway.globalfilter.customfilter.myfilter;

import org.springframework.cloud.gateway.filter.GatewayFilterChain;
import org.springframework.cloud.gateway.filter.GlobalFilter;
import org.springframework.core.Ordered;
import org.springframework.core.io.buffer.DataBuffer;
import org.springframework.http.server.reactive.ServerHttpRequest;
import org.springframework.http.server.reactive.ServerHttpResponse;
import org.springframework.stereotype.Component;
import org.springframework.web.server.ServerWebExchange;
import reactor.core.publisher.Flux;
import reactor.core.publisher.Mono;

import java.util.HashMap;
import java.util.Map;

@Component
public class TokenGlobalFilter implements GlobalFilter, Ordered {
    @Override
     public Mono<Void> filter(ServerWebExchange exchange, GatewayFilterChain
chain) {
        System.out.println("进入全局过滤器TokenGlobalFilter");
        ServerHttpRequest request = exchange.getRequest();
        ServerHttpResponse response = exchange.getResponse();
        String tokenValue = request.getHeaders().getFirst("token");
        Map map = new HashMap();
        if (tokenValue == null || "".equals(tokenValue)) {
            map.put("key", "没有token身份信息");
            return response(response, map);
        } else {
            if (!"123".equals(tokenValue)) {
                map.put("key", "token值不是123");
                return response(response, map);
            } else {
```

```
                return chain.filter(exchange);
            }
        }
    }

    //全局过滤器的执行顺序，值越小优先级越高
    @Override
    public int getOrder() {
        return 0;
    }

    private Mono<Void> response(ServerHttpResponse response, Object msg) {
            response.getHeaders().add("Content-Type", "application/json;char-
set=UTF-8");
        String resJson = msg.toString();//在此处使用JSON工具将msg转换成JSON字符串，
此处仅为模拟使用
            DataBuffer dataBuffer = response.bufferFactory().wrap(resJson.get-
Bytes());
        return response.writeWith(Flux.just(dataBuffer));//响应json数据
    }
}
```

配置文件代码如下。

```
spring:
  application:
    name: my-gateway-globalfilter-customfilter-8085
  cloud:
    nacos:
      discovery:
        server-addr: 192.168.3.188:8848
        username: nacos
        password: nacos
        ip: 192.168.3.188
    gateway:
      routes:
        - id: go_baidu
          uri: https://www.baidu.com
          predicates:
            - Path=/**

server:
  port: 8085

logging:
  level:
```

```
  org.springframework.cloud.gateway.filter: trace
  org.springframework.cloud.gateway: trace
  org.springframework.cloud.loadbalancer: trace
  org.springframework.web.reactive: trace
```

5.5.2 运行效果

成功运行效果如图 5-24 所示。

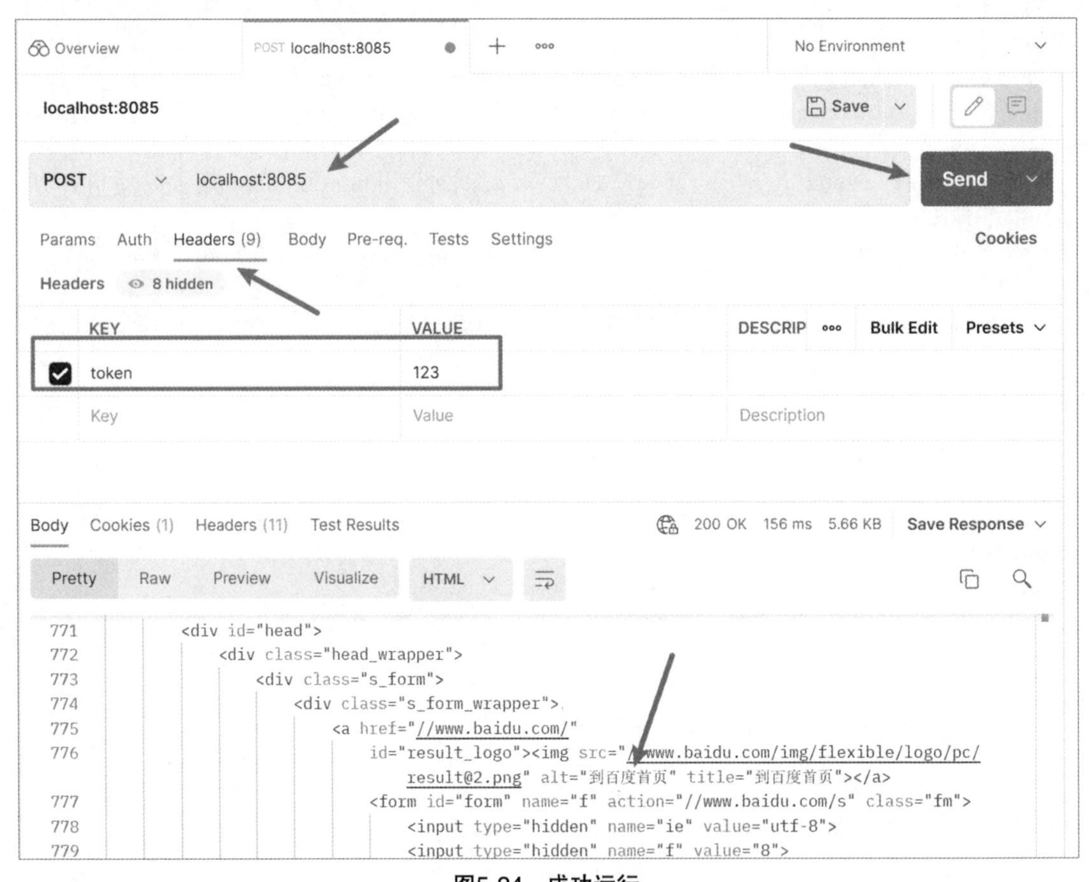

图5-24 成功运行

失败运行效果如图 5-25 所示。

图5-25 失败运行

```
<dependency>
    <groupId>com.alibaba.csp</groupId>
    <artifactId>sentinel-spring-cloud-gateway-adapter</artifactId>
    <version>x.y.z</version>
</dependency>
```

使用时只须注入对应的 SentinelGatewayFilter 实例以及 SentinelGatewayBlockExceptionHandler 实例即可。比如：

```
@Configuration
public class GatewayConfiguration {

    private final List<ViewResolver> viewResolvers;
    private final ServerCodecConfigurer serverCodecConfigurer;

    public GatewayConfiguration(ObjectProvider<List<ViewResolver>> viewResolv-
ersProvider,
                                ServerCodecConfigurer serverCodecConfigurer) {
        this.viewResolvers = viewResolversProvider.getIfAvailable(Collec-
tions::emptyList);
        this.serverCodecConfigurer = serverCodecConfigurer;
    }

    @Bean
```

```
    @Order(Ordered.HIGHEST_PRECEDENCE)
     public SentinelGatewayBlockExceptionHandler sentinelGatewayBlockExcep-
tionHandler() {
        // Register the block exception handler for Spring Cloud Gateway.
        return new SentinelGatewayBlockExceptionHandler(viewResolvers, server-
CodecConfigurer);
    }

    @Bean
    @Order(-1)
    public GlobalFilter sentinelGatewayFilter() {
        return new SentinelGatewayFilter();
    }
}
```